21世纪应用型本科规划教材

微积分

（上册）

主　编　梁海峰　赖邦城　周　李
副主编　尚海涛　赵　岚　王　剑

中国水利水电出版社
www.waterpub.com.cn
·北京·

内 容 提 要

本书按照全国最新财经类本科数学课程教学指导委员会提出的“数学课程教学基本要求”，根据面向21世纪财经类数学教学内容和课程体系改革的基本精神编写。本教材吸收国内外优秀教材的优点，注重对抽象概念的通俗剖析，强调对常用方法的简洁概括，结构清晰、概念准确、深入浅出、言简意赅。本书着力对极限、连续、导数与微分、定积分、微分方程等抽象概念进行通俗地解释：从实例中引入这些抽象概念，将枯燥的概念具体化、通俗化，使学生真切地感受到这些定义来自于现实生活，便于培养学生的实际应用能力。

在地方院校向应用技术型大学转型的背景下，在教材中融入数学建模思想，精选现实生活中的一些问题，简化成例题，可以更好地培养学生的应用能力和创新能力。

本书可作为应用型本科院校各财经类专业“微积分”课程教材，也可供工程技术人员自学参考。

图书在版编目（CIP）数据

微积分. 上册 / 梁海峰，赖邦城，周李主编. -- 北京：中国水利水电出版社，2017.8(2018.7重印)
21世纪应用型本科规划教材
ISBN 978-7-5170-5695-9

Ⅰ. ①微… Ⅱ. ①梁… ②赖… ③周… Ⅲ. ①微积分—高等学校—教材 Ⅳ. ①O172

中国版本图书馆CIP数据核字(2017)第177745号

书 名	21世纪应用型本科规划教材 微积分（上册） WEIJIFEN
作 者	主 编 梁海峰 赖邦城 周 李 副主编 尚海涛 赵 岚 王 剑
出版发行	中国水利水电出版社 （北京市海淀区玉渊潭南路1号D座 100038） 网址：www.waterpub.com.cn E-mail：sales@waterpub.com.cn 电话：（010）68367658（营销中心）
经 售	北京科水图书销售中心（零售） 电话：（010）88383994、63202643、68545874 全国各地新华书店和相关出版物销售网点
排 版	中国水利水电出版社微机排版中心
印 刷	北京瑞斯通印务发展有限公司
规 格	184mm×260mm 16开本 13.75印张 326千字
版 次	2017年8月第1版 2018年7月第2次印刷
印 数	2001—3000册
定 价	**32.00**元

前言

QIANYAN

微积分是研究函数的微分、积分以及有关概念和应用的数学分支，在经济学的研究中起到很大的作用。自牛顿、莱布尼茨创立微积分以来，经过300多年的发展，其理论体系已很完备。在信息化时代，地方院校向应用技术型大学转型背景下，我们从当前微积分教学改革的趋势和学生的需求出发，将数学与现实生活相结合，把教材编得更为通俗、清晰、实用。

本书借鉴美国微积分教学改革坚持的四项原则，将微积分概念的4个侧面，即图像、数值、符号、语言同时展现给学生，注重用自然语言描述概念，用图像形象地反映概念。这些见解给我们一个启示，将数学建模思想融入教材：精选生活实例从中引入抽象的概念，将枯燥的概念具体化、通俗化，使学生真切地感受到这些定义来自于现实生活，便于培养学生的应用实践能力。

本书以变量为线索，以极限为核心，把微积分的主要概念编织成一个清晰的体系。例如，连续是自变量的改变量趋向于0时，函数的改变量极限为0。导数是改变量之商的极限；定积分是一元函数特殊和式的极限；重积分是多元函数特殊和式的极限；无穷级数是部分和式的极限。本书着力对极限、连续、微分、定积分、重积分、无穷级数等抽象概念通俗地解释，引入具体生活案例，力图使这些抽象概念具体化、通俗化，使学生真切地感到这些定义来源于生活，以更深刻地加以理解。

本书最大的特点是将数学建模思想融入教材中，将数学和现实生活案例相结合，并增加函数、导数、定积分在经济学中的应用，更好地为财经各专业课程服务。在导数与微分部分引入核弹头大小与爆炸距离模型、飞机的降落模型；在积分部分引入标尺的设计模型；在微分方程中引入马尔萨斯人口指数增长模型、放射性元素衰变的数学模型、阻滞增长模型（Logistic 模型）；在多元函数微分中融入最佳满意度模型；在重积分中融入容器储水量模型等。在教材的附录中精选几个典型的数学模型，以供学生更多地了解数学与现实生活案例的关系，感受到数学的魅力，培养数学应用意识。

书中标注“*”的内容为选修内容，习题精选了部分考研试题，习题前括号中的数字是指考研年份。

非常感谢华东交通大学理工学院数学教研室全体教师的努力，特别是梁海峰、尧雪莉、尚海涛、赵岚、赖邦城等老师的倾情付出。

由于编者水平有限，书中错误和不足之处在所难免，恳请广大读者批评指正。

编者

2017 年 5 月

目录

MULU

第一章 函 数

初等数学主要研究的是常量；而微积分主要研究的是变量，着重研究变量与变量之间的依赖关系，即函数关系．本章将介绍集合、映射、函数的定义、函数的特性及初等函数等内容，它们是学习微积分的基础．

第一节 集 合

一、集合的概念

集合是数学中的一个重要概念．例如，一个班的学生构成一个集合，全体自然数构成一个集合等．一般的，具有某种属性的事物的全体称为集合，构成这个集合的个体称为集合的元素．

通常用大写字母 A、B、C、…来表示集合，用小写字母 a、b、c、…表示集合的元素．如果 a 是集合 A 中的元素，则记作 $a \in A$，读作 a 属于 A；如果 a 不是集合 A 中的元素，则记作 $a \notin A$，读作 a 不属于 A．

下面举几个集合的例子：

【例 1－1】 某信息技术职业学院的全体学生．

【例 1－2】 全体奇数．

【例 1－3】 方程 $x^2-3x+2=0$ 的根．

由有限个元素构成的集合，称为有限集，如［例 1－1］和［例 1－3］．由无限多个元素构成的集合，称为无限集合，如［例 1－2］．

二、集合的表示法

1．列举法

按任意顺序列出集合的所有元素，并用花括号 { } 括起来表示集合的方法，叫作列举法．列举法也称为穷举法．

【例 1－4】 由－2、－1、0、1、2 这 5 个元素构成的集合 A，可表示为

$$A=\{-2,-1,0,1,2\}$$

【例 1－5】 由方程 $x^2-3x+2=0$ 的根所构成的集合 B，可表示为

$$B=\{1,2\}$$

使用列举法来表示集合的时候，必须列出集合中的所有元素，且不能有遗漏与重复．

2. 描述法

若 $P(x)$ 为某个与 x 有关的条件或法则，A 是满足 $P(x)$ 的一切 x 构成的集合，则集合 A 表示为

$$A=\{x \mid P(x)\}$$

这种表示的方法叫作描述法.

【例 1-6】 由方程 $x^2-3x+2=0$ 的根所构成的集合 A，可表示为

$$A=\{x \mid x^2-3x+2=0\}$$

【例 1-7】 由满足不等式 $-1\leqslant x\leqslant 1$ 的所有 x 的值所构成的集合 B，可表示为

$$B=\{x \mid -1\leqslant x\leqslant 1\}$$

描述法实质就是用文字或法则将构成此集合的元素所具有的某种属性描述出来.

3. 图示法

用平面图形来表示集合以及集合间关系的方法. 这是英国逻辑学家 John Venn（1834—1888）提出的一种更为直观的集合表示法. 表示集合的平面图形，一般称为文氏图.

文氏图是用一个简单的平面区域代表一个集合，集合中的元素用区域内的点表示，如图 1-1 所示.

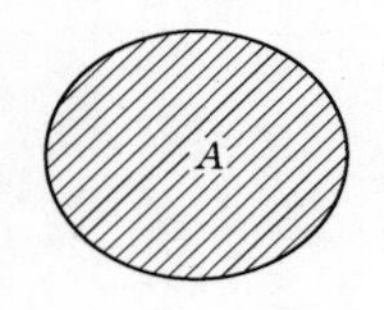

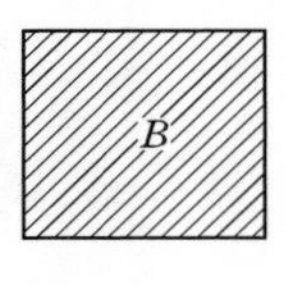

图 1-1

三、全集、空集与子集

1. 全集

由所研究的所有事物构成的集合称为全集，用字母 U 表示.

一个集合在一定条件下是全集，在另一条件下就可能不是全集. 例如，某学校开展调查，如果调查的对象仅限于一年级的学生，则全体一年级学生是调查对象的全集；如果调查的对象包括每个年级的学生，则全体一年级学生就不是调查对象的全集.

2. 空集

不包含任何元素的集合称为空集，记作$\varnothing$.

例如，某班学生身高在 1.5～1.8m，则身高在 1.92m 以上的学生构成的集合为空集.

注 $\{0\}$ 以及 $\{\varnothing\}$ 都不是空集，前者含有元素“0”，后者以空集符号“$\varnothing$”为元素.

3. 子集

如果集合 A 中的元素都是集合 B 中的元素，则称 A 为 B 的子集，记为 $A\subset B$（读作 A 包含于 B）或 $B\supset A$（读作 B 包含 A），如图 1-2 所示.

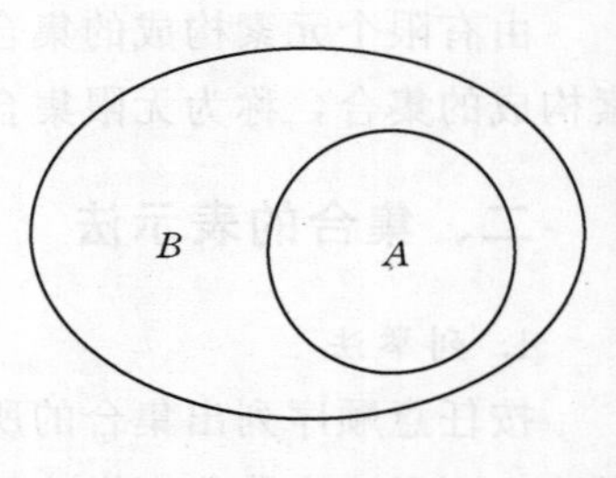

图 1-2

【例 1-8】 设 $A=\{1,2,3\}$，$B=\{1,2,3,4,5,6\}$，则 $A\subset B$（或 $B\supset A$）.

注 (1) $A\subset A$.

(2) 对任意集合 A，有$\varnothing\subset A$.

(3) 如果 $A\subset B$，$B\subset C$，则一定有 $A\subset C$.

4. 集合相等

设有集合 A、B，如果 $A\subset B$ 且 $B\subset A$，则称 A 与 B 相等，记作 $A=B$.

【例 1-9】 已知 $A=\{x|x^2-4x+3=0\}$，$B=\{x|x$ 是奇数，且 $1\leqslant x\leqslant 4\}$，则 $A=B$.

四、区间

1. 有限区间

(1) 开区间. 设 a、b 为实数，且 $a<b$，则满足不等式 $a<x<b$ 的所有 x 的取值所构成的集合用开区间 (a,b) 来表示，即

$$(a,b)=\{x|a<x<b\}$$

(2) 闭区间. 设 a、b 为实数，且 $a<b$，则满足不等式 $a\leqslant x\leqslant b$ 的所有 x 的取值所构成的集合用闭区间 $[a,b]$ 来表示，即

$$[a,b]=\{x|a\leqslant x\leqslant b\}$$

(3) 半开半闭区间. 设 a、b 为实数，且 $a<x<b$，则满足不等式 $a<x\leqslant b$ 的所有 x 的取值所构成的集合用左开右闭区间 $(a,b]$ 来表示，即

$$(a,b]=\{x|a<x\leqslant b\}$$

类似地，满足不等式 $a\leqslant x<b$ 的所有 x 的取值所构成的集合用左闭右开区间 $[a,b)$ 来表示，即

$$[a,b)=\{x|a\leqslant x<b\}$$

2. 无限区间

(1) 满足不等式 $x\geqslant a$ 的所有 x 的取值所构成的集合用区间 $[a,+\infty)$ 来表示，即

$$[a,+\infty)=\{x|x\geqslant a\}$$

(2) 满足不等式 $x>a$ 的所有 x 的取值所构成的集合用区间 $(a,+\infty)$ 来表示，即

$$(a,+\infty)=\{x|x>a\}$$

(3) 满足不等式 $x\leqslant b$ 的所有 x 的取值所构成的集合用区间 $(-\infty,b]$ 来表示，即

$$(-\infty,b]=\{x|x\leqslant b\}$$

(4) 满足不等式 $x<b$ 的所有 x 的取值所构成的集合用区间 $(-\infty,b)$ 来表示，即

$$(-\infty,b)=\{x|x<b\}$$

(5) 全体实数的集合用区间 $(-\infty,+\infty)$ 来表示.

注 “区间”的实质是满足相应不等式的所有实数 x 的集合. 任意满足相应不等式的 x 与“区间”的关系是属于关系，即元素与集合间的关系.

【例 1-10】 用区间表示下列不等式中 x 的取值范围.

(1) $|x|\leqslant 3$.

(2) $|x-1|>4$.

(3) $\sqrt{x^2-1}<2\sqrt{2}$.

解 (1) 因为

$$|x|\leqslant 3$$

所以

$$-3\leqslant x\leqslant 3$$

即

$$x\in[-3,3]$$

(2) 因为

$$|x-1|>4$$

所以

$$x<-3 \text{ 或 } x>5$$

即

$$x\in(-\infty,-3)\cup(5,+\infty)$$

(3) 因为

$$\sqrt{x^2-1}<2\sqrt{2}$$

所以

$$-3<x\leqslant -1 \text{ 或 } 1\leqslant x<3$$

即

$$x\in(-3,-1]\cup[1,3)$$

五、邻域

在数轴上，把以点 x_0 为中心、长度为 2δ 的开区间 $(x_0-\delta,x_0+\delta)$ $(\delta>0)$ 称为点 x_0 的 δ 邻域，记作 $U(x_0,\delta)$，即

$$U(x_0,\delta)=\{x\,|\,|x-x_0|<\delta\}$$

称点 x_0 为这邻域的中心，δ 为这邻域的半径，如图 1-3 所示.

如果在点 x_0 的 δ 邻域内去掉点 x_0，则有区间 $(x_0-\delta,x_0)\cup(x_0,x_0+\delta)$，称之为以点 x_0 为中心、以 δ 为半径的去心邻域，记作 $\mathring{U}(x_0,\delta)$，即

$$\mathring{U}(x_0,\delta)=\{x\,|\,0<|x-x_0|<\delta\}$$

其形象表示如图 1-4 所示.

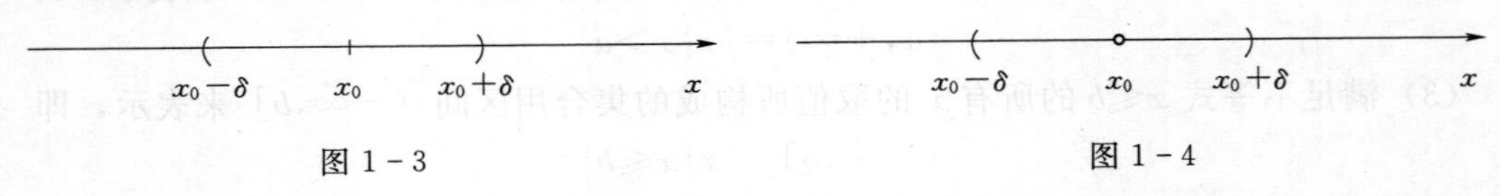

图 1-3　　　　图 1-4

记

$$\mathring{U}(x_0^-,\delta)=\{x\,|\,x_0-\delta<x<x_0\}$$

$$\mathring{U}(x_0^+,\delta)=\{x\,|\,x_0<x<x_0+\delta\}$$

它们分别称为 x_0 的去心左 δ 邻域和去心右 δ 邻域. 当不需要指出邻域的半径时，用 $U(x_0)$、$\mathring{U}(x_0)$ 分别表示 x_0 的某邻域和 x_0 的某去心邻域.

【例 1-11】 用区间表示点 3 的半径为$\frac{1}{2}$的去心邻域.

解 $\mathring{U}\left(3,\frac{1}{2}\right)=\left\{x\,\middle|\,0<|x-3|<\frac{1}{2}\right\}$. 即为以点 $x_0=3$ 为中心、以$\frac{1}{2}$为半径的去心邻域，也可以表示为 $(2.5,3)\cup(3,3.5)$.

习 题 1-1

1. 用列举法表示下列集合：

(1) 由方程 $x^2-4x+3=0$ 的根所构成的集合.

(2) 满足不等式 $|x-5|<2$ 的所有整数.

2. 用描述法表示下列集合：

(1) 由方程 $x^2-4x+3=0$ 的根所构成的集合.

(2) 不小于 5 的所有实数集合.

3. 写出 $A=\{0, 1, 2, 3\}$ 的一切子集.

4. 用区间表示下列不等式中 x 的取值范围：

(1) $x\leqslant 2$.

(2) $|2x-1|>5$.

第二节 函 数

一、函数的概念

恩格斯说“数学是研究现实世界中数量关系与空间形式的科学.”而函数正是描述数量与数量之间依存关系的一个概念. 使用函数的概念，可以把握客观事物的运动规律.

下面先来看两个数量关系的例子.

【例 1-12】 设集合 X、Y 均为实数集，集合 X 中的每一个实数 x 与集合 Y 中的 $(x-2)$ 相对应，这个关系就是实数集上 $y=x-2$ 的关系. 满足此关系的点 $\{(x,y)\,|\,y=x-2, x\in X, y\in Y\}$，即图 1-5 中直线上的点的集合.

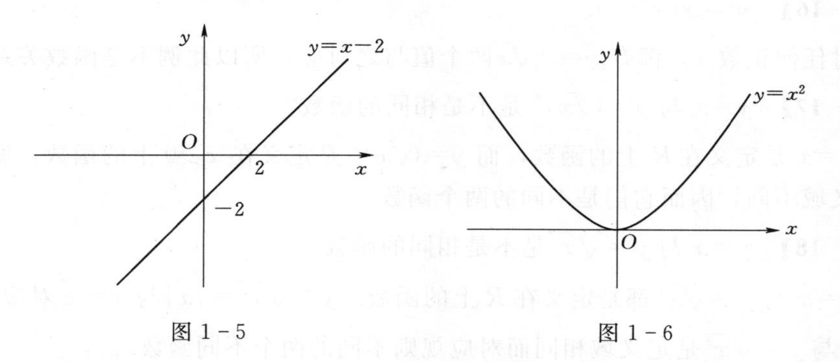

图 1-5　　图 1-6

【例 1-13】 设集合 X 为实数集，集合 Y 是全体非负实数集. 集合 X 中的每一个实数 x 均与集合 Y 中的 x^2 相对应，这个关系就是实数集上 $y=x^2$ 的关系. 满足此关系的点集 $\{(x,y)\,|\,y=x^2, x\in X, y\in Y\}$，即图 1-6 中曲线上的点的集合.

以上两例分别给出了集合 X 中元素与集合 Y 中元素的一种对应规则，通过此规则，建立起了由集合 X 到集合 Y 的一种关系. 其中，对于每一个 $x\in X$，均只有一个确定的 $y\in Y$ 与之对应，这样的对应关系称为函数关系. 为此给出以下定义：

定义 1-1 设 D 是一个非空实数集合，如果对每一个 $x\in D$，经过对应规则 f 总有唯一确定的 y 与之对应，则称 f 是定义在 D 上的一个函数，记作 $y=f(x)$. 其中：x 叫作自变量，y 叫作因变量. x 的取值范围 D 称为函数的定义域；全体函数值的集合 $Z=\{y|y=f(x),x\in D\}$，称为函数的值域.

显然，函数是由定义域与对应规则所确定的. 下面就这个问题来考察几个例子.

【例 1-14】 求函数 $y=\frac{1}{\sqrt{1-x^2}}$的定义域.

解 因为

$$1-x^2>0$$

所以

$$-1<x<1$$

即 $y=\frac{1}{\sqrt{1-x^2}}$的定义域是 $x\in(-1,1)$.

【例 1-15】 求 $y=\frac{\ln x}{x^2-1}$的定义域.

解 因为

$$x^2-1\neq0$$

且

$$x>0$$

所以

$$0<x<1 \text{ 或 } x>1$$

即 $y=\frac{\ln x}{x^2-1}$的定义域是 $x\in(0,1)\cup(1,+\infty)$.

【例 1-16】 $y^2=x(x>0)$.

解 对任何正数 x，都有 $y=\pm\sqrt{x}$两个值与之对应，所以此例不是函数关系.

【例 1-17】 $y=x$ 与 $y=(\sqrt{x})^2$ 是不是相同的函数？

解 $y=x$ 是定义在 R 上的函数，而 $y=(\sqrt{x})^2$ 是定义在 $x\geqslant0$ 上的函数，所以这两个函数的定义域不同，因而它们是不同的两个函数.

【例 1-18】 $y=x$ 与 $y=\sqrt{x^2}$是不是相同的函数？

解 $y=x$ 与 $y=\sqrt{x^2}$都是定义在 R 上的函数. $y=\sqrt{x^2}=|x|$与 $y=x$ 对应规则不同，所以 $y=x$ 与 $y=\sqrt{x^2}$是定义域相同而对应规则不同的两个不同函数.

二、分段函数

有一类函数，虽然也是以解析式表示的，但它们在定义域的不同范围内具有不同的表达式，这样的函数叫作分段函数. 分段函数在工程技术中以及日常生活中都会经常遇到.

【例 1-19】 旅客乘车可免费携带不超过 20kg 的物品，超过 20kg 而不超过 50kg 的部分每千克交费 0.5 元，超过 50kg 的部分每千克交费 1 元. 求运费与所携带物品重量的

函数关系.

解　设物品重量为 $x$kg，应交运费为 y 元．由题意应考虑以下 3 种情况.

（1）所携带物品的重量不超过 20kg 时：$y=0$，$x\in[0,20]$.

（2）所携带物品的重量大于 20kg 但不超过 50kg 时：$y=(x-20)\times 0.5$，$x\in(20,50]$.

（3）所携带物品的重量大于 50kg 时：$y=(x-50)\times 1+30\times 0.5=x-35$，$x\in(50,+\infty)$.

因此，所求函数是一个分段函数，即

$$y=\begin{cases}0, & x\in[0,20]\\ 0.5x-10, & x\in(20,50]\\ x-35, & x\in(50,+\infty)\end{cases}$$

【例 1-20】　用分段函数表示函数 $y=|x|$.

解　根据绝对值定义可知：当 $x\geqslant 0$ 时，$|x|=x$；当 $x<0$ 时，$|x|=-x$．因此有

$$y=|x|=\begin{cases}x, & x\in[0,+\infty)\\ -x, & x\in(-\infty,0)\end{cases}$$

注　分段函数是用几个式子合起来表示一个函数，而不是表示几个函数.

三、复合函数

定义 1-2　设有两个函数：　$y=f(u)$，$u\in D$

$u=g(x)$，$x\in E$

如果 $u=g(x)$ 的值域为 Z，且 $Z\cap D$ 非空，则称 $y=f[g(x)]$是复合函数．其中，$y=f(u)$ 称为外层函数，$u=g(x)$ 称为内层函数，x 为自变量，y 为因变量，u 为中间变量.

【例 1-21】　试求函数 $y=u^2$ 与 $u=\sin x$ 所构成的复合函数.

解　$y=u^2$ 的定义域是 R，而 $u=\sin x$ 的值域是 $[-1,1]$，两者交集非空，所以可以构成复合函数．将 $u=\sin x$ 代入 $y=u^2$ 中，即得所求复合函数为 $y=(\sin x)^2=\sin^2 x$，定义域是 $x\in R$.

【例 1-22】　试求函数 $y=\cos u$ 与 $u=\ln x$ 所构成的复合函数.

解　$y=\cos u$ 的定义域是R，而 $u=\ln x$ 的值域也是R，两者交集非空，所以可以构成复合函数．将 $u=\ln x$ 代入 $y=\cos u$ 中，即得所求复合函数为 $y=\cos(\ln x)$，定义域是 $x\in(0,+\infty)$.

【例 1-23】　函数 $y=\arcsin u$ 与 $u=x^2+2$ 能否构成复合函数？

解　$y=\arcsin u$ 的定义域是 $[-1,1]$，而 $u=x^2+2$ 的值域是 $[2,+\infty)$，两者交集为空，所以不能构成复合函数.

从上面的例子可知，两个函数通过一个中间变量可以构成一个复合函数，如［例 1-21］、［例 1-22］、［例 1-23］．那么 3 个函数可以通过两个中间变量构成一个复合函数，4 个函数可以通过 3 个中间变量构成一个复合函数，以此类推.

【例 1-24】　试求函数 $y=\dfrac{1}{u}$，$u=\ln v$，$v=x^2-1$ 所构成的复合函数.

解　$u=\ln v$ 的定义域是 $(0,+\infty)$，而 $v=x^2-1$ 的值域是 $[-1,+\infty)$，两者交集非空，所以可以构成复合函数，得 $u=\ln(x^2-1)$.

又因为 $y=\frac{1}{u}$ 的定义域是 $x\neq 0$，而 $u=\ln(x^2-1)$ 的值域是 R，两者交集非空，可得

$$y=\frac{1}{\ln(x^2-1)}$$

即为所求复合函数.

【例 1-25】 试求函数 $y=e^{\sin x}$ 是由哪些函数构成的复合函数？

解 引入中间变量 u，可得此复合函数是由 $y=e^u$、$u=\sin x$ 所构成.

【例 1-26】 试求 $y=\sin^2(\sqrt{x})$ 是由哪些函数构成的复合函数？

解 引入中间变量 u、v，可得此复合函数是由 $y=u^2$、$u=\sin v$、$v=\sqrt{x}$ 所构成.

【例 1-27】 试求 $y=\ln[\ln(\ln x)]$ 是由哪些函数构成的复合函数？

解 引入中间变量 u、v，可得此复合函数是由 $y=\ln u$、$u=\ln v$、$v=\ln x$ 所构成.

【例 1-28】 已知 $y=f(x)=x^2-2x-3$，求 $f(x^2)$、$f\left(\frac{1}{x}\right)$.

解
$$f(x^2)=(x^2)^2-2(x^2)-3=x^4-2x^2-3$$
$$f\left(\frac{1}{x}\right)=\left(\frac{1}{x}\right)^2-2\left(\frac{1}{x}\right)-3=\frac{1}{x^2}-\frac{2}{x}-3$$

注 对于含有两个及两个以上中间变量的复合函数，引用的中间变量的符号必须不同.

四、反函数

定义 1-3 设函数 $y=f(x)$，$x\in D$，其值域为 Z. 若对于 Z 中的每一个 y 值都有一个唯一的且满足 $y=f(x)$ 的 $x\in D$ 与之对应，其对应规则记作 f^{-1}，这个定义在 Z 上的新函数称为 $y=f(x)$ 的反函数，记作 $x=f^{-1}(y)$.

函数 $y=f(x)$，x 为自变量，y 为因变量，定义域为 D，值域为 Z.

函数 $x=f^{-1}(y)$，y 为自变量，x 为因变量，定义域为 Z，值域为 D.

习惯上，用 x 表示自变量，用 y 表示因变量. 因此将 $x=f^{-1}(y)$ 改写成以 x 为自变量、以 y 为因变量的函数关系 $y=f^{-1}(x)$，这时就说 $y=f^{-1}(x)$ 是 $y=f(x)$ 的反函数.

【例 1-29】 求 $y=\sqrt{x-1}$，$(x>1)$ 的反函数.

解 由
$$y=\sqrt{x-1},\ (x>1)$$
可得
$$x=f^{-1}(y)=y^2+1$$
习惯上写作
$$y=x^2+1,\ x\in(0,+\infty)$$

对反函数的认识，要掌握以下两点.

(1) 一个函数如果有反函数，它必定是一一对应的函数关系.

(2) 反函数存在定理：若函数 $y=f(x)$ 在某区间上是严格单调增加（或严格单调减少），则其反函数存在，且反函数也是严格单调增加（或严格单调减少）.

【例 1-30】 求 $y=e^x-1$ 的反函数.

解 由 $y=e^x-1$ 可得 $x=f^{-1}(y)=\ln(y+1)$. 故 $y=e^x-1$ 的反函数为 $y=\ln(x+1)$，

$x \in (-1, +\infty)$.

五、基本初等函数

中学数学对幂函数、指数函数、对数函数、三角函数、反三角函数等基本初等函数已有较详细的介绍．它们是研究各种函数的基础．为了读者学习的方便，下面再对这几类函数作一简单介绍．

1. 幂函数

函数

$$y = x^{\mu} (\mu \text{是常数})$$

称为幂函数．

幂函数 $y = x^{\mu}$ 的定义域随 μ 的不同而异，但无论 μ 为何值，函数在 $(0, +\infty)$ 内总是有定义的．

当 $\mu > 0$ 时，$y = x^{\mu}$ 在 $[0, +\infty)$ 上是单调增加的，其图像过点 $(0,0)$ 及点 $(1,1)$，图 1－7 列出了 $\mu = 1/2$、$\mu = 1$、$\mu = 2$ 时幂函数在第一象限的图像．

当 $\mu < 0$ 时，$y = x^{\mu}$ 在 $(0, +\infty)$ 上是单调减少的，其图像通过点 $(1,1)$，图 1－8 列出了 $\mu = -\frac{1}{2}$、$\mu = -1$、$\mu = -2$ 时幂函数在第一象限的图像．

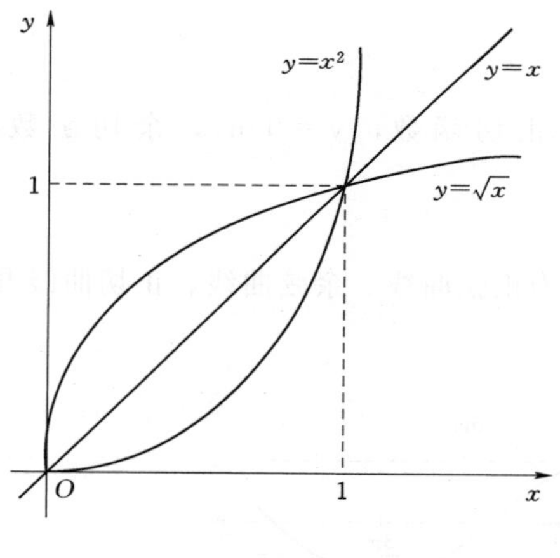

图 1－7

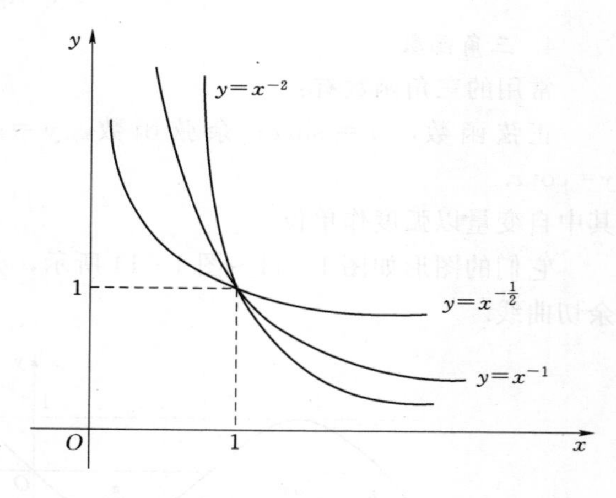

图 1－8

2. 指数函数

函数

$$y = a^x (a \text{是常数且} a > 0, a \neq 1)$$

称为指数函数．

指数函数 $y = a^x$ 的定义域是 $(-\infty, +\infty)$，图像通过点 $(0,1)$，且总在 x 轴上方．

当 $a > 1$ 时，$y = a^x$ 是单调增加的；当 $0 < a < 1$ 时，$y = a^x$ 是单调减少的，如图 1－9 所示．

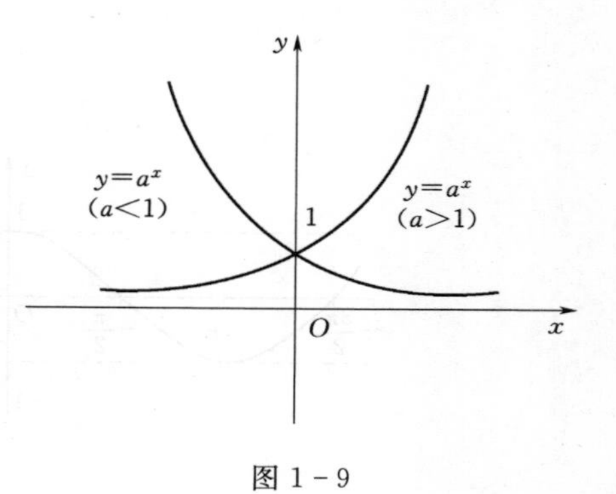

图 1－9

以常数 e＝2.71828182…为底的指数函数

$$y=e^x$$

是科技中常用的指数函数.

3. 对数函数

指数函数 $y=a^x$ 的反函数，记作

$$y=\log_a x（a 是常数且 a>0,a\neq 1）$$

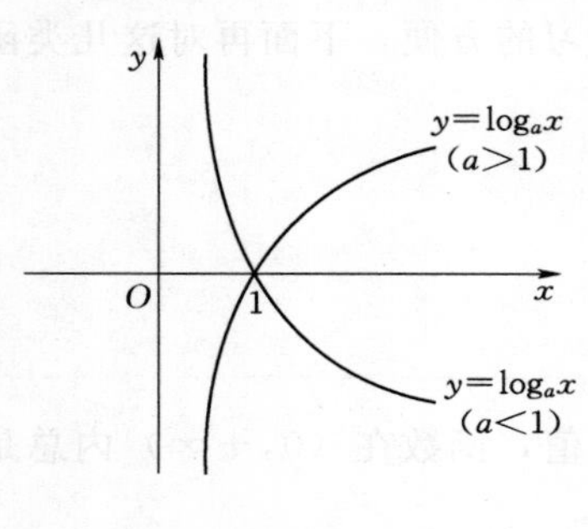

图 1-10

称为对数函数.

对数函数 $y=\log_a x$ 的定义域为 $(0,+\infty)$，图像过点 $(1,0)$. 当 $a>1$ 时，$y=\log_a x$ 单调增加；当 $0<a<1$ 时，$y=\log_a x$ 单调减少，如图 1-10 所示.

科学技术中常用以 e 为底的对数函数，即

$$y=\log_e x$$

它被称为自然对数函数，简记作

$$y=\ln x$$

另外，以 10 为底的对数函数

$$y=\log_{10} x$$

也是常用的对数函数，简记作

$$y=\lg x$$

4. 三角函数

常用的三角函数有：

正弦函数，$y=\sin x$；余弦函数，$y=\cos x$；正切函数，$y=\tan x$；余切函数，$y=\cot x$.

其中自变量以弧度作单位.

它们的图形如图 1-11～图 1-14 所示，分别称为正弦曲线、余弦曲线、正切曲线和余切曲线.

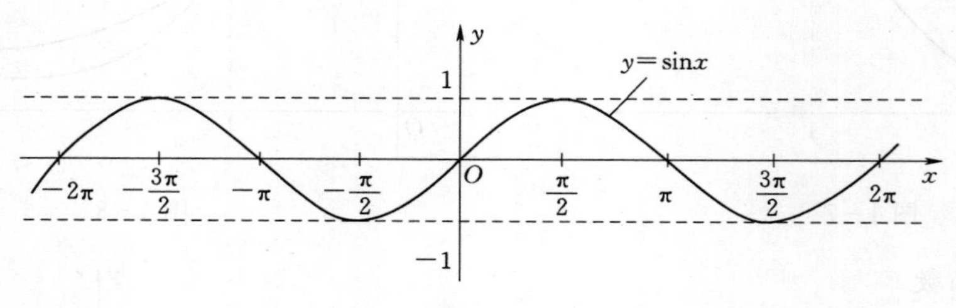

图 1-11

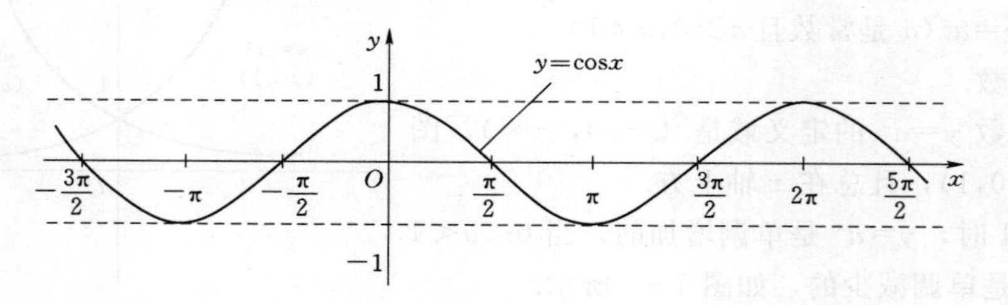

图 1-12

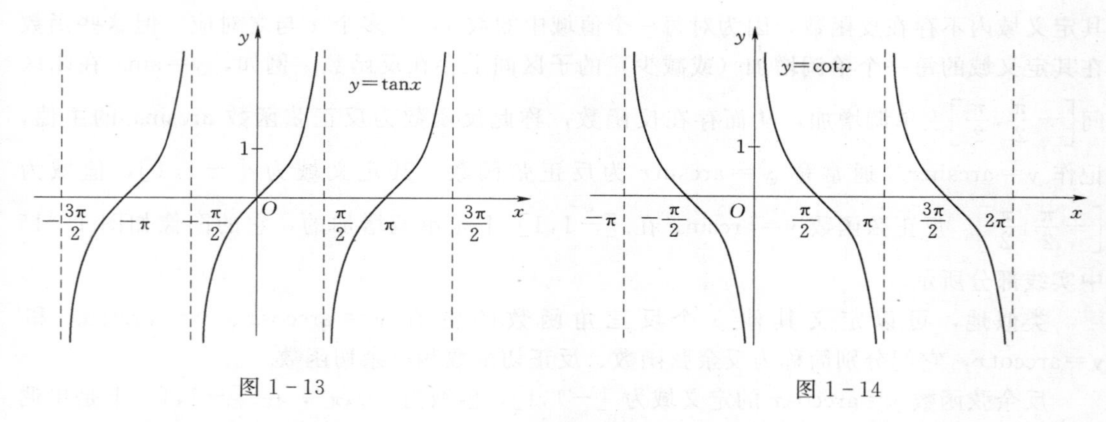

图 1-13　　　　图 1-14

正弦函数和余弦函数都是以 2π 为周期的周期函数，它们的定义域都为 $(-\infty,+\infty)$，值域都为 $[-1,1]$. 正弦函数是奇函数，余弦函数是偶函数.

由于 $\cos x=\sin\left(x+\frac{\pi}{2}\right)$，所以，把正弦曲线 $y=\sin x$ 沿 x 轴向左移动 $\frac{\pi}{2}$ 个单位，就获得余弦曲线 $y=\cos x$.

正切函数 $y=\tan x=\frac{\sin x}{\cos x}$ 的定义域为

$$D(f)=\{x\mid x\in\mathbf{R},x\neq(2n+1)\frac{\pi}{2},n\text{ 为整数}\}$$

余切函数 $y=\cot x=\frac{\cos x}{\sin x}$ 的定义域为

$$D(f)=\{x\mid x\in\mathbf{R},x\neq n\pi,n\text{ 为整数}\}$$

正切函数和余切函数的值域都是 $(-\infty,+\infty)$，且它们都是以 π 为周期的函数，它们都是奇函数.

另外，常用的三角函数还有：

正割函数，$y=\sec x$；余割函数，$y=\csc x$.

它们都是以 2π 为周期的周期函数，且

$$\sec x=\frac{1}{\cos x}$$

$$\csc x=\frac{1}{\sin x}$$

5. *反三角函数*

常用的反三角函数有：

反正弦函数，$y=\arcsin x$；反余弦函数，$y=\arccos x$；反正切函数，$y=\arctan x$；反余切函数，$y=\mathrm{arccot}\,x$.

它们分别称为三角函数 $y=\sin x$，$y=\cos x$，$y=\tan x$ 和 $y=\cot x$ 的反函数.

严格来说，根据反函数的概念，三角函数 $y=\sin x$、$y=\cos x$、$y=\tan x$、$y=\cot x$ 在

其定义域内不存在反函数，因为对每一个值域中的数 y，有多个 x 与之对应．但这些函数在其定义域的每一个单调增加（或减少）的子区间上存在反函数．例如，$y=\sin x$ 在闭区间$\left[-\frac{\pi}{2},\frac{\pi}{2}\right]$上单调增加，从而存在反函数，称此反函数为反正弦函数 $\arcsin x$ 的主值，记作 $y=\arcsin x$．通常称 $y=\arcsin x$ 为反正弦函数．其定义域为 $[-1,1]$，值域为$\left[-\frac{\pi}{2},\frac{\pi}{2}\right]$．反正弦函数 $y=\arcsin x$ 在 $[-1,1]$ 上是单调增加的，它的图像如图 1-15 中实线部分所示．

类似地，可以定义其他 3 个反三角函数的主值 $y=\arccos x$、$y=\arctan x$ 和 $y=\operatorname{arccot} x$，它们分别简称为反余弦函数、反正切函数和反余切函数．

反余弦函数 $y=\arccos x$ 的定义域为 $[-1,1]$，值域为 $[0,\pi]$，在 $[-1,1]$ 上是单调减少的，其图像如图 1-16 中实线部分所示．

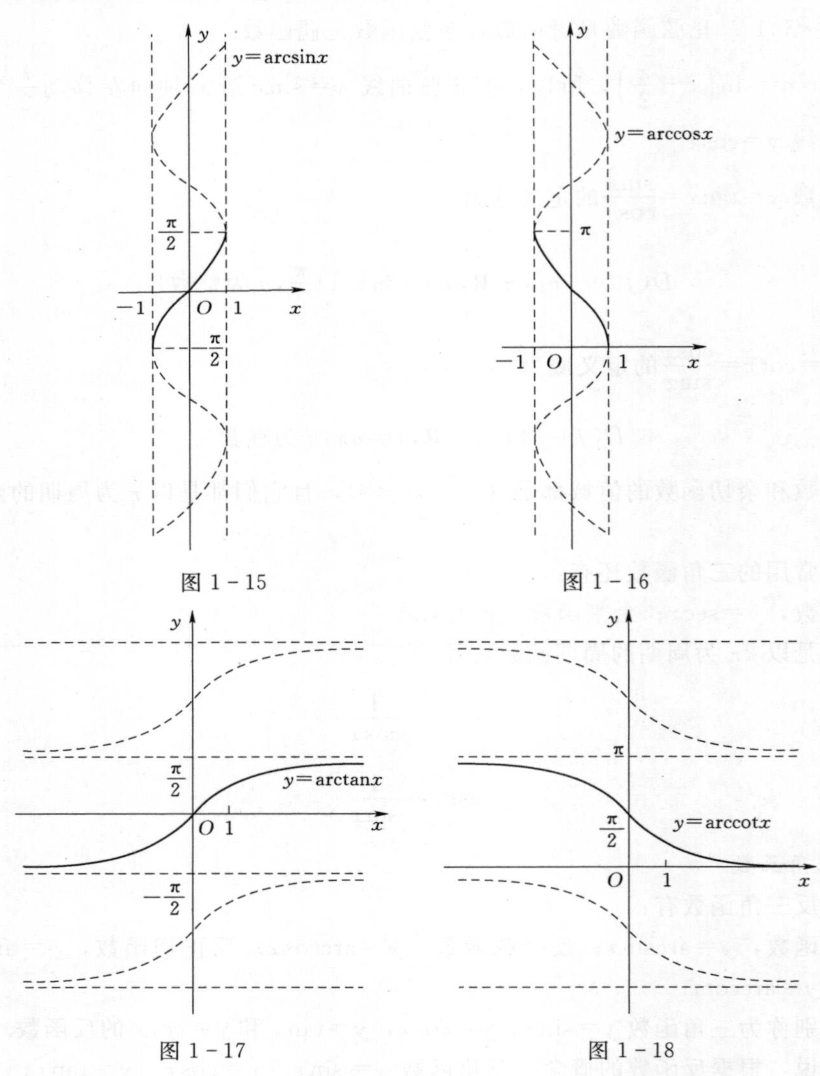

图 1-15　　图 1-16

图 1-17　　图 1-18

反正切函数 $y=\arctan x$ 的定义域为$(-\infty,+\infty)$，值域为$\left(-\frac{\pi}{2},\frac{\pi}{2}\right)$，在$(-\infty,+\infty)$上是单调增加的，其图像如图1-17中实线部分所示.

反余切函数 $y=\operatorname{arccot} x$ 的定义域为$(-\infty,+\infty)$，值域为$(0,\pi)$，在$(-\infty,+\infty)$上是单调减少的，其图像如图1-18中实线部分所示.

六、初等函数

在前面的学习中，简要地复习了五类基本初等函数的有关知识，接下来将进一步学习由它们所构成的初等函数的有关知识.

定义1-4　由基本初等函数经过有限次的四则运算及有限次的复合所构成，并能用一个式子表示的函数称为初等函数.

【例1-31】　判断下列函数是否为初等函数.

(1) $y=x^2+x+1$.

(2) $y=\begin{cases} x, & x\in[0,+\infty) \\ -x, & x\in(-\infty,0) \end{cases}$.

(3) $y=\begin{cases} x^3, & x\in[0,+\infty) \\ x^2, & x\in(-\infty,0) \end{cases}$.

解　(1) $y=x^2+x+1$ 是由幂函数与常量函数经过两次求和；并且是由一个式子表示的函数，满足初等函数的条件，是初等函数.

(2) 此函数是由两个不同的表达式构成的分段函数，但这个分段函数是可以用一个式子来表示的，可以表示成 $y=|x|=\sqrt{x^2}$，所以此函数是初等函数.

(3) 此函数是由两个不同的表达式构成的分段函数，并且这个分段函数不能用一个式子来表示，所以此函数不是初等函数.

习　题　1-2

1. 下列各题中，函数 $f(x)$ 和 $g(x)$ 是否相同？为什么？

(1) $f(x)=\lg x^2$，$g(x)=2\lg x$.

(2) $f(x)=1$，$g(x)=\sin^2 x+\cos^2 x$.

(3) $f(x)=x+1$，$g(x)=\frac{x^2-1}{x-1}$.

(4) $f(x)=x^2$，$g(x)=(\sqrt{x})^4$.

2. 确定下列函数定义域.

(1) $y=\sqrt{3x+2}$.

(2) $y=\frac{1}{x^2-3x+2}$.

(3) $y=\ln(x+1)$.

(4) $y=\arcsin(x-3)$.

3. 用分段函数表示函数 $y=5-|x-2|$.

4. 设一圆柱体体积为 V，试将其表面积 S 表示为底半径 r 的函数，并求其定义域.

5. 求下列各题中所给函数复合而成的复合函数：

(1) $y=\sin u$，$u=x^2$.

(2) $y=\sqrt{u}$，$u=1+x^2$.

(3) $y=u^3$，$u=\cos v$，$v=\sqrt{x}$.

6. 请给出下列函数的复合过程：

(1) $y=\ln\tan x$.

(2) $y=(\arcsin x)^3$.

(3) $y=e^{x^2}$.

(4) $y=\cos^2\sqrt{x^2+1}$.

7. 设 $f(x)=\dfrac{1}{x+1}$，求 $f[f(x)]$，$f\{f[f(x)]\}$.

8. 已知 $f(x)=2x^2+2x-4$，求 $f(1)$、$f(x^2)$、$f\left(\dfrac{1}{x}\right)$、$f(x+1)$.

9. 已知 $f(x)=\arcsin x$，求 $f(0)$、$f(1)$、$f\left(\dfrac{\sqrt{2}}{2}\right)$、$f\left(\dfrac{\sqrt{3}}{2}\right)$.

10. 已知 $f(x+1)=x^2-1$，求 $f(x)$ 的表达式.

11. 求 $y=\dfrac{1-x}{1+x}$的反函数.

第三节　函数的性质

研究任何一个事物或对象，都会将其性质作为研究的重点，从性质窥其本质. 对于函数，也要看看函数有哪些性质，这些性质实际上“宏观”地反映了函数在某一方面的“概貌”.

一、单调性

有时想要了解函数 $y=f(x)$ 随 x 变化的大概情况，于是引入单调性的定义.

定义 1-5　设 $y=f(x)$ 在 (a,b) 内有定义，若对于 (a,b) 内的任意两点 x_1 和 x_2，当 $x_1<x_2$ 时，有 $f(x_1)<f(x_2)$，则称此函数在 (a,b) 内是单调增加；当 $x_1<x_2$ 时，有 $f(x_1)>f(x_2)$，则称此函数在 (a,b) 内是单调减少.

一般说来，单调增加函数的图像是沿 x 轴正向逐渐上升的，如图 1-19 所示. 反过来，对于单调减少函数来说，它的图像是沿 x 轴正向逐渐下降的，如图 1-20 所示.

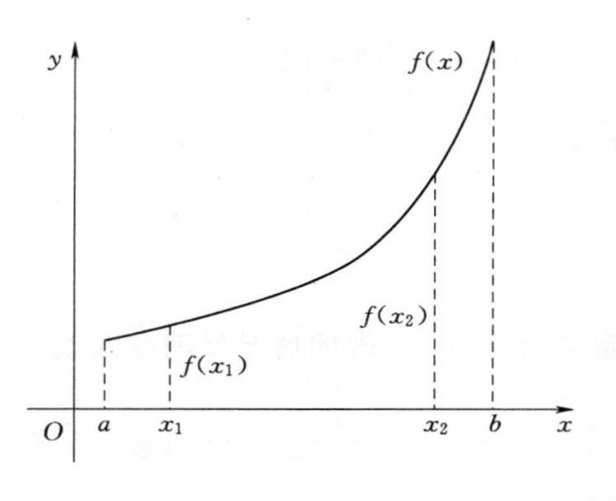

图 1-19

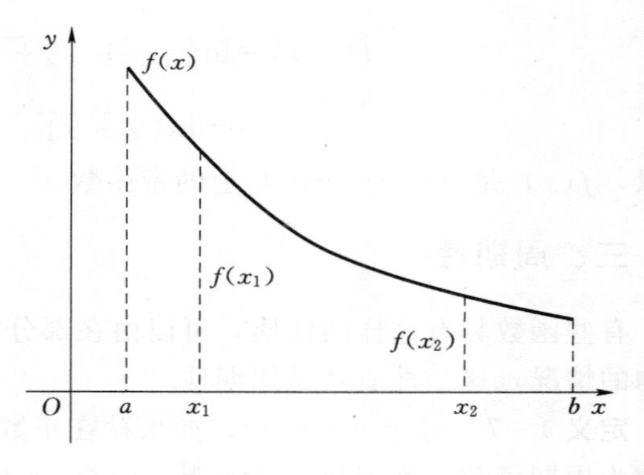

图 1-20

【例 1-32】 判断函数 $y=2x+1$ 的单调性.

解　对任意 x_1、x_2，且 $x_1<x_2$，有

$$f(x_1)-f(x_2)=(2x_1+1)-(2x_2+1)=2(x_1-x_2)$$

因为 $x_1<x_2$，所以 $x_1-x_2<0$，即

$$f(x_1)-f(x_2)=2(x_1-x_2)<0$$

所以

$$f(x_1)<f(x_2)$$

因而，函数 $y=2x+1$ 是单调增加的.

【例 1-33】 判断函数 $y=x^2+1$ 的单调性.

解　对任意 x_1、x_2，且 $x_1<x_2$，有

$$f(x_1)-f(x_2)=(x_1^2+1)-(x_2^2+1)=x_1^2-x_2^2$$

在 $(-\infty,0]$ 内，若 $x_1<x_2$，则 $x_1^2>x_2^2$，于是 $x_1^2-x_2^2>0$，因此有 $f(x_1)-f(x_2)>0$，即 $f(x_1)>f(x_2)$. 所以 $y=x^2+1$ 在 $(-\infty,0]$ 内是单调减少的. 在 $[0,+\infty)$ 内，若 $x_1<x_2$，则 $x_1^2<x_2^2$，于是 $x_1^2-x_2^2<0$，因此有 $f(x_1)-f(x_2)<0$，即 $f(x_1)<f(x_2)$. 所以 $y=x^2+1$ 在 $[0,+\infty)$ 内是单调增加的.

注　一般地，函数的单调性会与 x 的区间有关. 由于 $y=x^2+1$ 在 $(-\infty,0]$ 内与在 $[0,+\infty)$ 内具有不同的单调性，则此函数在 R 内不是单调函数.

二、奇偶性

在函数的定义域 D 内，是否由一部分区间内的情况可推知函数在整个定义域内的情况呢？具有奇偶性的函数可以做到这一点.

定义 1-6　设函数 $y=f(x)$ 的定义域 D 关于原点对称，若对于任意 $x\in D$ 恒有 $f(-x)=f(x)$，则称 $f(x)$ 为偶函数；若对于任意 $x\in D$ 恒有 $f(-x)=-f(x)$，则称 $f(x)$ 为奇函数.

偶函数的图像关于 y 轴对称，奇函数的图像关于原点对称.

【例 1-34】 讨论函数 $f(x)=\ln\left(x+\sqrt{1+x^2}\right)$ 的奇偶性.

解　函数 $f(x)$ 的定义域 $(-\infty,+\infty)$ 是对称区间，因为

$$f(-x)=\ln(-x+\sqrt{1+x^2})=\ln\left(\frac{1}{x+\sqrt{1+x^2}}\right)$$
$$=-\ln(x+\sqrt{1+x^2})=-f(x)$$

所以，$f(x)$ 是 $(-\infty,+\infty)$ 上的奇函数.

三、周期性

有些函数具有这样的性质，可以由在部分定义域 $[0,T]$ 内的情况反映它在整个定义域内的情况，这个性质就是周期性.

定义 1-7 对于 $y=f(x)$，如果存在正数 T，使得 $f(x)=f(x+T)$恒成立，则称此函数为周期函数，称正数 T 为函数 $y=f(x)$ 的周期.

对于每个周期函数来说，定义中的正数 T 有无穷多个，因为如果 $f(x)=f(x+T)$，那么就有

$$f(x+2T)=f[(x+T)+T]=f(x+T)=f(x)$$
$$f(x+3T)=f[(x+2T)+T]=f(x+2T)=f(x)$$
$$\vdots$$

于是规定：满足等式 $f(x)=f(x+T)$的最小正数 T，称为周期函数 $f(x)$ 的最小正周期，简称周期. 例如，$y=\sin x$ 就是周期函数，其周期为 2π.

并不是所有函数都有最小正周期，例如，狄利克雷函数

$$D(x)=\begin{cases}1, & x\text{ 为有理数}\\0, & x\text{ 为无理数}\end{cases}$$

任意正有理数都是它的周期，但此函数没有最小正周期.

【例 1-35】 求函数 $y=\sin\dfrac{x}{2}+1$ 的周期.

解 因为 $\sin\dfrac{x}{2}$的周期是 4π，常数 1 的周期为任意正实数.

所以 $\sin\dfrac{x}{2}+1$ 的周期仍为 4π.

四、函数的有界性

有时想要对函数在定义域 D 上的取值有一个“概貌”，于是引入有界性的定义.

定义 1-8 设 $y=f(x)$ 在 (a,b) 内有定义，若存在一个值 $M>0$，使得 $y=f(x)$ 在 (a,b) 内恒有$|f(x)|\leqslant M$，则称函数 $y=f(x)$ 在 (a,b) 内是有界的.

【例 1-36】 $y=\sin x$ 在 $(-\infty,+\infty)$ 内是有界的，因为对于任意的 $x\in(-\infty,+\infty)$，恒有$|\sin x|\leqslant 1$. $y=\sin x$ 在$\left(-\dfrac{\pi}{2},\dfrac{\pi}{2}\right)$内是无界的，但在$\left[-\dfrac{\pi}{4},\dfrac{\pi}{4}\right]$内却是有界的. 因为，当 $x\in\left[-\dfrac{\pi}{4},\dfrac{\pi}{4}\right]$时，恒有$|\tan x|\leqslant 1$.

习　题　1-3

1. 判断下列函数的单调性：

(1) $y=4x+1$.

(2) $y=\left(\frac{1}{2}\right)^{x}$.

(3) $y=x+\ln x$.

2. 判断下列函数的奇偶性：

(1) $y=\frac{1}{x^{2}}$.

(2) $y=\tan x$.

(3) $y=\frac{a^{x}+a^{-x}}{2}$.

(4) $f(x)=3x^{2}-x^{3}$.

(5) $f(x)=\ln\left(x+\sqrt{x^{2}+1}\right)$.

3. 下列各函数中哪些是周期函数？如果是周期函数的，请指出其周期.

(1) $y=\cos(x-2)$.

(2) $y=\cos 2x$.

(3) $y=x\sin x$.

(4) $y=1+\sin x$.

第四节　函数关系的建立及经济学中常用的函数

一、函数关系的建立

为了解决实际问题，常常通过建立函数，研究各个变量之间的关系，以掌握其变化规律，该方法称为数学模型法. 为此需要明确问题中的自变量和因变量，根据题意建立函数关系，然后确定函数的定义域. 但在确定实际问题中的函数的定义域时，除需要考虑函数的解析式外，还要考虑变量在实际问题中的具体定义.

【例 1-37】 某工厂生产某种产品，年产量为 x 台，每台售价 250 元，当年产量不超过 600 台时可以全部售出；当年产量超过 600 台时，经广告宣传又可多售出 200 台，且多售出部分中每台平均广告费为 20 元；生产再多，本年就售不出去了. 试建立本年的销售总收入 R 与年产量 x 之间的函数关系.

解　由题意可知：

当 $0<x\leqslant 600$ 时，$R=250x$.

当 $600<x\leqslant 800$ 时，$R=250x-20(x-600)=230x+1.2\times 10^{4}$.

当 $x>800$ 时，$R=250\times 800-20\times(800-600)=1.96\times 10^{5}$.

于是，所求的函数关系为

$$R(x)=\begin{cases}250x, & 0<x\leqslant 600\\ 230x+1.2\times 10^{4}, & 600<x\leqslant 800\\ 1.96\times 10^{5}, & x>800\end{cases}$$

二、经济学中的常用函数

在经济分析中，研究需求、价格、成本、收益、利润等经济量的关系，是经济数学的最重要任务之一，但在实际问题中所涉及的变量往往较多，其间的相关性也相当复杂，作为讨论的初期，仅限考虑两个变量之间的依赖关系.

1. 需求函数

某一商品的需求量是指在一定的价格水平下，在一定的时间内，消费者愿意而且有支付能力购买的商品量. 消费者对某种商品的需求是由多种因素决定的，如人口、收入、季节、该商品的价格、消费者的喜好、可替代商品的价格等.

如果除价格外，收入等其他因素在一定时期内变化很小，即可认为其他因素对需求暂无影响，则需求量 Q 便是价格 P 的函数，记作 $Q=f(P)$，称为需求函数. 同时，$Q=f(P)$ 的反函数 $P=f^{-1}(Q)$ 也称为需求函数.

一般来说，商品价格的上涨会使需求量减少，因此需求函数是单调减少的. 在经济管理中，人们根据统计规律，常用以下形式较简洁的初等函数来近似表达需求函数.

(1) 线性函数 $Q=a-bP$，其中 $a>0$，$b>0$.

(2) 幂函数 $Q=aP^{-b}$，其中 $a>0$，$b>0$.

(3) 指数函数 $Q=ae^{-bP}$，其中 $a>0$，$b>0$.

2. 供给函数

某商品的供给量是指在一定的价格水平下，愿意并能够对社会提供的商品量. 影响商品供给量的因素多而复杂. 这里依然将其他因素看成不变，仅考虑价格因素，则供给量 Q 便是价格 P 的函数，记作 $Q=g(P)$，称为供给函数. 同时将 $Q=g(P)$ 的反函数 $P=g^{-1}(Q)$ 也称为供给函数.

一般来说，商品价格的上涨会使供给量增加，因此供给函数是单调增加的. 在经济管理中，人们根据统计规律，常用以下形式较简洁的初等函数来近似表达供给函数.

(1) 线性函数 $Q=-a+bP$，其中 $a>0$，$b>0$.

(2) 幂函数 $Q=aP^{b}$，其中 $a>0$，$b>0$.

(3) 指数函数 $Q=ae^{bP}$，其中 $a>0$，$b>0$.

例如，某商品的供给函数为 $Q=-21+7P$，当 $P=3$ 时，由于价格过低，该商品的社会供给量 $Q=0$，即无人在该价格水平下供应该商品.

在同一坐标平面上做出需求函数 $Q=f(P)$ 和供给函数 $Q=g(P)$，曲线 $Q=f(P)$ 和曲线 $Q=g(P)$ 的交点 (P_0, Q_0) 就是供需平衡点，P_0 称为均衡价格，Q_0 称为均衡数量.

3. 成本函数

总成本是生产一定数量产品所需要的各种生产要素投入的费用总额，且

$$\text{总成本}=\text{固定成本}+\text{可变成本}$$

其中，固定成本是指支付固定生产要素的费用，如厂房、固定资产折旧以及管理人员工资等；可变成本是指支付可变生产要素的费用（或指随产量的变化而改变的费用），如原材料、燃料及生产工人的工资等. 由此可见，总成本函数 C 是产量（或销量）Q 的函数，

记作 $C=C(Q)$，称为成本函数.

企业为提高经济效益降低成本，通常需要考虑分摊到每个单位产品中的成本，即平均成本，以评价企业生产经营管理状况. 产量（或销量）为 Q 时的平均成本为 $\overline{C}(Q)=\frac{C(Q)}{Q}$.

例如，某产品的总成本函数为 $C(Q)=300+4Q+\frac{1}{3}Q^2$，则

（1）其固定成本为 $C(0)=\left(300+4Q+\frac{1}{3}Q^2\right)\Big|_{Q=0}=300$.

（2）当产量 $Q=30$ 时，总成本为 $C(30)=\left(300+4Q+\frac{1}{3}Q^2\right)\Big|_{Q=30}=720$.

（3）当产量 $Q=30$ 时，平均成本为 $\overline{C}(30)=\frac{C(30)}{30}=24$.

4. 收益函数

收益是指销售一定数量商品所得的收入，它既是销售 Q 的函数，又是价格 P 的函数，若收益用 R 表示，则

$$R=PQ$$

由研究目的不同，通过需求函数，可以将收益函数表示成价格 P 的函数，例某产品需求曲线 $Q=f(P)=30-2P$，则有

$$R=Pf(P)=30P-2P^2$$

若将收益表示成销售 Q 的函数，则

$$R=Qf^{-1}(Q)=15Q-\frac{1}{2}Q^2$$

5. 利润函数

企业生产经营活动的直接目的是获得利润. 若利润用 L 表示，在不考虑税收的情况下，$L=$总收益$-$总成本，即

$$L=R(Q)-C(Q)$$

若考虑国家征税费 T 的情况，则

$$L=R(Q)-C(Q)-T(Q)$$

在不考虑税收的情况下，当销售成本 $C(Q)$ 超过销售收益 $R(Q)$ 时，这种经营活动是亏本的；当销售收益 $R(Q)$ 超过销售成本 $C(Q)$ 时，这种经营活动是盈利的；当 $L(Q)=0$，即 $R(Q)=C(Q)$ 时，不亏不盈. 通常将 $L(Q)=0$ 的点 Q_0 称为保本点（或盈亏的临界点）.

例如，设生产某产品的成本函数 $C(Q)=100+2Q$，收益函数为 $R(Q)=10Q$，则利润函数为

$$L(Q)=8Q-100$$

令 $L(Q)=0$，得保本点 $Q_0=12.5$，即该产品至少生产 12.5 个单位才能保本.

6. 库存函数

设在计划期 T 内，对某种商品的总需求量为 Q. 由于库存费用及资金占用等因素，

显然进货一次是不合算的，从而考虑分批次进货．设每次进货批量 q 保持不变，每次订货费为 C_0，单位商品的价格为 P，在计划期内单位商品的库存费用率 I 保持不变，需求量是均匀的，在不允许缺货的条件下，有

库存总费用 C=订货费用+存储费用

即

$$C=C_0\frac{Q}{q}+\frac{1}{2}qPI$$

式中，$\frac{Q}{q}$为计划期内的订货次数；$\frac{q}{2}$为平均库存水平．

习 题 1-4

1. 要设计一个容量为 $V=20\text{m}^3$ 的有盖圆柱形油桶，已知上盖单位面积造价是侧面的一半，侧面单位面积造价又是底面的一半，设上盖单位面积的造价为 a 元/m^2．试将油桶的总造价 y 表示成油桶半径 r 的函数．

2. 设某商品的需求函数为 $Q=300-8P$，供给函数 $Q=-20+24P$．求该商品的均衡价格和均衡数量．

3. 某厂生产的学习机每台可卖 110 元，固定成本为 7500 元，可变成本为每台 60 元，问：

（1）要售出多少台学习机厂家才可保本？

（2）若售出了 100 台学习机，此时厂家是亏本还是盈利？亏本（或盈利）多少？

（3）若要获利 1250 元，需要售出多少台学习机？

总 习 题 一

1. 选择题

（1）下列集合中是空集的有（ ）．

A. $\{1,2,3\}\cap\{3,5,6\}$　　B. $\{0,1,2\}\cap\{3,5,6\}$

C. $\{(x,y)\mid y=x^2 \text{ 且 } y=x+1\}$　　D. $\left\{x\,\middle|\,|x-1|<\frac{1}{2}\right\}$

（2）数集 $I=\{x\mid 0<|x-5|<1\}$用区间表示为（ ）．

A. $[4,6]$　　B. $(4,6)$　　C. $(4,5)\cup(5,6)$　　D. $[4,6)$

（3）函数 $f(x)=\frac{\lg(x-1)}{\sqrt{4-x^2}}$的定义域是（ ）．

A. $(1,+\infty)$　　B. $[-2,2]$　　C. $(-2,2)$　　D. $(1,2)$

（4）函数 $y=|\cos x|$ 的周期是（ ）．

A. 4π　　B. 2π　　C. π　　D. $\frac{\pi}{2}$

（5）下列函数中不是初等函数的有（ ）．

A. $y=x^2-1$　　B. $y=\begin{cases}\dfrac{x^2-1}{x-1}, & x\neq 1\\ 0, & x=1\end{cases}$

C. $y=\dfrac{\sin(e^x-1)}{\lg(x^2+1)}$　　D. $y=\sqrt{\cos x-3}$

(6) 下列函数中，(　　) 是偶函数.

A. $y=x^3$　　B. $y=x|x|$　　C. $y=\ln x$　　D. $y=x\sin x$

(7) 下列函数在 $(0,+\infty)$ 内为有界函数的是 (　　).

A. $y=\dfrac{1}{x}$　　B. $y=\sin x$　　C. $y=x^2$　　D. $y=\ln x$

2. 求下列函数的定义域：

(1) $y=\sqrt{x^2+2x-3}$.

(2) $y=\dfrac{1}{\ln(2-\sqrt{x})}$.

(3) $y=\sqrt{\dfrac{\lg(x-2)}{|x|-1}}$.

3. 已知函数 $f(x)=x^2+4$，试求 $f(0)$、$f(1)$、$f(-x)$、$f(x-1)$.

4. 设 $f(x)=x^2$，$g(x)=2^x$，试求 $f[g(x)]$ 和 $g[f(x)]$.

5. 设 $f(x)=ax^2+bx-3$ 且 $f(x)-f(x-1)=2x-3$，试求 $f(x)$.

6. 求函数 $y=\dfrac{1}{2x-1}$ 的反函数.

7. 判断下列函数在指定区间中的单调性：

(1) $y=1-3x$，$(-\infty,+\infty)$.

(2) $y=\sin 2x$，$\left[0,\dfrac{\pi}{4}\right]$.

(3) $y=(x-1)^2$，$(-\infty,1]$.

8. 判断下列函数的奇偶性：

(1) $y=\sqrt{x^2-1}$.

(2) $y=\dfrac{1-x^2}{1+x^2}$.

(3) $y=\sin x-\cos x+1$.

(4) $y=\dfrac{\sin x}{\cos 2x}$.

9. 已知生产某种商品的成本函数和收益函数（单位：万元）分别为

$$C=10-8Q+Q^2，R=4Q$$

其中 Q 为该商品的产量（或销量).

(1) 求该商品的利润函数和销量为 6 台时的总利润.

(2) 确定该商品销量为 7 台时是否盈利.

10. 企业对某商品实施价格差，购买量在 10kg 以下（含 10kg），价格为 10 元/kg；

购买量小于等于100kg，其中超过10kg的部分，价格为9元/kg；购买量大于100kg的部分，价格为8元/kg. 试求关于购买量x的费用函数$C(x)$.

11. 用max表示取最大值，用min表示取最小值，试用分段函数形式表示下列函数，并画出其图形：

(1) $f(x)=\max\{x,x^2\}$，$x\in[-2,2]$.

(2) $f(x)=\min\{2,x^2\}$，$x\in[-2,2]$.

12. 某工厂生产电冰箱，年产量为a台，分若干批进行生产，每批生产准备费为b元. 设产品均匀投放市场，且上一批售完后下一批即可完工进入仓库. 电冰箱每年库存费为cx元，其中c为常数，x为最大库存量，即最大批量. 显然批量大则库存费高，批量少则批次多，由此生产准备费也高. 为选择最优批量，试求一年中库存量、生产准备费的总和y与批量x的函数关系.

13. 某商品的需求函数为$Q=f(P)=10\mathrm{e}^{-3P}$，其中$Q$是需求量，$P$是价格. 试求其反函数$P=f^{-1}(Q)$，在同一坐标系内画出$Q=f(P)$及$P=f^{-1}(Q)$的图形，并解释$a=f(b)$及$b=f^{-1}(a)$的经济含义.

14. 回忆初等函数，从初等函数的“生产”方式可以看出，函数$y=\sin x$与$y=\mathrm{e}^x$有着特别重要的意义. 例如，由$y=\mathrm{e}^x$生产其反函数$y=\ln x$，再将$y=\mathrm{e}^x$与$u=\alpha\ln x$复合而成$y=x^\alpha$（定义域可能有变化）. 请读者思考并体验其他初等函数是怎样由它们生成的. 通常把函数$y=\sin x$与$y=\mathrm{e}^x$称为初等函数的生成函数. 在今后的学习中，许多重要知识都以这两个函数为基本研究对象.

第二章　极限与连续

函数概念刻画了变量之间的相互关系，极限概念又深入了一步，它着重刻画在自变量的某个变化的过程中，因变量的变化趋势，在微积分中几乎所有的概念都离不开极限这个工具，因此极限是微积分中最基本的概念之一．学好微积分，首先要准确地理解极限的概念，并且要掌握好极限的重要性质和运算法则，并在此基础上讨论函数的连续性．

第一节　数列的极限

一、引例

引例 1［万世不竭］ 古人云：“一尺之棰，日取其半，万世不竭．”

这是战国时期哲学家庄周所著的《庄子·天下》中的一句话．意思是“一根长为一尺的棒，每天截去一半，永远取不尽”．将每天取走的长度记下，得一个数列，即

$$\frac{1}{2},\frac{1}{4},\frac{1}{8},\cdots,\frac{1}{2^n},\cdots$$

随着时间的推移，剩下的棒的长度越来越短，显然，当天数 n 无限增大时，剩下的棒的长度将无限缩短，即剩下的棒的长度 $\frac{1}{2^n}$ 越来越接近于数 0．

引例 2［割圆术］ 刘徽称“割之弥细，所失弥少，割之弥割，以至不可割，则与圆周合体而无所失矣”．

圆是一种极为常见的几何图形．显然，圆的面积是客观存在的，但这样一个客观存在的面积却无法直接得到．为了求出圆的面积，我国魏晋时期杰出的数学家刘徽提出了用圆的内接正多边形来推算圆的面积，称之为刘徽割圆术．

刘徽割圆术的思想方法是：他首先计算圆内接正六边形的面积，记为 S_1，接着计算圆内接正十二边形的面积，记为 S_2，然后计算圆内接正二十四边形的面积，……，一直计算到了圆内接正 3072 边形的面积，记为 S_9．这是很了不起的成就．如此类推，就得到了一系列圆内接正多边形的面积，即

$$S_1,\ S_2,\ \cdots,\ S_n,\ \cdots$$

很明显，当 n 越大，圆内接正多边形的面积和圆的面积就越接近．虽然无论 n 取得如何大，S_n 只是圆内接正多边形的面积，而不是圆的面积，但想当 n 无限增大时，圆内接正多边形就会无限接近于圆，同时 S_n 也无限接近于某一个确定的数值，这个确定的数值就应为圆的面积．

为了刻画数列的这种变化趋势，下面引入数列极限的概念.

二、数列极限的定义

定义 2-1　对于数列 $\{x_n\}$，若当 n 无限增大时，通项 x_n 无限地接近于一个确定的常数 A，即 $|x_n-A|$ 无限地接近于零，那么 A 就叫作数列 x_n 的极限，记为

$$\lim_{n\to\infty}x_n=A \quad 或 \quad x_n\to A(n\to\infty)$$

当数列 x_n 以 A 为极限时，称数列 x_n 收敛于 A. 此时，称 x_n 为收敛的数列. 若数列 x_n 不趋于任何常数，则称数列 x_n 没有极限. 没有极限的数列叫作发散数列.

例如，数列 $x_n=\frac{1}{2^n}$ 的极限是 0，可记为 $\lim\limits_{n\to\infty}\frac{1}{2^n}=0$；数列 $x_n=\frac{n+(-1)^{n-1}}{n}$ 的极限是 1，可记为 $\lim\limits_{n\to\infty}\frac{n+(-1)^{n-1}}{n}=1$.

【例 2-1】　观察下列数列的变化趋势，并写出它们的极限：

(1) $x_n=\frac{1}{n}$.

(2) $x_n=2-\frac{1}{n^2}$.

(3) $x_n=(-1)^n\frac{1}{3^n}$.

(4) $x_n=-3$.

解　列表考察这 4 个数列的前几项及当 $n\to\infty$ 时，它们的变化趋势，见表 2-1.

表 2-1

n	1	2	3	4	5	…	$\to\infty$
(1) $x_n=\frac{1}{n}$	$\frac{1}{1}$	$\frac{1}{2}$	$\frac{1}{3}$	$\frac{1}{4}$	$\frac{1}{5}$	…	$\to 0$
(2) $x_n=2-\frac{1}{n^2}$	$2-\frac{1}{1}$	$2-\frac{1}{4}$	$2-\frac{1}{9}$	$2-\frac{1}{16}$	$2-\frac{1}{25}$	…	$\to 2$
(3) $x_n=(-1)^n\frac{1}{3^n}$	$-\frac{1}{3}$	$\frac{1}{9}$	$-\frac{1}{27}$	$\frac{1}{81}$	$-\frac{1}{243}$	…	$\to 0$
(4) $x_n=-3$	-3	-3	-3	-3	-3	…	$\to -3$

由上表中各个数列的变化趋势，根据数列极限的定义可知：

(1) $\lim\limits_{n\to\infty}x_n=\lim\limits_{n\to\infty}\frac{1}{n}=0$.

(2) $\lim\limits_{n\to\infty}x_n=\lim\limits_{n\to\infty}\left(2-\frac{1}{n^2}\right)=2$.

(3) $\lim\limits_{n\to\infty}x_n=\lim\limits_{n\to\infty}(-1)^n\frac{1}{3^n}=0$.

(4) $\lim\limits_{n\to\infty}x_n=\lim\limits_{n\to\infty}(-3)=-3$.

一般说来，我们有下面的结论：

(1) $\lim\limits_{n\to\infty}\frac{1}{n^{\alpha}}=0(\alpha>0)$；

(2) $\lim\limits_{n\to\infty}q^{n}=0(|q|<1)$；

(3) $\lim\limits_{n\to\infty}C=C$（$C$ 为常数）.

【例 2－2】 求等比数列$\frac{1}{2}$，$\frac{1}{4}$，$\frac{1}{8}$，…，$\frac{1}{2^n}$，…前 n 项的和 S_n，并求当 $n\to\infty$时 S_n 的极限.

解 已知这个等比数列的首项 $a_1=\frac{1}{2}$，公比 $q=\frac{1}{2}$，根据等比数列前 n 项和的公式，得

$$S_n=\frac{a_1(1-q^n)}{1-q}=\frac{\frac{1}{2}\left[1-\left(\frac{1}{2}\right)^n\right]}{1-\frac{1}{2}}=1-\frac{1}{2^n}$$

因此

$$\lim_{n\to\infty}S_n=\lim_{n\to\infty}\left(1-\frac{1}{2^n}\right)=1-0=1$$

一般地，等比数列

$$a_1,a_1q,a_1q^2,\cdots,a_1q^{n-1},\cdots$$

当$|q|<1$ 时，称为无穷递缩等比数列，且数列的和 $S=\frac{a_1}{1-q}$.

三、数列极限的性质

由极限$\lim\limits_{n\to\infty}x_n=A$ 的定义，可以得出数列极限的若干性质：

(1) 唯一性. 若数列 $\{x_n\}$ 有极限，则极限是唯一的（极限存在必唯一）.

(2) 有界性. 若数列 $\{x_n\}$ 有极限，即$\lim\limits_{n\to\infty}x_n=A$，则数列 $\{x_n\}$ 有界.

(3) 保序性. 若$\lim\limits_{n\to\infty}x_n=A$，$\lim\limits_{n\to\infty}y_n=B$，且 $A<B$，则当 n 充分大时，有 $x_n<y_n$.

由保序性易得极限的保号性.

(4) 保号性. 若$\lim\limits_{n\to\infty}x_n=A$，$A>0$（或 $A<0$），则当 n 充分大时，$x_n>0$（或 $x_n<0$）.

以上性质的证明一般需要用到数列极限的精确定义，即 $\varepsilon-N$ 定义. 由于只给出了数列极限的描述性定义，无法严格证明，想要深入了解的读者请查阅同济大学数学教研室编写的《高等数学》的相关内容.

四、数列极限的四则运算

为了能够用已知的简单数列的极限推出更多、更复杂数列的极限，需要掌握极限的四则运算法则.

定理 2－1 若$\lim\limits_{n\to\infty}a_n=A$，$\lim\limits_{n\to\infty}b_n=B$，则有

(1) $\lim\limits_{n\to\infty}(a_n\pm b_n)=\lim\limits_{n\to\infty}a_n\pm\lim\limits_{n\to\infty}b_n=A\pm B$.

(2) $\lim\limits_{n\to\infty}a_nb_n=\lim\limits_{n\to\infty}a_n\times\lim\limits_{n\to\infty}b_n=A\times B$.

(3) $\lim\limits_{n\to\infty}\dfrac{a_n}{b_n}=\dfrac{\lim\limits_{n\to\infty}a_n}{\lim\limits_{n\to\infty}b_n}=\dfrac{A}{B}(B\neq0)$.

由法则（2）容易推出下面两个推论.

推论 2-1　若$\lim\limits_{n\to\infty}a_n=A$，则$\lim\limits_{n\to\infty}ca_n=cA$.

推论 2-2　若$\lim\limits_{n\to\infty}a_n=A$，且 k 是任意正整数，$\lim\limits_{n\to\infty}a_n^k=A^k$.

证明从略.

【例 2-3】　求$\lim\limits_{n\to\infty}\dfrac{3n^2+2n-5}{n^2-3}$.

解　分子分母除以 n^2 得$\dfrac{3+\dfrac{2}{n}-\dfrac{5}{n^2}}{1-\dfrac{3}{n^2}}$，则$\lim\limits_{n\to\infty}\dfrac{3n^2+2n-5}{n^2-3}=\dfrac{\lim\limits_{n\to\infty}\left(3+\dfrac{2}{n}-\dfrac{5}{n^2}\right)}{\lim\limits_{n\to\infty}\left(1-\dfrac{3}{n^2}\right)}=3$.

【例 2-4】　求$\lim\limits_{n\to\infty}\left(1+\dfrac{2}{3^n}\right)^5$.

解　$\lim\limits_{n\to\infty}\left(1+\dfrac{2}{3^n}\right)^5=\left[\lim\limits_{n\to\infty}\left(1+\dfrac{2}{3^n}\right)\right]^5=1$.

五、数列极限的存在准则

关于数列极限存在性的判别，有下面两个准则.

定理 2-2　单调有界数列必有极限.

定理 2-3（夹逼准则）　若$\lim\limits_{n\to\infty}a_n=\lim\limits_{n\to\infty}b_n=A$，且数列 $\{c_n\}$ 满足 $a_n\leqslant c_n\leqslant b_n$，则数列 $\{c_n\}$ 收敛，且有$\lim\limits_{n\to\infty}c_n=A$.

证明从略.

【例 2-5】　证明数列$\left\{\left(1+\dfrac{1}{n}\right)^n\right\}$收敛.

证明　只需证明$\left\{\left(1+\dfrac{1}{n}\right)^n\right\}$单调增加且有上界.

当 $a>b>0$ 时，有

$$\begin{aligned}a^{n+1}-b^{n+1}&=(a-b)(a^n+a^{n-1}b+\cdots+ab^{n-1}+b^n)\\&<(n+1)(a-b)a^n\end{aligned}$$

即

$$a^n[(n+1)b-na]<b^{n+1} \tag{2-1}$$

取 $a=1+\dfrac{1}{n}$，$b=1+\dfrac{1}{n+1}$代入式（2-1），得

$$\left(1+\frac{1}{n}\right)^n<\left(1+\frac{1}{n+1}\right)^{n+1}$$

即数列$\left\{\left(1+\frac{1}{n}\right)^n\right\}$是单调增加的.

取$a=1+\frac{1}{2n}$，$b=1$代入式（2-1），得

$$\left(1+\frac{1}{2n}\right)^n<2$$

从而$\left(1+\frac{1}{2n}\right)^{2n}<4$，$n=1$，2，…，又由于

$$\left(1+\frac{1}{2n-1}\right)^{2n-1}<\left(1+\frac{1}{2n}\right)^{2n}<4$$

所以$\left(1+\frac{1}{n}\right)^n<4$对一切$n=1$，2，…成立，即数列$\left\{\left(1+\frac{1}{n}\right)^n\right\}$有界，由收敛准则可知$\left\{\left(1+\frac{1}{n}\right)^n\right\}$收敛.

将$\left\{\left(1+\frac{1}{n}\right)^n\right\}$的极限记为e，即$\lim\limits_{n\to\infty}\left(1+\frac{1}{n}\right)^n=\mathrm{e}$.

【例 2-6】 求$\lim\limits_{n\to\infty}\frac{n!}{n^n}$.

解 因为$0\leqslant\frac{n!}{n^n}=\frac{1}{n}\times\frac{2}{n}\times\frac{3}{n}\times\cdots\times\frac{n-1}{n}\times\frac{n}{n}\leqslant\frac{1}{n}$，不等式两端极限均是0，则$\lim\limits_{n\to\infty}\frac{n!}{n^n}=0$.

习 题 2-1

1. 观察下列数列当$n\to\infty$时的变化趋势，若极限存在，写出它们的极限.

（1）$x_n=(-1)^n\frac{1}{n}$.

（2）$x_n=\frac{n}{n+1}$.

（3）$x_n=1-\frac{1}{10^n}$.

（4）$x_n=\sin\frac{n\pi}{2}$.

2. 写出下列数列的通项公式，并观察其变化趋势：

（1）0，$\frac{1}{3}$，$\frac{2}{4}$，$\frac{3}{5}$，$\frac{4}{6}$，….

（2）1，0，−3，0，5，0，−7，0，….

（3）−3，$\frac{5}{3}$，$-\frac{7}{5}$，$\frac{9}{7}$，….

3. 求下列数列的极限.

（1）$\lim\limits_{n\to\infty}\frac{1+2+\cdots+(n+1)}{n^2}$.

(2) $\lim\limits_{n\to\infty}\left(1+\frac{1}{2}+\cdots+\frac{1}{2^n}\right)$.

(3) $\lim\limits_{n\to\infty}\frac{(n+1)(n+2)(n+3)}{5n^3}$.

4. 若$\lim\limits_{n\to\infty}\frac{an^3+bn^2+2}{2n^2+2n+1}=1$，求 a 和 b.

5. 利用夹逼定理求下列数列极限.

(1) $\lim\limits_{n\to\infty}\sqrt[n]{a_1^n+a_2^n+\cdots+a_m^n}$，其中 a_1，a_2，…，a_m 为给定的正常数.

(2) $\lim\limits_{n\to\infty}(1+2^n+3^n)^{\frac{1}{n}}$.

(3) $\lim\limits_{n\to\infty}\sqrt{1+\frac{1}{n}}$.

6. 利用单调有界准则证明下列数列有极限，并求其极限值.

(1) $x_1=\sqrt{2}$，$x_{n+1}=\sqrt{2x_n}$，$n=1$，2，….

(2) $x_1=1$，$x_{n+1}=1+\frac{x_n}{1+x_n}$，$n=1$，2，….

第二节 函 数 的 极 限

在本章第一节里讨论了数列 $\{x_n\}$ 的极限实际上是一种特殊函数的极限，因为按照函数的定义 x_n 是自变量 n 的函数，即 $x_n=f(n)$. 而函数 $y=f(x)$ 的自变量取值范围是某实数集合，因此其自变量 x 的变化过程复杂而且灵活. 本节将讨论一般函数 $y=f(x)$ 的极限，主要讨论以下两种情形.

(1) 当自变量 x 的绝对值 $|x|$ 无限增大，即趋向于无穷大（记为 $x\to\infty$）时，函数 $f(x)$ 的极限.

(2) 当自变量 x 无限接近于点 x_0，即趋向于有限值 x_0（记为 $x\to x_0$）时，函数 $f(x)$ 的极限.

一、自变量趋向于无穷大时函数的极限

对照数列极限$\lim\limits_{n\to\infty}f(n)$ 的定义，下面定义函数的极限.

定义 2-2 设函数 $y=f(x)$ 在 $[a,+\infty)$ 内有定义，A 是常数. 如果当 x 无限趋于正无穷大时，函数值 $f(x)$ 无限趋近于 A，则称 A 是 $f(x)$ 当 $x\to+\infty$时的极限，记作 $\lim\limits_{x\to+\infty}f(x)=A$，或 $f(x)\to A(x\to+\infty)$.

【例 2-7】 求 $\lim\limits_{x\to+\infty}\frac{1}{x}$.

解 函数 $f(x)=\frac{1}{x}$的图像如图 2-1 所示. 当 $x\to+\infty$时，$f(x)=\frac{1}{x}$的值无限接近于 0，即 $\lim\limits_{x\to+\infty}\frac{1}{x}=0$.

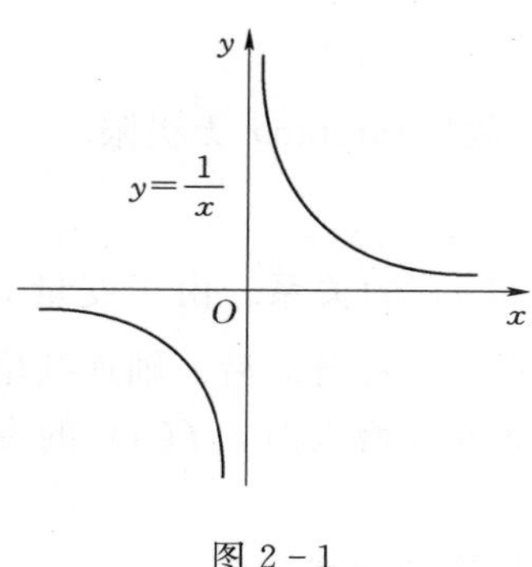

图 2-1

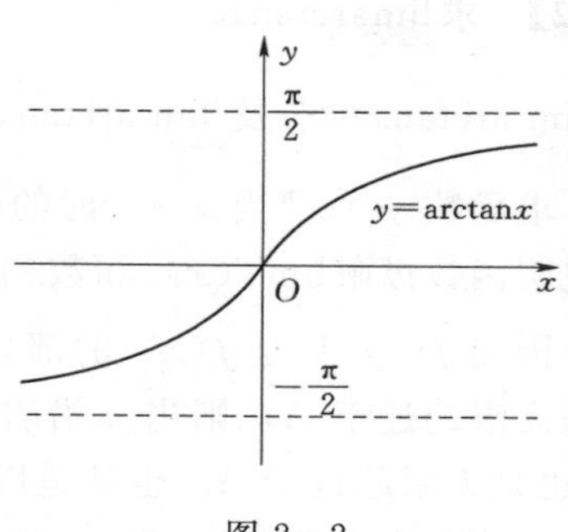

图 2-2

【例 2-8】 求 $\lim\limits_{x\to+\infty}\arctan x$.

解　函数 $f(x)=\arctan x$ 的图像如图 2-2 所示．当 $x\to+\infty$时，$f(x)=\arctan x$ 的值无限接近于$\frac{\pi}{2}$，即 $\lim\limits_{x\to+\infty}\arctan x=\frac{\pi}{2}$.

完全类似地，考虑当 $x\to-\infty$时函数 $f(x)$ 的变化趋势，可得以下定义：

定义 2-3　设函数 $y=f(x)$ 在 $(-\infty,b]$ 内有定义，A 是常数．如果当 x 无限趋于负无穷大时，函数值 $f(x)$ 无限趋近于 A，则称 A 是 $f(x)$ 当 $x\to-\infty$时的极限，记作 $\lim\limits_{x\to-\infty}f(x)=A$ 或 $f(x)\to A(x\to-\infty)$.

【例 2-9】 求 $\lim\limits_{x\to-\infty}\frac{1}{x}$.

解　函数 $f(x)=\frac{1}{x}$的图像如图 2-1 所示．当 $x\to-\infty$时，$f(x)=\frac{1}{x}$的值无限接近于 0，即 $\lim\limits_{x\to-\infty}\frac{1}{x}=0$.

【例 2-10】 求 $\lim\limits_{x\to-\infty}\arctan x$.

解　函数 $f(x)=\arctan x$ 的图像如图 2-2 所示．当 $x\to-\infty$时，$f(x)=\arctan x$ 的值无限接近于$-\frac{\pi}{2}$，即 $\lim\limits_{x\to-\infty}\arctan x=-\frac{\pi}{2}$.

有时需要同时考虑 $x\to+\infty$和 $x\to-\infty$时，函数 $f(x)$ 的变化趋势，于是有以下定义：

定义 2-4　设函数 $y=f(x)$ 在 $(-\infty,b]\cup[a,+\infty)$ 内有定义，A 是常数．若同时有

$$\lim_{x\to+\infty}f(x)=A \quad 和 \quad \lim_{x\to-\infty}f(x)=A$$

成立，则称 A 是 $f(x)$ 当 $x\to\infty$时的极限，记作$\lim\limits_{x\to\infty}f(x)=A$ 或 $f(x)\to A(x\to\infty)$.

注　记号“$x\to\infty$”即是“$|x|\to\infty$”.

注　由定义可知，$\lim\limits_{x\to\infty}f(x)=A$ 的充要条件是 $\lim\limits_{x\to+\infty}f(x)=\lim\limits_{x\to-\infty}f(x)=A$.

【例 2-11】 求$\lim\limits_{x\to\infty}\frac{1}{x}$.

解　因 $\lim\limits_{x\to+\infty}\frac{1}{x}=\lim\limits_{x\to-\infty}\frac{1}{x}=0$，故$\lim\limits_{x\to\infty}\frac{1}{x}=0$.

【例 2-12】 求$\lim\limits_{x\to\infty}\arctan x$.

解　因$\lim\limits_{x\to+\infty}\arctan x=\frac{\pi}{2}$及$\lim\limits_{x\to-\infty}\arctan x=-\frac{\pi}{2}$，故$\lim\limits_{x\to\infty}\arctan x$无极限.

思考题：求函数$y=e^{-x}$当$x\to\infty$时的极限.

最后来说明函数极限$\lim\limits_{x\to\infty}f(x)$和数列极限$\lim\limits_{n\to\infty}f(n)$的关系．由于变量$n$只是变量$x$的部分取值，因而$f(n)$只是$f(x)$的部分取值，所以，若当$x$沿$x$轴连续增大时，$f(x)$的变化趋势是无限趋近于$A$，则当$n$沿着$x$轴上整数点增大时，$f(n)$的变化趋势应与$f(x)$相同，也是无限趋近于$A$．也就是以下定理：

定理 2-4　若$\lim\limits_{x\to\infty}f(x)=A$，则$\lim\limits_{n\to\infty}f(n)=A$；反之则不然.

【例 2-13】 试举出$\lim\limits_{n\to\infty}f(n)=A$，而$\lim\limits_{x\to\infty}f(x)\neq A$的例子.

解　设$f(x)=\sin\pi x$，$\lim\limits_{n\to\infty}\sin\pi n=0$．但$\lim\limits_{x\to\infty}\sin\pi x$不存在.

二、自变量趋于有限值 x_0 时函数 $f(x)$ 的极限

先看下面的例子.

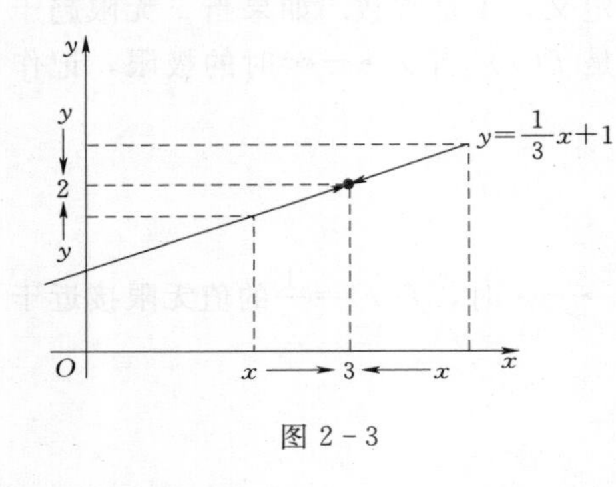

图 2-3

考察当$x\to3$时，函数$f(x)=\frac{x}{3}+1$的变化趋势（图 2-3）.

设x从3的左侧无限接近于3，即x取

$$2.9,\ 2.99,\ 2.999,\ \cdots\to3$$

时，对应的函数$f(x)$从

$$1.97,\ 1.997,\ 1.9997,\ \cdots\to2$$

设x从3的右侧无限接近于3，即x取

$$3.01,\ 3.001,\ 3.0001,\ \cdots\to3$$

时，对应的函数$f(x)$从

$$2.003,\ 2.0003,\ 2.00003,\ \cdots\to2$$

由此可得，当$x\to3$时，函数$f(x)=\frac{x}{3}+1$的值无限接近于2.

对于这种当$x\to x_0$时，函数$f(x)$的变化趋势，有以下定义.

定义 2-5　设函数$f(x)$在$\mathring{U}(x_0)$有定义，如果当$x\to x_0$时，函数值$f(x)$无限趋近于某个常数A，即$|f(x)-A|$无限趋近于零，则称当x趋近于x_0时，$f(x)$以A为极限．记作$\lim\limits_{x\to x_0}f(x)=A$或$f(x)\to A(x\to x_0)$.

需要强调的是，函数$f(x)$在$x\to x_0$时的极限是否存在，与函数在点x_0是否有定义无关．这是因为关心的是在x趋近于x_0的过程中，函数$f(x)$在x_0附近的变化趋势，而不是函数$f(x)$在x_0这一孤立点的情况.

【例 2-14】 讨论下列函数的极限：

(1) $f(x)=C$，$x\to x_0$.

(2) $y=x$，$x\to x_0$.

解　(1) 由于 $f(x)$ 为常值函数，即对任何 $x\in R$，均有 $f(x)=C$，于是当 $x\to x_0$ 时，同样有 $f(x)=C$，因此

$$\lim_{x\to x_0}f(x)=\lim_{x\to x_0}C=C$$

(2) 由于 $y=x$，于是当 $x\to x_0$ 时，有 $y\to x_0$，因此

$$\lim_{x\to x_0}y=\lim_{x\to x_0}x=x_0$$

注　对于这样简单的函数，它在某点的极限可以通过函数的图像观察出来.

【例 2-15】　求 $\lim\limits_{x\to 1}\dfrac{x^2-1}{x-1}$.

解　由于极限过程中 x 趋于 1 但不等于 1，所以

$$\lim_{x\to 1}\frac{x^2-1}{x-1}=\lim_{x\to 1}(x+1)=2$$

由此例可知，$\lim\limits_{x\to x_0}f(x)$ 是否存在与 $f(x)$ 在点 x_0 处是否有定义无关.

三、函数的左极限与右极限

当 x 分别从 x_0 的左、右两侧趋近于 x_0 时，函数 $f(x)$ 的变化趋势可能完全不同. 并且，有时函数 $f(x)$ 只在点的一侧（左侧或右侧）有定义，如 $\ln x$ 仅在 $x_0=0$ 的右侧有定义. 因此，往往有必要考察 x 分别从 x_0 的左右两侧趋近于 x_0 时函数 $f(x)$ 的变化趋势，于是就产生了函数的左极限与右极限的概念.

定义 2-6　设函数 $f(x)$ 在点 x_0 的左侧附近有定义. 如果当 $x\to x_0^-$（$x<x_0$ 且 $|x-x_0|\to 0$）时，函数 $f(x)$ 无限地趋近于某个常数 A，则称 A 为函数 $f(x)$ 在点 x_0 的左极限. 记作 $\lim\limits_{x\to x_0^-}f(x)=A$ 或 $f(x)\to A(x\to x_0^-)$ 或 $f(x_0-0)$.

定义 2-7　设函数 $f(x)$ 在点 x_0 的右侧附近有定义. 如果当 $x\to x_0^+$（$x>x_0$ 且 $|x-x_0|\to 0$）时，函数 $f(x)$ 无限地趋近于某个常数 A，则称 A 为函数 $f(x)$ 在点 x_0 的右极限. 记作 $\lim\limits_{x\to x_0^+}f(x)=A$ 或 $f(x)\to A(x\to x_0^+)$ 或 $f(x_0+0)$.

显然，对于函数 $f(x)=\dfrac{x}{3}+1$，当 $x\to 3$ 时的左极限为

$$\lim_{x\to x_0^-}f(x)=\lim_{x\to 3^-}\left(\frac{x}{3}+1\right)=2$$

右极限为

$$\lim_{x\to x_0^+}f(x)=\lim_{x\to 3^+}\left(\frac{x}{3}+1\right)=2$$

即

$$\lim_{x\to 3^-}\left(\frac{x}{3}+1\right)=\lim_{x\to 3^+}\left(\frac{x}{3}+1\right)=2$$

定理 2-5　极限 $\lim\limits_{x\to x_0}f(x)=A$ 的充分必要条件是左极限 $\lim\limits_{x\to x_0^-}f(x)$ 与右极限 $\lim\limits_{x\to x_0^+}f(x)$ 都等于 A.

证明　若 $\lim\limits_{x\to x_0}f(x)=A$，意味着不论 x 以何种方式趋近于 x_0，只要 $|x-x_0|$ 无限趋近

于0，那么 $f(x)$ 就无限趋近于 A，故不论 x 从 x_0 的左侧还是右侧趋近于 x_0，都应当有 $f(x)$无限趋近于 A. 那么就有 $\lim\limits_{x\to x_0^-} f(x)=A$ 和 $\lim\limits_{x\to x_0^+} f(x)=A$.

反之，若 $\lim\limits_{x\to x_0^-} f(x)=\lim\limits_{x\to x_0^+} f(x)=A$，意味着当 x 从 x_0 的左侧或右侧趋近于 x_0 时，即 $|x-x_0|$ 无限趋近于零时，$f(x)$ 就无限趋近于 A，也就是 $f(x)$ 以 A 为极限，就有 $\lim\limits_{x\to x_0} f(x)=A$.

【例 2-16】 讨论函数

$$f(x)=\begin{cases}x-1, & x<0\\ 0, & x=0\\ x+1, & x>0\end{cases}$$

当 $x\to 0$ 时的极限.

解 这个函数的图像如图 2-4 所示.

由图可知，当 $x\to 0$ 时函数 $f(x)$ 的左极限为

$$\lim_{x\to x_0^-} f(x)=\lim_{x\to 0^-}(x-1)=-1$$

右极限为

$$\lim_{x\to x_0^+} f(x)=\lim_{x\to 0^+}(x+1)=1$$

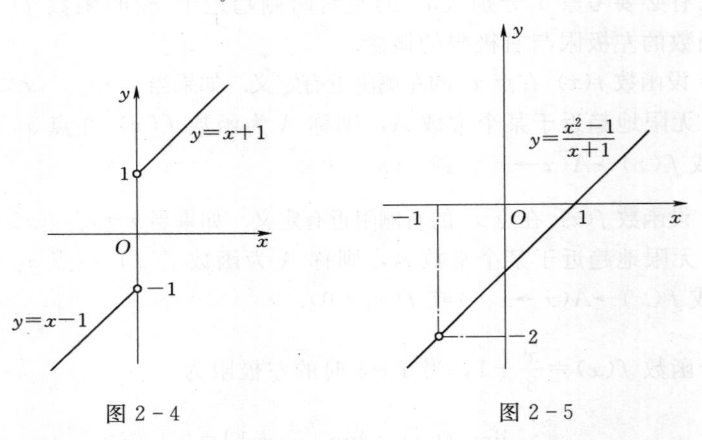

图 2-4　　　　图 2-5

因为当 $x\to 0$ 时，函数 $f(x)$ 的左极限与右极限虽各自存在但不相等，所以 $\lim\limits_{x\to 0} f(x)$ 不存在.

【例 2-17】 讨论函数 $y=\dfrac{x^2-1}{x+1}$ 当 $x\to -1$ 时的极限.

解 做出这个函数的图像，如图 2-5 所示.

由图可知，当 $x\to -1$ 时函数 $f(x)$ 的左极限为

$$\lim_{x\to x_0^-} f(x)=\lim_{x\to -1^-}(x-1)=-2$$

右极限为

$$\lim_{x\to x_0^+} f(x)=\lim_{x\to -1^+}(x-1)=-2$$

由于 $\lim\limits_{x\to -1^-}(x-1)=\lim\limits_{x\to -1^+}(x-1)=-2$，所以

$$\lim_{x\to -1}\frac{x^2-1}{x+1}=-2$$

四、函数极限的性质

与数列极限性质类似，函数极限也具有下述性质，其证明从略．此外，下面未标明自变量变化过程的极限符号“lim”表示定理对任何一种极限过程均成立．

定理 2-6（唯一性） 若 $\lim f(x)$ 存在，则必唯一．

定义 2-8 在 $x\to x_0$（或 $x\to\infty$）过程中，若 $\exists M>0$，使 $x\in\mathring{U}(x_0)$（或 $|x|>X$）时，$|f(x)|\leqslant M$，则称 $f(x)$ 是 $x\to x_0$（或 $x\to\infty$）时的有界变量．

定理 2-7（局部有界性） 若 $\lim f(x)$ 存在，则 $f(x)$ 是该极限过程中的有界变量．

注 该定理的逆命题不成立，如 $\sin x$ 是有界变量，但 $\lim\limits_{x\to\infty}\sin x$ 不存在．

定理 2-8（局部保号性） 若 $\lim\limits_{x\to x_0}f(x)=a$，$a>0$（$a<0$），则 $\exists\mathring{U}(x_0)$，当 $x\in\mathring{U}(x_0)$ 时，$f(x)>0[f(x)<0]$．

若 $\lim\limits_{x\to\infty}f(x)=a$，$a>0(a<0)$，则 $\exists X>0$，当 $|x|>X$ 时，有 $f(x)>0[f(x)<0]$．

注 该定理在理论上有着较为重要的作用．

推论 2-3 在某极限过程中，若 $f(x)\geqslant 0[f(x)\leqslant 0]$，且 $\lim f(x)=a$，则 $a\geqslant 0$（或 $a\leqslant 0$）．

通过这两节的学习，可以看出数列的极限与函数的极限在定义、性质及其证明上是相似的，主要差别在于自变量的变化过程的表达上，数列极限用 $n>N$ 表示 $n\to+\infty$，函数极限用 $|x|>X$ 刻画 $X\to\infty$，用 $\mathring{U}(x_0,\delta)$ 刻画 $x\to x_0$．在今后的学习中将继续看到，函数极限的许多相关概念和性质虽然常以 $x\to x_0$ 的形式为代表而给出，但总是适用于自变量各种变化过程，而且适用于数列极限情形．例如，若 $\lim\limits_{x\to+\infty}f(x)=A$，$y_n=f(n)$，则 $\lim\limits_{n\to\infty}y_n=A$．

习　题　2-2

1. 填空题

（1）函数 $f(x)=x^2+a$，当 $x\to 2$ 时极限为 1，则 $a=$__________．

（2）设 C 为常量，在某极限过程中，则 $\lim C=$__________．

（3）已知 $f(x)=\begin{cases}1, & x\leqslant 1\\ x, & x>1\end{cases}$，则 $\lim\limits_{x\to 1}f(x)=$__________．

2. 选择题

（1）使函数 $f(x)=2^x-2$ 极限存在的 x 的变化趋势是（　　）．

A. $x\to\infty$　　B. $x\to+\infty$　　C. $|x|\to 1$　　D. $x\to-\infty$

（2）极限 $\lim\limits_{x\to 0}\frac{x}{|x|}$ 的值为（　　）．

A. 1　　B. -1　　C. 不存在　　D. 0

(3) 函数 $f(x)$ 在点 x_0 左、右极限都存在是函数 $f(x)$ 在点 x_0 有极限的（　　）条件.

A. 充分　　B. 必要　　C. 充要　　D. 无关

(4) 下列各式极限存在的是（　　）.

A. $\lim\limits_{x\to 0}\mathrm{e}^{\frac{1}{x}}$　　B. $\lim\limits_{x\to 0^-}\mathrm{e}^{\frac{1}{x}}$　　C. $\lim\limits_{x\to 0^+}\mathrm{e}^{\frac{1}{x}}$　　D. $\lim\limits_{x\to\infty}\arctan x$

3. 计算题

(1) $\lim\limits_{x\to -1}\dfrac{x^2-3x-4}{x+1}$.

(2) 设函数 $f(x)=\begin{cases}x^2, & x>0\\ x, & x\leqslant 0\end{cases}$，①画出该函数的图像；②求 $\lim\limits_{x\to 0^+}f(x)$、$\lim\limits_{x\to 0^-}f(x)$；③当 $x\to 0$ 时 $f(x)$ 的极限是否存在.

(3) 设函数 $f(x)=\begin{cases}3x, & x>1\\ 2, & x=1\\ \dfrac{1}{x}, & x<1\end{cases}$，试求 $\lim\limits_{x\to 1^-}f(x)$ 与 $\lim\limits_{x\to 1^+}f(x)$，并问 $\lim\limits_{x\to 1}f(x)$ 存在吗?

(4) 设函数 $f(x)=\begin{cases}x+1, & x\geqslant 1\\ ax^2, & x<1\end{cases}$，当 $x\to 1$ 时的极限存在，求常数 a 的值.

(5) 设 $f(x)=\begin{cases}x, & x<0\\ 0, & x=0\\ (x-1)^2, & x>0\end{cases}$，试求 $\lim\limits_{x\to 0}f(x)$.

(6) 设 $f(x)=\begin{cases}x^2+1, & x\geqslant 2\\ 2x+1, & x<2\end{cases}$，试求 $\lim\limits_{x\to 2^+}f(x)$、$\lim\limits_{x\to 2^-}f(x)$ 和 $\lim\limits_{x\to 2}f(x)$.

第三节　函数极限的计算方法

本章第二节介绍了函数极限的定义，并用观察法求出了一些简单函数的极限，但对于比较复杂函数的极限就很难通过观察法求得，因而探讨一些函数极限的计算方法是十分必要的.

一、函数极限的四则运算法则

与数列极限的四则运算法相类似，函数的极限也有相应的四则运算法则. 下面只叙述这些运算法则，对于其正确性不作证明，可以对照数列极限的运算法则来理解.

定理 2-9　若 $\lim f=A$，$\lim g=B$，则

(1) $\lim(f\pm g)=A\pm B$.

(2) $\lim(f\cdot g)=A\cdot B$.

(3) $\lim\dfrac{f}{g}=\dfrac{A}{B}(B\neq 0)$.

推论 2-4　若 $\lim f=A$，C 是常数，则 $\lim Cf=C\lim f=CA$.

推论 2-5　若 $\lim y=A$，n 是任意正整数，则 $\lim y^n=(\lim y)^n=A^n$.

【例 2-18】　求 $\lim\limits_{x\to1}\dfrac{x^3-x^2-2x+1}{2x^3-3x^2+x-2}$.

解　因为分母的极限

$$\lim_{x\to1}(2x^3-3x^2+x-2)=2\times1^3-3\times1^2+1-2=-2\neq0$$

所以

$$\lim_{x\to1}\frac{x^3-x^2-2x+1}{2x^3-3x^2+x-2}=\frac{\lim\limits_{x\to1}(x^3-x^2-2x+1)}{\lim\limits_{x\to1}(2x^3-3x^2+x-2)}=\frac{1}{2}$$

【例 2-19】　求 $\lim\limits_{x\to1}\dfrac{x^2-3x+2}{x-4}$.

解　因为分母 $\lim\limits_{x\to1}(x-4)=-3\neq0$，所以

$$\lim_{x\to1}\frac{x^2-3x+2}{x-4}=\frac{1^2-3\times1+2}{1-4}=0$$

【例 2-20】　求 $\lim\limits_{x\to3}\dfrac{x-3}{x^2-9}$.

解　由于 $\lim\limits_{x\to3}(x^2-9)=0$，应先约去趋于零的公因子 $x-3$，于是

$$\lim_{x\to3}\frac{x-3}{x^2-9}=\lim_{x\to3}\frac{1}{x+3}=\frac{1}{6}$$

小技巧

若 $P(x)$ 和 $Q(x)$ 是两个多项式，则有

(1) 若 $Q(x_0)\neq0$，$\lim\limits_{x\to x_0}\dfrac{P(x)}{Q(x)}=\dfrac{P(x_0)}{Q(x_0)}$.

(2) 若 $Q(x_0)=0$，$P(x_0)\neq0$ 时，$\lim\limits_{x\to x_0}\dfrac{P(x)}{Q(x)}=\infty$.

(3) 若 $Q(x_0)=0$，$P(x_0)=0$ 时，先约去趋于零的因子后再求极限.

【例 2-21】　求 $\lim\limits_{x\to1}\dfrac{x^2-1}{x-1}$.

解　$\lim\limits_{x\to1}\dfrac{x^2-1}{x-1}=\lim\limits_{x\to1}\dfrac{(x+1)(x-1)}{x-1}=\lim\limits_{x\to1}(x+1)=2$.

【例 2-22】　求 $\lim\limits_{x\to+\infty}\dfrac{2x^2-x+3}{x^2+2x+2}$.

解　当 $x\to+\infty$ 时，分子和分母都没有极限，若将分子和分母都同除以该分式中的最高次幂 x^2，则有

$$\lim_{x\to+\infty}\frac{2x^2-x+3}{x^2+2x+2}=\lim_{x\to+\infty}\frac{2-\dfrac{1}{x}+\dfrac{3}{x^2}}{1+\dfrac{2}{x}+\dfrac{2}{x^2}}=\frac{\lim\limits_{x\to+\infty}\left(2-\dfrac{1}{x}+\dfrac{3}{x^2}\right)}{\lim\limits_{x\to+\infty}\left(1+\dfrac{2}{x}+\dfrac{2}{x^2}\right)}$$

$$=\frac{\lim\limits_{x\to+\infty}2-\lim\limits_{x\to+\infty}\frac{1}{x}+\lim\limits_{x\to+\infty}\frac{3}{x^2}}{\lim\limits_{x\to+\infty}1+\lim\limits_{x\to+\infty}\frac{2}{x}+\lim\limits_{x\to+\infty}\frac{2}{x^2}}=\frac{2-0+0}{1+0+0}=2$$

一般情况下，对于有理分式，有

$$\lim_{x\to+\infty}\frac{a_0x^n+a_1x^{n-1}+\cdots+a_{n-1}x+a_n}{b_0x^m+b_1x^{m-1}+\cdots+b_{m-1}x+b_m}=\begin{cases}0, & n<m\\ \frac{a_0}{b_0}, & n=m\\ \infty, & n>m\end{cases}$$

【例 2-23】 求极限 $\lim\limits_{x\to-1}\left(\frac{1}{1+x}-\frac{2}{1-x^2}\right)$.

解 $\lim\limits_{x\to-1}\left(\frac{1}{1+x}-\frac{2}{1-x^2}\right)=\lim\limits_{x\to-1}\frac{-x-1}{1-x^2}=\lim\limits_{x\to-1}\frac{-x-1}{(1-x)(1+x)}=\lim\limits_{x\to-1}\frac{-1}{1-x}=-\frac{1}{2}$.

【例 2-24】 求 $\lim\limits_{x\to+\infty}(\sqrt{x+1}-\sqrt{x})$.

解 当 $x\to+\infty$ 时，$\sqrt{x+1}$ 和 $\sqrt{x}$ 都趋于无穷大，不能直接用四则运算法则. 将其变形为

$$\lim_{x\to+\infty}(\sqrt{x+1}-\sqrt{x})=\lim_{x\to+\infty}\frac{(\sqrt{x+1}-\sqrt{x})(\sqrt{x+1}+\sqrt{x})}{\sqrt{x+1}+\sqrt{x}}$$

$$=\lim_{x\to+\infty}\frac{1}{\sqrt{x+1}+\sqrt{x}}=0$$

这种求极限的方法称为分子有理化法.

与数列极限的存在准则相类似，也有相应的函数极限存在的准则.

二、函数极限的存在准则

定理 2-10（夹逼准则） 设在同一变化过程中的 3 个函数，即 $g(x)$、$f(x)$、$h(x)$，满足

$$g(x)\geqslant f(x)\geqslant h(x)$$

且 $\lim g(x)=\lim h(x)=A$，则 $\lim f(x)=A$.

【例 2-25】 求 $\lim\limits_{x\to0}x\sin\frac{1}{x}$.

解 显然，$x\neq0$ 时，有 $-|x|\leqslant x\sin\frac{1}{x}\leqslant|x|$，当 $x\to0$ 时，$|x|$ 也趋于零，故由夹逼准则有

$$\lim_{x\to0}x\sin\frac{1}{x}=0$$

作为函数极限存在准则的重要应用，可以推出下列两个重要极限.

三、两个重要极限

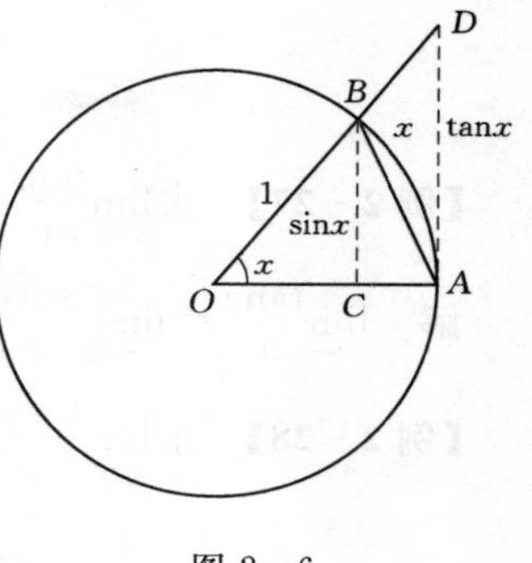

图 2-6

重要极限Ⅰ　　$\lim\limits_{x\to 0}\dfrac{\sin x}{x}=1$

证明　设单位圆的圆心为 O，在单位圆的圆周上任取一点 A，又在圆周上任取一点 B，过点 A 的切线与 OB 的延长线交于点 D（图 2-6）．设圆心角 $\angle AOB=x$（$0<x<\dfrac{\pi}{2}$），则 $\sin x=|BC|$（点 C 是点 B 在 OA 上的垂足），$\tan x=|AD|$，由于

$$S_{\triangle AOB}<S_{扇形AOB}<S_{\triangle AOD}$$

所以有

$$\frac{1}{2}\times 1\sin x<\frac{1}{2}\times 1^2 x<\frac{1}{2}\times 1\tan x$$

即

$$\sin x<x<\tan x$$

不等式的两端同除以 $\sin x$，得

$$1<\frac{x}{\sin x}<\frac{1}{\cos x}$$

即

$$1>\frac{\sin x}{x}>\cos x$$

当 $x\to 0^+$ 时，$\lim\limits_{x\to 0^+}\cos x=1$，于是由夹逼准则不难推出

$$\lim_{x\to 0^+}\frac{\sin x}{x}=1$$

当 $x\to 0^-$ 时，由于 $\dfrac{\sin x}{x}$ 是偶函数，也有 $\lim\limits_{x\to 0^-}1=1$，$\lim\limits_{x\to 0^-}\cos x=1$，由夹逼准则也可以得到

$$\lim_{x\to 0^-}\frac{\sin x}{x}=1$$

这样，函数 $f(x)=\dfrac{\sin x}{x}$ 的左、右极限都存在且相等，可得

$$\lim_{x\to 0}\frac{\sin x}{x}=1$$

注　这个重要极限是“$\dfrac{0}{0}$”型，为了强调其结构特点，可把它形象地写成

$$\lim_{\Delta\to 0}\frac{\sin\Delta}{\Delta}=1\quad（\Delta 代表同一变量）$$

【例 2-26】　求 $\lim\limits_{x\to 0}\dfrac{\sin 3x}{x}$.

解　令 $u=3x$，则当 $x\to 0$ 时 $u\to 0$，那么

$$\lim_{x\to 0}\frac{\sin 3x}{x}=\lim_{u\to 0}\frac{\sin u}{\frac{u}{3}}=3\lim_{u\to 0}\frac{\sin u}{u}=3.$$

【例 2－27】 求$\lim\limits_{x\to 0}\frac{\tan x}{x}$.

解 $\lim\limits_{x\to 0}\frac{\tan x}{x}=\lim\limits_{x\to 0}\left[\frac{\sin x}{x}\frac{1}{\cos x}\right]=\lim\limits_{x\to 0}\frac{\sin x}{x}\lim\limits_{x\to 0}\frac{1}{\cos x}=1\times 1=1.$

【例 2－28】 求$\lim\limits_{x\to 0}\frac{1-\cos x}{x^2}$.

解 $\lim\limits_{x\to 0}\frac{1-\cos x}{x^2}=\lim\limits_{x\to 0}\frac{2\sin^2\frac{x}{2}}{x^2}=\lim\limits_{x\to 0}\frac{2\sin^2\frac{x}{2}}{4\left(\frac{x}{2}\right)^2}=\frac{1}{2}\lim\limits_{x\to 0}\left(\frac{\sin\frac{x}{2}}{\frac{x}{2}}\right)^2=\frac{1}{2}$

【例 2－29】 求$\lim\limits_{x\to\infty}x\sin\frac{1}{x}$.

解 因为$x\to\infty$时，$\frac{1}{x}\to 0$，所以

$$\lim_{x\to\infty}x\sin\frac{1}{x}=\lim_{\frac{1}{x}\to 0}\frac{\sin\frac{1}{x}}{\frac{1}{x}}=1$$

重要极限Ⅱ $\lim\limits_{x\to\infty}\left(1+\frac{1}{x}\right)^x=\mathrm{e}$

证明 在本章第一节，已证明了$\lim\limits_{n\to\infty}\left(1+\frac{1}{n}\right)^n=\mathrm{e}$.

对于任意正实数 x，总存在 $n\in\mathbf{N}$，使 $n\leqslant x<n+1$，故有 $1+\frac{1}{n+1}<1+\frac{1}{x}\leqslant 1+\frac{1}{n}$，及

$$\left(1+\frac{1}{n+1}\right)^n<\left(1+\frac{1}{x}\right)^x<\left(1+\frac{1}{n}\right)^{n+1}$$

由于$x\to+\infty$时，有$n\to\infty$，而

$$\lim_{n\to\infty}\left(1+\frac{1}{n+1}\right)^n=\lim_{n\to\infty}\frac{\left(1+\frac{1}{n+1}\right)^{n+1}}{1+\frac{1}{n+1}}=\mathrm{e}$$

$$\lim_{n\to\infty}\left(1+\frac{1}{n}\right)^{n+1}=\lim_{n\to\infty}\left(1+\frac{1}{n}\right)^n\left(1+\frac{1}{n}\right)=\mathrm{e}$$

由夹逼定理得

$$\lim_{x\to+\infty}\left(1+\frac{1}{x}\right)^x=\mathrm{e}$$

下面证$\lim\limits_{x\to-\infty}\left(1+\frac{1}{x}\right)^x=\mathrm{e}$.

令 $x=-(t+1)$，则 $x\to-\infty$时，$t\to+\infty$，故

$$\lim_{x\to-\infty}\left(1+\frac{1}{x}\right)^{x}=\lim_{t\to+\infty}\left(1-\frac{1}{t+1}\right)^{-(t+1)}=\lim_{t\to+\infty}\left(\frac{t}{t+1}\right)^{-(t+1)}$$

$$=\lim_{t\to+\infty}\left(\frac{t+1}{t}\right)^{t}\left(\frac{t+1}{t}\right)=\mathrm{e}$$

综上所述，有

$$\lim_{x\to\infty}\left(1+\frac{1}{x}\right)^{x}=\mathrm{e}$$

注　为了准确地利用$\lim\limits_{x\to\infty}\left(1+\dfrac{1}{x}\right)^{x}=\mathrm{e}$这个极限，特指出它的以下两个特征.

(1) 它是"1^{∞}"型的极限，只有满足此类型才可考虑用该重要极限.

(2) 该极限可形象地表示为

$$\lim_{\Delta\to\infty}\left(1+\frac{1}{\Delta}\right)^{\Delta}=\mathrm{e}\quad(\Delta\text{ 代表同一变量})$$

或

$$\lim_{\Delta\to 0}(1+\Delta)^{\frac{1}{\Delta}}=\mathrm{e}\quad(\Delta\text{ 代表同一变量})$$

【例 2－30】　求$\lim\limits_{x\to\infty}\left(1+\dfrac{2}{x}\right)^{x}$.

解　令$t=\dfrac{2}{x}$，则当$x\to\infty$时，$t\to 0$. 于是有

$$\lim_{x\to\infty}\left(1+\frac{2}{x}\right)^{x}=\lim_{t\to 0}(1+t)^{\frac{2}{t}}=\lim_{t\to 0}[(1+t)^{\frac{1}{t}}]^{2}=[\lim_{t\to 0}(1+t)^{\frac{1}{t}}]^{2}=\mathrm{e}^{2}$$

【例 2－31】　求$\lim\limits_{x\to\infty}\left(1-\dfrac{1}{x}\right)^{x}$与$\lim\limits_{x\to 0}(1-x)^{\frac{1}{x}}$.

解

$$\lim_{x\to\infty}\left(1-\frac{1}{x}\right)^{x}=\lim_{x\to\infty}\left[\left(1+\frac{1}{-x}\right)^{-x}\right]^{-1}$$

令$t=-x$，则当$x\to\infty$时，也有$t\to\infty$，于是

$$\lim_{x\to\infty}\left[\left(1+\frac{1}{-x}\right)^{-x}\right]^{-1}=\lim_{t\to\infty}\left[\left(1+\frac{1}{t}\right)^{t}\right]^{-1}=\mathrm{e}^{-1}=\frac{1}{\mathrm{e}}$$

同样的方法可得

$$\lim_{x\to 0}(1-x)^{\frac{1}{x}}=\frac{1}{\mathrm{e}}$$

【例 2－32】　求$\lim\limits_{x\to 0}(1-5x)^{\frac{2}{x}}$.

解　令$t=5x$，则当$x\to 0$时，$t\to 0$. 于是有

$$\lim_{x\to 0}(1-5x)^{\frac{2}{x}}=\lim_{t\to 0}[(1-t)^{\frac{1}{t}}]^{10}=\frac{1}{\mathrm{e}^{10}}$$

【例 2－33】　求$\lim\limits_{x\to\infty}\left(\dfrac{x+5}{x-1}\right)^{x}$.

解

解法Ⅰ

$$\frac{x+5}{x-1}=1+\frac{6}{x-1}$$

令 $t=x-1$，则 $x=t+1$，且当 $x\to\infty$ 时，$t\to\infty$，于是有

$$\lim_{x\to\infty}\left(\frac{x+5}{x-1}\right)^{x}=\lim_{x\to\infty}\left(1+\frac{6}{x-1}\right)^{x}=\lim_{t\to\infty}\left(1+\frac{6}{t}\right)^{t+1}=\lim_{t\to\infty}\left(1+\frac{6}{t}\right)^{t}\left(1+\frac{6}{t}\right)$$

$$=\lim_{t\to\infty}\left(1+\frac{6}{t}\right)^{\frac{t}{6}\times 6}\lim_{t\to\infty}\left(1+\frac{6}{t}\right)=\left[\lim_{t\to\infty}\left(1+\frac{6}{t}\right)^{\frac{t}{6}}\right]^{6}\lim_{t\to\infty}\left(1+\frac{6}{t}\right)=e^{6}\times 1=e^{6}$$

解法Ⅱ

$$\lim_{x\to\infty}\left(\frac{x+5}{x-1}\right)^{x}=\lim_{x\to\infty}\left(\frac{\frac{x+5}{x}}{\frac{x-1}{x}}\right)^{x}=\lim_{x\to\infty}\frac{\left(\frac{x+5}{x}\right)^{x}}{\left(\frac{x-1}{x}\right)^{x}}=\frac{\lim\limits_{x\to\infty}\left(\frac{x+5}{x}\right)^{x}}{\lim\limits_{x\to\infty}\left(\frac{x-1}{x}\right)^{x}}$$

$$=\frac{\lim\limits_{x\to\infty}\left(1+\frac{5}{x}\right)^{x}}{\lim\limits_{x\to\infty}\left(1-\frac{1}{x}\right)^{x}}=\frac{\lim\limits_{x\to\infty}\left[\left(1+\frac{5}{x}\right)^{\frac{x}{5}}\right]^{5}}{\lim\limits_{x\to\infty}\left[\left(1-\frac{1}{x}\right)^{-x}\right]^{-1}}=\frac{\left[\lim\limits_{x\to\infty}\left(1+\frac{5}{x}\right)^{\frac{x}{5}}\right]^{5}}{\left[\lim\limits_{x\to\infty}\left(1-\frac{1}{x}\right)^{-x}\right]^{-1}}=\frac{e^{5}}{e^{-1}}=e^{6}$$

习 题 2-3

1. 填空题

(1) $\lim\limits_{x\to 0}(2^{x}+3\cos x)=$__________.

(2) $\lim\limits_{x\to 1}\frac{x+1}{x^{3}+1}=$__________.

(3) 设 $f(x)=\frac{x^{2}+1}{x^{2}-1}$，则 $\lim\limits_{x\to 0}f(x)=$__________，$\lim\limits_{x\to\infty}f(x)=$__________.

(4) $\lim\limits_{x\to 1}\frac{x^{2}-1}{2x^{2}-x-1}=$__________.

(5) $\lim\limits_{x\to\infty}\frac{3x^{2}+2x+5}{1-2x^{3}}=$__________.

(6) $\lim\limits_{x\to 0}\frac{\sin 5x}{\sin 3x}=$__________.

(7) $\lim\limits_{x\to\infty}\left(1-\frac{1}{x}\right)^{x+1}=$__________.

(8) $\lim\limits_{x\to 0}(1+x)^{\frac{1}{x}+2}=$__________.

2. 选择题

(1) $\lim\limits_{x\to 3}\frac{x^{2}-x-6}{x^{2}-2x-3}=$（　　）.

A. 0　　B. $\frac{4}{3}$　　C. $\frac{5}{4}$　　D. ∞

(2) $\lim\limits_{x\to\infty}\left(1+\frac{4}{x}\right)^{x}=$（　　）.

A. e^{2}　　B. e^{4}　　C. e^{3}　　D. e

(3) $\lim\limits_{x\to\infty}3x\sin\frac{1}{2x}=$（　　）.

A. ∞　　B. 0　　C. $\frac{3}{2}$　　D. $\frac{2}{3}$

(4) 设 $m\neq 0$，$\lim\limits_{x\to 0}\frac{\sin^2 mx}{x^2}=$(　　).

A. 0　　B. $\frac{1}{m^2}$　　C. 1　　D. m^2

(5) 极限$\lim\limits_{x\to\infty}\left(\frac{2+x}{x}\right)^x=$(　　).

A. 1　　B. $e^{\frac{1}{2}}$　　C. e　　D. e^2

(6) $\lim\limits_{x\to\infty}\left(x\sin\frac{1}{x}+\frac{1}{x}\sin x\right)=$(　　).

A. 0　　B. 1　　C. 2　　D. 没有极限

(7) 下列各式中，正确的是（　　）.

A. $\lim\limits_{x\to 0^+}\left(1+\frac{1}{x}\right)^x=e$　　B. $\lim\limits_{x\to 0}(1-x)^{\frac{1}{x}}=e$

C. $\lim\limits_{x\to\infty}\left(1-\frac{1}{x}\right)^x=-e$　　D. $\lim\limits_{x\to\infty}\left(1-\frac{1}{x}\right)^x=e^{-1}$

(8) $\lim\limits_{x\to 0}\sqrt[x]{1-2x}=$(　　).

A. e^{-1}　　B. e^{-2}　　C. e　　D. e^2

3. 计算题

(1) $\lim\limits_{x\to 1}\frac{\sqrt{x}-1}{x-1}$.

(2) $\lim\limits_{x\to\infty}\frac{x^4+3x^2+5}{(x+2)^5}$.

(3) $\lim\limits_{x\to 2}\frac{x^2+x-6}{x^2-4}$.

(4) $\lim\limits_{x\to 0}\frac{1-\cos x}{x^2}$.

(5) $\lim\limits_{x\to 0}(1-2x)^{\frac{1}{x}}$.

(6) $\lim\limits_{x\to 1}\frac{\sin(1-x)}{1-x^2}$.

(7) $\lim\limits_{x\to 0}\frac{\tan x-\sin x}{x^3}$.

(8) $\lim\limits_{x\to 1}\left(\frac{3}{1-x^3}-\frac{1}{1-x}\right)$.

(9) $\lim\limits_{x\to 0}\frac{\sqrt{1+x}-1}{x}$.

(10) $\lim\limits_{x\to +\infty}\frac{x\cos x}{\sqrt{1+x^3}}$.

第四节　无穷小量与无穷大量

若$\lim\limits_{x\to x_0}f(x)=A$，则由极限的运算法则，有$\lim\limits_{x\to x_0}[f(x)-A]=0$．这样，就将研究极限“$\lim\limits_{x\to x_0}f(x)=A$”的问题转化为研究“$\lim\limits_{x\to x_0}[f(x)-A]=0$”的问题．所以，研究以“零”为极限的极限问题显得尤为重要，本节就是专门研究此类问题．

一、无穷小量

定义 2-9　极限为零的变量叫作无穷小量．通常简称为“无穷小”．

【例 2-34】　当$x\to 0$时，x、x^2、$\tan x$、$\sin x$以及$1-\cos x$都趋于零，它们都是$x\to 0$时的无穷小量．

【例 2-35】　当$x\to+\infty$时，$\frac{1}{x}$、$\frac{1}{x^2}$、$\frac{1}{3^x}$以及$\frac{1}{e^{2x}}$都趋于零，它们都是$x\to+\infty$时的无穷小量．

对于无穷小量，在理解时应该注意以下两点．

(1) 无穷小量不是一个很小的数，而是处于某个变化过程中的变量．对于任意非零常数C，无论其绝对值多么小，都不是无穷小量，但零是无穷小量．

(2) 确定函数$y=f(x)$是不是无穷小量的关键在于$y=f(x)$所处的变化趋势．例如，函数$y=\sin x$，当$x\to 0$时，有$\sin x\to 0$，此时，函数$y=\sin x$是无穷小量；而当$x\to\frac{\pi}{2}$时，有$\sin x\to 1$，函数$y=\sin x$不是无穷小量．

二、无穷小量的性质

性质 2-1　有限个无穷小量的代数和仍是无穷小量．

注　无限个无穷小的和不一定是无穷小．例如，n个无穷小$\frac{1}{n}(n\to\infty)$的和为 1，不是无穷小．

性质 2-2　有限个无穷小量的乘积仍是无穷小量．

性质 2-3　常量与无穷小量的乘积仍是无穷小量．

性质 2-4　有界变量与无穷小量的乘积仍是无穷小量．

无穷小量与变量的极限之间有着十分密切的关系．

定理 2-11　在某个变化过程中，$\lim y=A$的充分必要条件是：在同一变化过程中，函数y的极限可表示为A与一个无穷小量之和，即

$$\lim y=A\Leftrightarrow y=A+\alpha(\alpha\to 0)$$

由此可知，研究任何变量的极限问题可转化为研究无穷小量问题．

三、无穷小量的比较

无穷小量的性质讨论了无穷小量的和与积，现在来讨论无穷小量的商．

众所周知，当 $x\to 0$ 时，$\sin x$、x、x^2 都是无穷小量，但是$\frac{\sin x}{x}$当 $x\to 0$ 时不是无穷小量，$\frac{x^2}{\sin x}$当 $x\to 0$ 时仍是无穷小量.

造成这种情形的原因是它们趋于零的“速度”不一样，可以通过无穷小量之商的极限来衡量. 下面给出无穷小量比较的定义.

定义 2-10　若变量 α 和变量 β 是同一变化过程中的两个无穷小量，则

（1）若 $\lim \frac{\alpha}{\beta}=0$，则称 α 是较 β 高阶的无穷小量，记为 $\alpha=o(\beta)$.

（2）若 $\lim \frac{\alpha}{\beta}=C$（$C\neq 0$）（$C$ 是常数），则称 α 与 β 是同阶无穷小量.

（3）若 $\lim \frac{\alpha}{\beta}=1$，则称 α 与 β 是等价无穷小量，记为 $\alpha\sim\beta$.

【例 2-36】　因为$\lim\limits_{x\to 0}\frac{x^2}{x}=0$，所以，当 $x\to 0$ 时，x^2 是较 x 高阶的无穷小量. 可表示为 $x^2=o(x)$.

【例 2-37】　因为$\lim\limits_{x\to 0}\frac{1-\cos x}{x^2}=\frac{1}{2}$，所以，当 $x\to 0$ 时，$1-\cos x$ 与 x^2 是同阶无穷小量.

【例 2-38】　因为$\lim\limits_{x\to 0}\frac{\ln(1+x)}{x}=\lim\limits_{x\to 0}\frac{1}{x}\ln(1+x)=\lim\limits_{x\to 0}\ln(1+x)^{\frac{1}{x}}=\ln e=1$，所以，当 $x\to 0$ 时，$\ln(1+x)$ 与 x 是等价无穷小量.

等价无穷小量在极限运算中有着重要的应用.

定理 2-12　设 $\alpha\sim\alpha'$、$\beta\sim\beta'$，且 $\lim \frac{\beta'}{\alpha'}$存在，则 $\lim \frac{\beta}{\alpha}=\lim \frac{\beta'}{\alpha'}$.

证明从略.

注　此定理表明，在乘除运算的极限中，用等价无穷小量替换不改变其极限值.

【例 2-39】　求$\lim\limits_{x\to 0}\frac{\tan 2x}{\sin 5x}$.

解　当 $x\to 0$ 时，$\tan 2x\sim 2x$，$\sin 5x\sim 5x$，所以

$$\lim_{x\to 0}\frac{\tan 2x}{\sin 5x}=\lim_{x\to 0}\frac{2x}{5x}=\frac{2}{5}$$

【例 2-40】　求$\lim\limits_{x\to 0}\frac{\sin x}{x^3+3x}$.

解　当 $x\to 0$ 时，$\sin x\sim x$，所以

$$\lim_{x\to 0}\frac{\sin x}{x^3+3x}=\lim_{x\to 0}\frac{x}{x(x^2+3)}=\lim_{x\to 0}\frac{1}{x^2+3}=\frac{1}{3}$$

【例 2-41】　求$\lim\limits_{x\to 0}\frac{1-\cos x}{x\sin x}$.

解　因为 $x\to 0$ 时，$1-\cos x\sim\frac{1}{2}x^2$，$\sin x\sim x$，所以

$$\lim_{x\to 0}\frac{1-\cos x}{x\sin x}=\lim_{x\to 0}\frac{\frac{1}{2}x^2}{xx}=\frac{1}{2}$$

【例 2-42】 求$\lim\limits_{x\to 0}\frac{\tan x-\sin x}{\sin^3 x}$.

解

$$\lim_{x\to 0}\frac{\tan x-\sin x}{\sin^3 x}=\lim_{x\to 0}\frac{\sin x\frac{1-\cos x}{\cos x}}{\sin^3 x}=\lim_{x\to 0}\frac{1-\cos x}{\sin^2 x}\lim_{x\to 0}\frac{1}{\cos x}=\lim_{x\to 0}\frac{\frac{1}{2}x^2}{x^2}\times 1=\frac{1}{2}$$

注 在求解本题时，开始就用 $\sin x\sim x$、$\tan x\sim x$ 对原式作无穷小量替换，则有 $\lim\limits_{x\to 0}\frac{\tan x-\sin x}{\sin^3 x}=\lim\limits_{x\to 0}\frac{x-x}{x^3}=0$ 的错误结果，请务必注意.

作等价无穷小量替换时，当分子或分母为和式时，通常不能将和式中的某一项或若干项作替换，而应将分子或分母作为整体替换；当分子或分母为几个因子之积时，则可将其中某个或某些因子作替换. 简言之，等价无穷小量的替换只适合乘积，不适合加减.

小技巧

当 $x\to 0$ 时，掌握以下常见的等价无穷小量是十分必要的：

$\sin x\sim x$，$\tan x\sim x$，$\arcsin x\sim x$，$\arctan x\sim x$，$1-\cos x\sim\frac{1}{2}x^2$，

$\ln(1+x)\sim x$，$e^x-1\sim x$，$\sqrt[n]{1+x}-1\sim\frac{1}{n}x$，$(1+x)^\alpha-1\sim\alpha x$（$\alpha\in\mathbf{R}$）.

四、无穷大量

定义 2-11 在某个变化过程中，若$|f(x)|$无限增大，则称 $f(x)$ 是该变化过程中的无穷大量，记为 $\lim f(x)=\infty$.

在某个变化过程中，若 $f(x)$ 无限增大，则称 $f(x)$ 是该变化过程中的正无穷大量，记为 $\lim f(x)=+\infty$.

在某个变化过程中，若 $-f(x)$ 无限增大，则称 $f(x)$ 是该变化过程中的负无穷大量，记为 $\lim f(x)=-\infty$.

注 若在某个变化过程中，函数 $y=f(x)$ 是无穷大量，则根据极限的定义，在这个变化过程中，极限 $\lim f(x)$ 是不存在的. 但是，为了叙述方便，有时也采用 $\lim f(x)=\infty$ 的记号，如$\lim\limits_{x\to 0}\cot x=\infty$、$\lim\limits_{x\to\infty}x^2=\infty$等. 但是，必须注意，$\lim f(x)=\infty$仅仅是一个记号，只反映了函数 $y=f(x)$ 在某个变化过程中的一种变化趋势，而不是极限. 这里的∞（或$+\infty$及$-\infty$）不是数，只是一个符号，∞既没有确定的值，也不能参与四则运算.

【例 2-43】 当 $x\to 0$ 时，$\frac{1}{x}$、$\frac{1}{x^2}$都是无穷大量；当 $x\to+\infty$时，x^2、$\sqrt{x}$、e^x 也都是无穷大量.

注 对于某个确定的函数 $y=f(x)$，不能简单地说它是无穷大量还是无穷小量. 因

为，自变量 x 所处的变化过程是起决定作用的.

【例 2-44】 考察函数 $y=\ln(x+1)$ 当 $x\to0$、$x\to+\infty$、$x\to1$ 时的变化情况.

解 当 $x\to0$ 时，有 $\ln(1+x)\to0$，此时，函数 $y=\ln(1+x)$ 是无穷小量.

当 $x\to+\infty$时，有 $\ln(1+x)\to+\infty$，函数 $y=\ln(1+x)$ 是无穷大量.

当 $x\to1$ 时，有 $\ln(1+x)\to\ln2$，函数 $y=\ln(1+x)$ 既不是无穷大量，也不是无穷小量.

五、无穷小量与无穷大量的关系

定理 2-13 无穷小量与无穷大量具有以下倒数关系.

(1) 若在某个变化过程中，y 是无穷大量，则在同一变化过程中，$\frac{1}{y}$是无穷小量，即 $\lim\alpha=\infty\Rightarrow\lim\frac{1}{\alpha}=0$.

(2) 若在某个变化过程中，y 是无穷小量且恒不等于零，则在同一变化过程中，$\frac{1}{y}$是无穷大量，即 $\lim\alpha=0(\alpha\neq0)\Rightarrow\lim\frac{1}{\alpha}=\infty$.

习　题　2-4

1. 填空题

(1) 无穷大量的倒数必是__________.

(2) 如果变量 y 以常数 A 为极限，α 为无穷小量，则 y 必可以表示成__________.

(3) 当 $x\to0$ 时，x^3 与 $\left(\frac{x}{x+1}\right)^3$ 相比是__________无穷小量.

(4) 当 $x\to x_0$ 时，函数 $f(x)$ 以 0 为极限，则称当 $x\to x_0$ 时，函数 $f(x)$ 为__________.

2. 选择题

(1) 当 $x\to0^+$ 时，下列变量是无穷小量的是（　　）.

A. $\cos x$　　B. e^x　　C. x^2　　D. $\ln x$

(2) 当 $x\to0$ 时，$\frac{1}{2}\sin x\cos x$ 是 x 的（　　）.

A. 同阶无穷小量　　B. 高阶无穷小量

C. 低阶无穷小量　　D. 较低阶的无穷小量

(3) 下列变量在给定的变化过程中为无穷小量的是（　　）.

A. $e^{-x}+1(x\to0)$　　B. $\frac{x}{x^2}(x\to0)$　　C. $e^x(x\to+\infty)$　　D. $x\arcsin x(x\to0)$

(4) $\lim\limits_{x\to0}x^2\sin\frac{1}{x}=$（　　）.

A. 0　　B. 1　　C. ∞　　D. 没有极限

3. 计算题

(1) 下列变量中，哪些是无穷小量？哪些是无穷大量？

1） $70x^3(x\to 0)$.

2） $\frac{1}{\sqrt{x}}(x\to 0^+)$.

3） $\frac{x-2}{x^2-4}(x\to 2)$.

4） $e^{\frac{1}{x}}-1(x\to\infty)$.

5） $(-1)^n\ \frac{n^2}{n+3}(n\to\infty)$.

6） $\tan x(x\to 0)$.

7） $\sin\frac{1}{x}(x\to 0)$.

8） $3^x-1(x\to 0)$.

（2）函数 $f(x)=\frac{1}{(x-5)^2}$ 在什么变化过程中是无穷小量？又在什么变化过程中是无穷大量？

（3）利用等价无穷小求极限.

1） $\lim\limits_{x\to 0}\frac{\sin mx}{\sin nx}$.

2） $\lim\limits_{x\to 0}x\cot x$.

3） $\lim\limits_{x\to 0}\frac{1-\cos 2x}{x\sin x}$.

4） $\lim\limits_{x\to 0}\frac{\sin x-x}{x^3}$.

5） $\lim\limits_{x\to 0}\frac{\arctan 3x}{x}$.

6） $\lim\limits_{n\to\infty}2^n\sin\frac{x}{2^n}$.

7） $\lim\limits_{x\to\frac{1}{2}}\frac{4x^2-1}{\arcsin(1-2x)}$.

8） $\lim\limits_{x\to 0}\frac{\arctan x^2}{\sin\frac{x}{2}\arcsin x}$.

9） $\lim\limits_{x\to 0}\frac{\tan x-\sin x}{\sin x^3}$.

10） $\lim\limits_{x\to 0}\frac{\cos\alpha x-\sin\beta x}{x^2}$.

11） $\lim\limits_{x\to 0}\frac{\frac{x}{\sqrt{1-x^2}}}{\ln(1-x)}$.

12） $\lim\limits_{x\to 0}\frac{1-\cos 4x}{2\sin^2 x+x\tan^2 x}$.

13）$\lim\limits_{x\to 0}\dfrac{\ln\cos ax}{\ln\cos bx}$.

14）$\lim\limits_{x\to 0}\dfrac{\ln(\sin^2 x+e^x)-x}{\ln(x^2+e^{2x})-2x}$.

第五节　函 数 的 连 续 性

自然界中连续变化的现象很多，如空气或水的流动、气温的变化、植物的生长、人造卫星在轨道上的运行、导弹飞行轨迹的形成等，这些现象反映到数学的函数关系上，就是函数的连续性．连续性是函数的一种重要性态，连续函数是微积分学讨论的基本函数．

一、函数连续性的概念

引例 1　在火箭发射的过程中，随着燃料的消耗，火箭的质量逐渐减少，此时，火箭质量的变化是渐变．但当某一级火箭的燃料耗尽时，则该级火箭的外壳自动脱落，于是火箭的质量就发生突变．

许多变化过程都有渐变与突变两种形式，在数学的抽象中，则用函数的连续与间断来描述这两种变化形式．

引例 2　在坐标平面内画一连续曲线 $y=f(x)$，如图 2－7 所示．在坐标平面内画一间断曲线 $y=g(x)$，如图 2－8 所示．

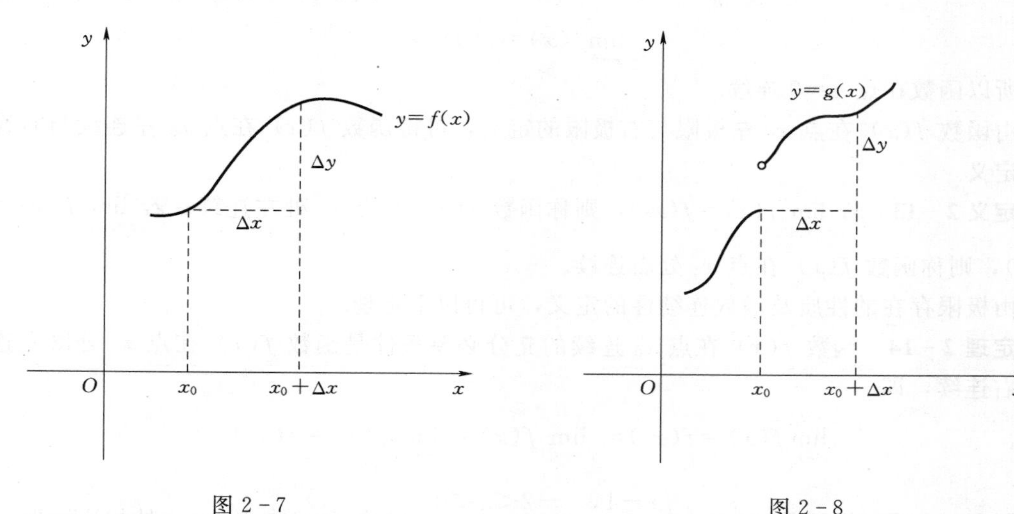

图 2－7　　　　图 2－8

两条曲线有明显不同，表现在曲线 $y=f(x)$ 在点 x_0 不间断，而曲线 $y=g(x)$ 在点 x_0 是间断的．那么，如何用数学语言来描述这种差异呢？对比两个图形可以发现，如图 2－7 所示，当自变量 x 的改变量 $\Delta x\to 0$ 时，函数相应的改变量 $\Delta y\to 0$；如图 2－8 所示，当自变量 x 的改变量 $\Delta x\to 0$ 时，函数相应的改变量 Δy 不能够无限变小．于是可以用增量来定义函数的连续性．

定义 2－12　设函数 $y=f(x)$ 在点 x_0 的某个邻域内有定义，如果当自变量的改变量

Δx 趋于零时，相应函数的改变量 Δy 也趋于零，即

$$\lim_{\Delta x\to 0}\Delta y=\lim_{\Delta x\to 0}[f(x_0+\Delta x)-f(x_0)]=0$$

则称函数 $f(x)$ 在点 x_0 处连续．称点 x_0 为函数 $f(x)$ 的连续点；否则就称函数 $f(x)$ 在点 x_0 处间断，点 x_0 为函数 $f(x)$ 的间断点．

若设 $x=x_0+\Delta x$，则 $\Delta x=x-x_0$，$\Delta y=f(x)-f(x_0)$．

当 $\Delta x\to 0$，即 $x\to x_0$ 时，$\Delta y\to 0$，即 $f(x)\to f(x_0)$．于是

函数 $f(x)$ 在点 x_0 连续 $\Leftrightarrow \lim\limits_{x\to x_0}f(x)=f(x_0)$

【例 2-45】 用定义证明 $y=5x^2-3$ 在给定点 x_0 处连续．

证明

$$\begin{aligned}\Delta y&=f(x_0+\Delta x)-f(x_0)\\&=[5(x_0+\Delta x)^2-3]-(5x_0^2-3)\\&=10x_0\Delta x+5(\Delta x)^2\end{aligned}$$

$\lim\limits_{\Delta x\to 0}\Delta y=\lim\limits_{\Delta x\to 0}[10x_0\Delta x+5(\Delta x)^2]=0$，所以 $y=5x^2-3$ 在给定点 x_0 处连续．

【例 2-46】 考察函数 $f(x)=\begin{cases}\dfrac{\sin x}{x}, & x\neq 0\\ 1, & x=0\end{cases}$，在点 $x=0$ 处的连续性．

解 因为 $\lim\limits_{x\to 0}f(x)=\lim\limits_{x\to 0}\dfrac{\sin x}{x}=1$，又 $f(0)=1$，即

$$\lim_{x\to 0}f(x)=f(0)$$

所以函数在点 $x=0$ 连续．

由函数 $f(x)$ 在点 x_0 左极限与右极限的定义，可得函数 $f(x)$ 在点 x_0 左连续与右连续的定义．

定义 2-13 若 $\lim\limits_{x\to x_0^-}f(x)=f(x_0)$，则称函数 $f(x)$ 在点 x_0 处左连续；若 $\lim\limits_{x\to x_0^+}f(x)=f(x_0)$，则称函数 $f(x)$ 在点 x_0 处右连续．

由极限存在的性质及函数连续性的定义，可得以下定理．

定理 2-14 函数 $f(x)$ 在点 x_0 连续的充分必要条件是函数 $f(x)$ 在点 x_0 处既左连续又右连续，即

$$\lim_{x\to x_0}f(x)=f(x_0)\Leftrightarrow\lim_{x\to x_0^+}f(x)=\lim_{x\to x_0^-}f(x)=f(x_0)$$

【例 2-47】 设函数 $f(x)=\begin{cases}x-1, & -2<x<0\\ x+1, & 0\leqslant x\leqslant 3\end{cases}$，讨论 $f(x)$在点 $x=0$ 处的连续性．

解 这是分段函数，$x=0$ 是其分段点．因为 $f(0)=1$，又 $\lim\limits_{x\to 0^-}f(x)=\lim\limits_{x\to 0^-}(x-1)=-1$，$\lim\limits_{x\to 0^+}f(x)=\lim\limits_{x\to 0^+}(x+1)=1$，所以函数 $f(x)$ 在点 $x=0$ 处右连续，但左不连续，从而它在 $x=0$ 处不连续．

函数在一点连续的定义，很自然地可以推广到一个区间上．

如果函数 $y=f(x)$ 在区间 (a,b) 内任何一点都连续，则称 $f(x)$ 在区间 (a,b) 内

连续．若函数 $y=f(x)$ 在区间 (a,b) 内连续，且

$$\lim_{x\to a^+} f(x)=f(a),\quad \lim_{x\to b^-} f(x)=f(b)$$

则称 $f(x)$ 在闭区间 $[a,b]$ 上连续．

二、函数的间断点及其分类

由函数在某点连续的定义可知，若函数 $f(x)$ 在点 x_0 处有下列 3 种情况之一，则点 x_0 是 $f(x)$ 的一个间断点．

(1) 函数 $f(x)$ 在点 x_0 处没有定义．

(2) 极限 $\lim\limits_{x\to x_0} f(x)$ 不存在．

(3) 如果 $\lim\limits_{x\to x_0} f(x)$ 存在，但 $\lim\limits_{x\to x_0} f(x)\neq f(x_0)$．

按照这个顺序，可以判断一个函数在某点 x_0 处是否间断．

【例 2-48】 求函数 $f(x)=\dfrac{1}{x+1}$ 的间断点．

解　由于 $f(x)$ 在点 $x=-1$ 处没有定义，故 $x=-1$ 就是 $f(x)=\dfrac{1}{x+1}$ 的一个间断点．

注　当 $x\to x_0$ 时，$f(x)\to\infty$，称此类间断点为无穷间断点．所以，在本题中 $x=-1$ 就是 $f(x)$ 的无穷间断点．

【例 2-49】 设函数 $f(x)=\begin{cases}\sin\dfrac{1}{x}, & x\neq 0\\ 0, & x=0\end{cases}$，考察函数 $f(x)$ 在点 $x=0$ 处的连续性．

解　由于 $\lim\limits_{x\to 0} f(x)=\lim\limits_{x\to 0}\sin\dfrac{1}{x}$ 不存在，所以，函数 $f(x)$ 在点 $x=0$ 处间断．

注　当 $x\to x_0$ 时，$f(x)$ 的值无限次地在两个不同的数之间变动，则称此类间断点为振荡间断点．所以，在本题中 $x=0$ 就是 $f(x)$ 的振荡间断点．

【例 2-50】 考察函数 $f(x)=\begin{cases}x-1, & x<0\\ 0, & x=0\\ x+1, & x>0\end{cases}$，在点 $x=0$ 处的连续性．

解　因为 $\lim\limits_{x\to 0^-} f(x)=\lim\limits_{x\to 0^-}(x-1)=-1$、$\lim\limits_{x\to 0^+} f(x)=\lim\limits_{x\to 0^+}(x+1)=1$，所以 $\lim\limits_{x\to 0} f(x)$ 不存在．故 $x=0$ 是 $f(x)$ 的间断点，如图 2-9 所示．

注　当 $x\to x_0$ 时，若 $f(x)$ 的左右极限存在但不相等，则称此类间断点为跳跃间断点．所以，在本题中 $x=0$ 就是 $f(x)$ 的跳跃间断点．

【例 2-51】 考察函数 $f(x)=\begin{cases}\dfrac{x^2-4}{x+2}, & x\neq -2\\ 4, & x=-2\end{cases}$，在点 $x=-2$ 处的连续性．

解　$\lim\limits_{x\to -2} f(x)=\lim\limits_{x\to -2}\dfrac{x^2-4}{x+2}=\lim\limits_{x\to -2}(x-2)=-4$．但是 $\lim\limits_{x\to -2} f(x)\neq f(-2)$，所以 $x=-2$ 是 $f(x)$ 的一个间断点，如图 2-10 所示．

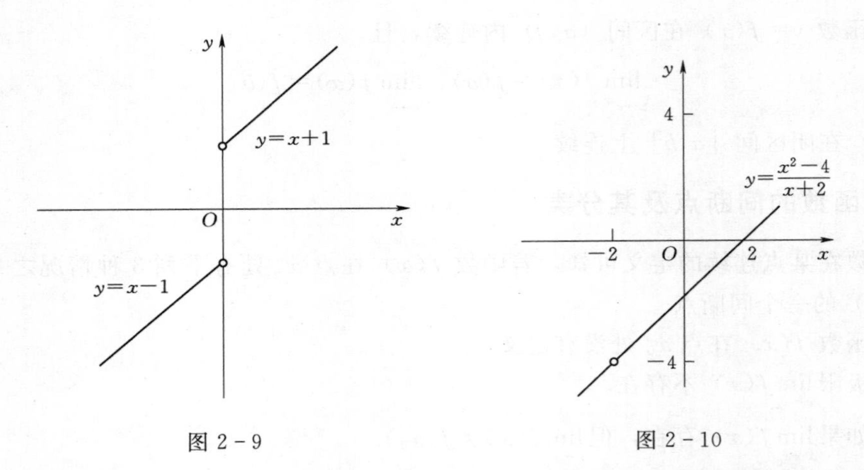

图 2-9　　图 2-10

注　当 $x \to x_0$ 时，若 $f(x)$ 的极限存在但不等于 $f(x_0)$，则称此类间断点为可去间断点. 所以，在本题中 $x=-2$ 就是 $f(x)$ 的可去间断点.

一般地，将函数 $f(x)$ 的可去间断点和跳跃间断点称为第一类间断点，将无穷间断点和振荡间断点称为第二类间断点. 由上述对各种间断点的描述可知，函数 $f(x)$ 的第一类间断点的左右极限都存在，而第二类间断点的左右极限至少有一个不存在，这也正是第一类间断点和第二类间断点在本质上的区别.

三、连续函数的运算法则与初等函数的连续性

由连续函数的定义及极限的运算法则和性质，可得到连续函数的下列性质和运算法则.

1. 连续函数的四则运算

定理 2-15　若函数 $f(x)$、$g(x)$ 均在点 x_0 处连续，则 $af(x)+bg(x)$（a、b 为常数）、$f(x)g(x)$、$\dfrac{f(x)}{g(x)}[g(x_0)\neq 0]$ 都在点 x_0 处连续.

2. 连续函数的反函数的连续性

定理 2-16　若函数 $f(x)$ 是在区间 I_x 内单调的连续函数，值域为 I_y，则其反函数 $x=f^{-1}(y)$ 在 I_y 内是单调的连续函数.

从几何上看，该定理是显然的，因为函数 $y=f(x)$ 与其反函数 $x=f^{-1}(y)$ 在 xOy 坐标面上为同一条曲线.

3. 复合函数的连续性

定理 2-17　若函数 $u=g(x)$ 在点 x_0 处连续，$y=f(u)$ 在点 $u_0=g(x_0)$ 处连续，则复合函数 $y=f[g(x)]$ 在点 x_0 处连续，即

$$\lim_{x\to x_0} f[g(x)]=f[g(x_0)]=f[\lim_{x\to x_0} g(x)]$$

【例 2-52】　求极限 $\lim\limits_{x\to 0}(1+\sin x)^{\frac{1}{x}}$.

解　$\lim\limits_{x\to 0}(1+\sin x)^{\frac{1}{x}}=\lim\limits_{x\to 0}(1+\sin x)^{\frac{1}{\sin x}\cdot\frac{\sin x}{x}}$

$$=\lim_{x\to0}e^{\frac{\sin x}{x}\ln(1+\sin x)^{\frac{1}{\sin x}}}=e^{\lim\limits_{x\to0}\frac{\sin x}{x}\ln(1+\sin x)^{\frac{1}{\sin x}}}=e$$

【例 2-53】 求$\lim\limits_{x\to\infty}\sin\left(1+\frac{1}{x}\right)^x$.

解 $\lim\limits_{x\to\infty}\sin\left(1+\frac{1}{x}\right)^x=\sin\left[\lim\limits_{x\to\infty}\left(1+\frac{1}{x}\right)^x\right]=\sin e$.

【例 2-54】 试证$\lim\limits_{x\to0}\frac{\ln(1+x)}{x}=1$.

证 因为 $y=\ln u(u>0)$ 连续，故

$$\lim_{x\to0}\frac{\ln(1+x)}{x}=\lim_{x\to0}\ln(1+x)^{\frac{1}{x}}=\ln[\lim_{x\to0}(1+x)^{\frac{1}{x}}]=\ln e=1$$

4. *初等函数的连续性*

至此，可以回答关于初等函数的连续性这个问题了：由函数的图像可知基本初等函数在其定义域内是连续函数. 再由连续函数经有限次四则运算和有限次复合不改变其连续性的性质. 而初等函数是由基本初等函数经有限次四则运算和有限次复合得到的，因而，所有的初等函数在它们的定义域内都是连续的. 所以有以下结论.

结论 初等函数在其有定义的区间内是连续的.

由上可知，对初等函数在其有定义的区间的点求极限时，只需求相应函数值即可.

【例 2-55】 求$\lim\limits_{x\to1}\frac{x^2+\ln(4-3x)}{\arctan x}$.

解 初等函数 $f(x)=\frac{x^2+\ln(4-3x)}{\arctan x}$在 $x=1$ 处的某邻域内有定义，所以

$$\lim_{x\to1}\frac{x^2+\ln(4-3x)}{\arctan x}=\frac{1+\ln(4-3)}{\arctan 1}=\frac{4}{\pi}$$

【例 2-56】 求$\lim\limits_{x\to0}\frac{4x^2-1}{2x^2-3x+5}$.

解 $\lim\limits_{x\to0}\frac{4x^2-1}{2x^2-3x+5}=\frac{4\times0-1}{2\times0-3\times0+5}=-\frac{1}{5}$.

四、闭区间上连续函数的性质

闭区间上连续函数有几个重要性质，今以定理的形式加以叙述.

定理 2-18（有界定理） 若函数 $f(x)$ 在闭区间 $[a,b]$ 上连续，则函数 $f(x)$ 在区间 $[a,b]$ 上一定有界.

此性质的几何解释是十分明显的（图 2-11).

定理 2-19（最值定理） 若函数 $f(x)$ 在闭区间 $[a,b]$ 上连续，则函数 $f(x)$ 在区间 $[a,b]$ 上一定能取到它的最小值和最大值，即存在 x_1、$x_2\in[a,b]$，使得

$$f(x_1)=\min_{a\leqslant x\leqslant b}\{f(x)\},\quad f(x_2)=\max_{a\leqslant x\leqslant b}\{f(x)\}$$

x_1 和 x_2 分别称为函数 $f(x)$ 在闭区间 $[a,b]$ 上的最小值点和最大值点（图 2-12).

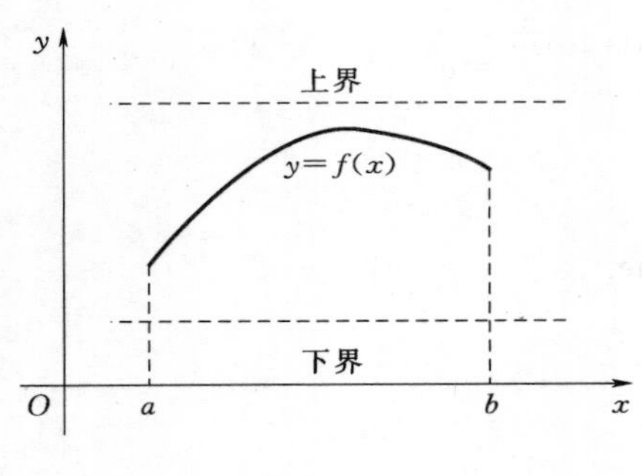

图 2-11

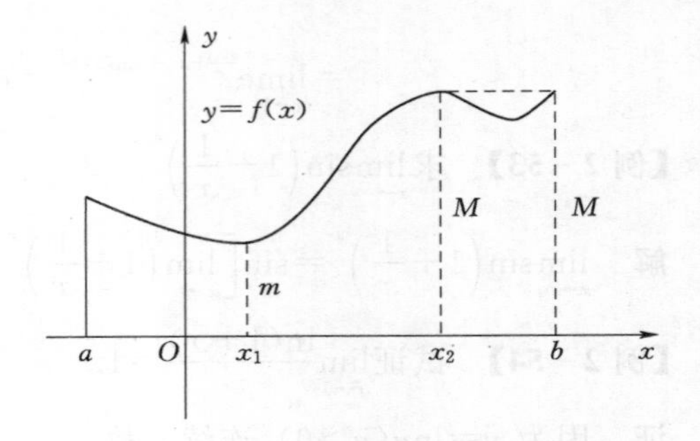

图 2-12

最值定理的几何意义也是十分明显的：函数 $f(x)$ 在闭区间 $[a,b]$ 上连续，则 $y=f(x)$是一条连续不间断的曲线，并且 $(a,f(a))$ 和 $(b,f(b))$ 是曲线的两个端点，这条曲线必有最高点和最低点. 当然，最高点和最低点可能不唯一，说明最小值点和最大值点可能是不唯一的.

【例 2-57】 讨论下列函数是否有界、有最大值、最小值.

(1) $f(x)=\begin{cases} x+1, & x\in[0,1) \\ 1, & x=1 \end{cases}$.

(2) $f(x)=\dfrac{1}{x}$，$x\in(0,1)$.

解 (1) $y=f(x)$ 在闭区间 $[0,1]$ 上有间断点 $x=1$，此函数在闭区间 $[0,1]$ 上虽然有界，但是没有最大值.

(2) $y=f(x)$ 在开区间 $(0,1)$ 上连续，但此函数既无最值也无界.

从此例看出要想定理 2-14、定理 2-15 成立，必须同时满足闭区间和连续两个条件.

定理 2-20（介值定理） 若函数 $f(x)$ 在闭区间 $[a,b]$ 上连续，m 和 M 分别表示 $f(x)$ 在区间 $[a,b]$ 上的最小值和最大值，则介于 m 和 M 之间的任何一个数 c，至少存在一点 $\xi\in(a,b)$，使得 $f(\xi)=c$.

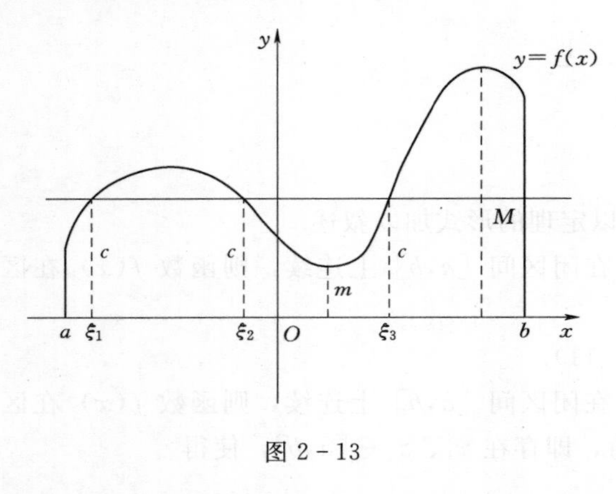

图 2-13

介值性质的几何意义是这样的：若$f(x)$在 $[a,b]$ 上连续，那么，曲线 $y=f(x)$ $(a\leqslant x\leqslant b)$是一条连续不间断的曲线，如果 m 和 M 分别是 $f(x)$ 在 $[a,b]$ 上的最小值和最大值，而 c 是介于 m 和 M 之间的任一数值，则水平直线 $y=c$ 必然与曲线 $y=f(x)(a\leqslant x\leqslant b)$ 相交（图 2-13）.

定理 2-21（零点定理） 若函数 $f(x)$ 在闭区间 $[a,b]$ 上连续，并且 $f(a)$ 与 $f(b)$异号，则至少存在一点 $\xi\in(a,b)$，使得 $f(\xi)=0$.

【例 2-58】 用零点定理证明方程

$$x^3-3x^2-x+3=0$$

在区间 $(-2,0)$、$(0,2)$、$(2,4)$ 内各有一个实根.

证明　设 $f(x)=x^3-3x^2-x+3$，且 $f(x)=x^3-3x^2-x+3$ 在 $(-\infty,+\infty)$ 上连续.

由于 $f(-2)=-15<0$，$f(0)=3>0$，$f(2)=-3<0$，$f(4)=15>0$.
根据零点定理可知，在区间 $(-2,0)$、$(0,2)$、$(2,4)$ 内，$f(x)$ 分别至少各有一个零点，又因一元三次方程至多有 3 个实根，综上所述，方程

$$x^3-3x^2-x+3=0$$

在区间 $(-2,0)$、$(0,2)$、$(2,4)$ 内各有一个实根.

习　题　2-5

1. 填空题

(1) 设函数 $f(x)=\begin{cases}\dfrac{\ln(1+5x)}{x}, & x\neq 0\\ a, & x=0\end{cases}$，在 $x=0$ 处连续，则 $a=$__________.

(2) 函数 $f(x)=\dfrac{\sin x}{x}+\dfrac{1}{1-2x+x^2}$ 的间断点是__________.

(3) 函数 $f(x)=\dfrac{x-3}{x^2-9}$ 的间断点有__________个.

(4) 函数 $f(x)=\dfrac{3x}{2x-4}$ 的连续区间为__________.

(5) $f(x)=\begin{cases}\dfrac{x^4-4}{x^2-2}, & x\neq 1\\ a, & x=1\end{cases}$，当 $a=$__________时，$f(x)$ 在 $x=1$ 处连续.

2. 选择题

(1) 函数 $f(x)=\dfrac{x-3}{x^2-9}$ 在点 $x=3$ 处（　　）.

A. 有定义　　B. 有极限　　C. 没有极限　　D. 连续

(2) 函数 $f(x)=\dfrac{\sin x}{x}+\dfrac{e^{2x}}{1-x}$ 的间断点个数是（　　）.

A. 0　　B. 1　　C. 2　　D. 3

(3) 函数 $f(x)=\dfrac{x^2-1}{x^2-3x+2}$ 的连续区间是（　　）.

A. $(-\infty,2)$　　B. $(1,+\infty)$

C. $(-\infty,1)\cup(1,2)\cup(2,+\infty)$　　D. $(2,+\infty)$

3. 计算题

(1) 若函数 $f(x)=\begin{cases}\dfrac{1}{x}\sin x, & x<0\\ k, & x=0\\ x\sin\dfrac{1}{x}+1, & x>0\end{cases}$，在 $x=0$ 处连续，求 k 的值.

(2) 设 $f(x)=\begin{cases}\left(\dfrac{1-x}{1+x}\right)^{\frac{1}{x}}, & x>0\\ a, & x=0\\ \dfrac{\sin(kx)}{x}, & x<0\end{cases}$，若 $f(x)$ 在点 $x=0$ 连续，求 a 与 k.

(3) 求下列函数的间断点.

①$f(x)=\dfrac{1}{(x-3)^2}$；②$f(x)=\dfrac{x^2-1}{x^2-3x+2}$；

③$f(x)=\begin{cases}\dfrac{x^2-1}{x-1}, & x\neq 1\\ 0, & x=1\end{cases}$；④$f(x)=\dfrac{1}{(x+3)(x+1)}$.

(4) 设函数

$$f(x)=\begin{cases}x-1, & x\leqslant 0\\ x^2, & x>0\end{cases}$$

①试判断 $f(x)$ 在 $x=0$ 处是否连续；②作出函数的图像.

(5) 证明方程 $x^5-3x+1=0$ 在 1～2 之间至少存在一个实根.

总 习 题 二

1. 函数 $y=\dfrac{1}{e^x-1}$在什么变化过程中是无穷大量？又在什么变化过程中是无穷小量？

2. 证明$\lim\limits_{x\to 0}\dfrac{|x|}{x}$不存在.

3. 求下列数列的极限.

(1) $\lim\limits_{n\to\infty}\dfrac{n^2-2}{3n^2+1}$.

(2) $\lim\limits_{n\to\infty}(\sqrt{n+3}-\sqrt{n})$.

(3) $\lim\limits_{n\to\infty}\dfrac{3^n}{5^n}$.

(4) $\lim\limits_{n\to\infty}\dfrac{1+(-1)^n}{n}$.

(5) $\lim\limits_{n\to\infty}(\sqrt{3}\times\sqrt[4]{3}\times\cdots\times\sqrt[2^n]{3})$.

(6) $\lim\limits_{n\to\infty}\left[\dfrac{1}{1\times 2}+\dfrac{1}{2\times 3}+\cdots+\dfrac{1}{n(n+1)}\right]$.

4. 求下列各函数极限.

(1) $\lim\limits_{x\to 9}\dfrac{\sqrt{x}-3}{x-9}$.

(2) $\lim\limits_{x\to 1}\dfrac{x^3-1}{x-1}$.

(3) $\lim\limits_{x\to 1}\dfrac{\sqrt{2-x}-\sqrt{x}}{1-x}$.

(4) $\lim\limits_{x\to\infty}\dfrac{2+5x-3x^8}{1+x^2+3x^8}$.

(5) $\lim\limits_{x\to 0}\dfrac{1-\sqrt{1+x^2}}{x^2}$.

(6) $\lim\limits_{x\to 0}\dfrac{\tan 2x-\sin x}{x}$.

(7) $\lim\limits_{x\to 0}(1-\sin x)^{\frac{1}{x}}$.

(8) $\lim\limits_{x\to 1}\dfrac{\ln x}{x-1}$.

(9) $\lim\limits_{x\to\frac{\pi}{2}}(1+\cos x)^{\frac{5}{\cos x}}$.

(10) $\lim\limits_{x\to 1}\left(\dfrac{1}{1-x}-\dfrac{3}{1-x^3}\right)$.

5. 设

$$f(x)=\begin{cases}3x+2, & x\leqslant 0\\ x^2+1, & 0<x\leqslant 1\\ \dfrac{2}{x}, & x>1\end{cases}$$

分别讨论 $x\to 0$ 与 $x\to 1$ 时，$f(x)$ 的极限是否存在？

6. 若$\lim\limits_{x\to\infty}\left(\dfrac{x^2-2}{x-1}-ax+b\right)=0$，求 a、b 的值（提示：先通分）.

7. 设

$$f(x)=\begin{cases}e^x, & x<0\\ 0, & x=0\\ x+1, & x>0\end{cases}$$

考察函数 $f(x)$ 在点 $x=0$ 处的连续性.

8. 设

$$f(x)=\begin{cases}\dfrac{\tan x}{x}, & x<0\\ a-1, & x=0\\ x\cos\dfrac{1}{x}+b, & x>0\end{cases}$$

试问：(1) a 为何值时 $f(x)$ 在 $x=0$ 点处左连续.

(2) b 为何值时 $f(x)$ 在 $x=0$ 点处连续.

9. 求下列函数的间断点.

(1) $f(x)=\begin{cases}\dfrac{\ln(1+x^2)}{x}, & x>0\\ 2, & x\leqslant 0\end{cases}$.

(2) $f(x)=\begin{cases}\ln(x+1), & x>-1\\ 2x^2-1, & x\leqslant -1\end{cases}$.

10. 给 $f(0)$ 补充定义一个什么数值，能使

$$f(x)=\frac{\sqrt{1+x}-\sqrt{1-x}}{x}$$

在点 $x=0$ 处连续？

11. 某城市居民每月用水费用的函数模型是

$$C(x)=\begin{cases}0.64x, & 0\leqslant x\leqslant 4.5\\ 2.88+5\times 0.64(x-4.5), & x>4.5\end{cases}$$

其中 x 为用水量（单位：t），$C(x)$ 为水费（单位：元）.

试求：(1) $\lim\limits_{x\to 4.5}C(x)$. (2) $C(x)$ 是否为连续函数. (3) 描绘 $C(x)$ 的图形.

12. 若某商品需求函数 $Q=f(P)$ 及供给函数 $Q=g(P)$ 均为连续函数，且满足：

(1) 当商品的售价为某个较低价格 p_0 时，需求超过供给.

(2) 当商品的售价为某个较高价格 P^* 时，供给超过需求.

则一定存在一个均衡价格 P_e，使得 $f(P_e)=g(P_e)$，并解释其经济意义.

第三章　导数与微分

第二章主要学习了极限，本章学习微分学中两个最基本的概念——导数和微分. 导数简单地说就是增量比的极限，它源于实际问题中的变化率，描述函数随自变量变化的快慢程度；微分反映当函数自变量在一点有微小变化时，函数的增量能否用线性函数近似代替. 虽然导数和微分是两个完全不同的概念，但它们在本质上却反映了函数的同一性质. 所以把这两个概念放在同一章来学习，它们所涉及的内容统称为微分学.

第一节　导数的概念

导数从形式上说，是两个无穷小比值的极限，但本质上却表达的是函数相对于自变量的变化率.

一、引例

【例 3-1】 曲线切线的斜率问题.

中学时曾接触过曲线的切线概念，学过极限以后，可以用极限的方法来研究曲线的切线.

首先，给出切线的定义，如图 3-1 所示. 在曲线 C 上有 A 和 B 两点，A 为定点，当动点 B 沿曲线 C 无限地接近 A 点时，割线 AB 的极限位置 AT 叫作曲线 C 在 A 点的切线，A 点叫作切点.

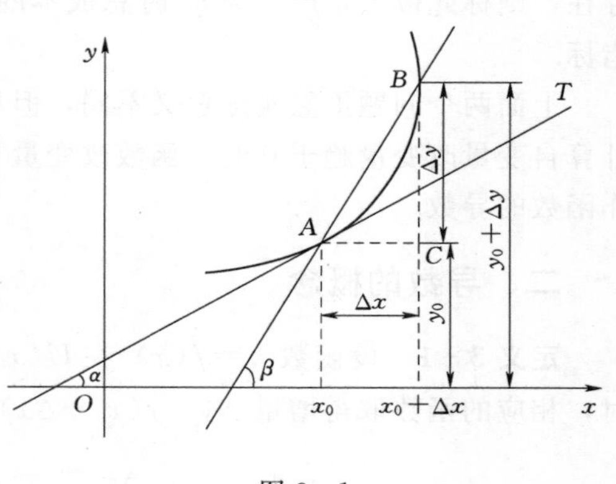

图 3-1

怎样求曲线 C 在点 A 处的切线呢？下面这个方法来源于法国数学家费马.

设点 $A(x_0, y_0)$ 为曲线 C：$y=f(x)$ 上一点，要确定曲线 C 在点 A 点处的切线，只要求出它的斜率即可.

可分两步求得.

(1) 求近似. 在曲线 C 上 A 点的附近取一点 $B(x_0+\Delta x, y_0+\Delta y)$，则过点 A、B 两点割线的斜率为

$$k_{割}=\frac{f(x_0+\Delta x)-f(x_0)}{\Delta x}$$

易见，当点 B 和点 A 临近时，$k_{割}$ 可以作为点 A 处的切线斜率 $k_{切}$ 的近似.

（2）求极限．显然，当 $\Delta x \to 0$ 时，$k_{割} \to k_{切}$，所以有

$$k_{切}=\lim_{\Delta x \to 0}\frac{f(x_0+\Delta x)-f(x_0)}{\Delta x}$$

以上求切线问题，从数学角度看，可归结为：已知 $y=f(x)$，求形如

$$\lim_{\Delta x \to 0}\frac{f(x_0+\Delta x)-f(x_0)}{\Delta x}$$

的极限问题．这种特殊结构的极限在许多实际问题中都有着广泛的应用，把这种类型的极限叫作导数．由于它描述的是一个变量对于另一个变量的变化快慢，又俗称变化率问题．

【例 3－2】 产品总成本的变化率问题．

设某产品的总成本 C 是产量 q 的函数，即 $C=C(q)$．问当产量 $q=q_0$ 时，产品的总成本变化率是多少？

分析　当产量 q 由 q_0 变化到 $q_0+\Delta q$ 时，总成本相应的改变量为

$$\Delta C=C(q_0+\Delta q)-C(q_0)$$

当产量从 q_0 变化到 $q_0+\Delta q$ 时，总成本的平均变化率为

$$\frac{\Delta C}{\Delta q}=\frac{C(q_0+\Delta q)-C(q_0)}{\Delta q}$$

当产量的改变量 $\Delta q \to 0$ 时，如果极限

$$\lim_{\Delta q \to 0}\frac{\Delta C}{\Delta q}=\lim_{\Delta q \to 0}\frac{C(q_0+\Delta q)-C(q_0)}{\Delta q}$$

存在，则称此极限是产量为 q_0 时总成本的变化率，它是衡量总成本变化快慢的一项经济指标．

上面两个问题虽然实际意义不同，但从抽象的数量关系来看是一样的，都可以归结为计算自变量改变量趋于 0 时，函数改变量与自变量改变量之比的极限．这种特殊的极限叫作函数的导数．

二、导数的概念

定义 3－1　设函数 $y=f(x)$ 在 $U(x_0)$ 内有定义，当自变量 x 在 x_0 处取得增量 Δx 时，相应的函数取得增量 $\Delta y=f(x_0+\Delta x)-f(x_0)$．如果极限

$$\lim_{\Delta x \to 0}\frac{\Delta y}{\Delta x}=\lim_{\Delta x \to 0}\frac{f(x_0+\Delta x)-f(x_0)}{\Delta x}$$

存在，则称 $f(x)$ 在 x_0 处可导，并称该极限为 $f(x)$ 在点 x_0 处的导数（或变化率），记为 $f'(x_0)$，即

$$f'(x_0)=\lim_{\Delta x \to 0}\frac{\Delta y}{\Delta x}=\lim_{\Delta x \to 0}\frac{f(x_0+\Delta x)-f(x_0)}{\Delta x} \tag{3－1}$$

函数 $f(x)$ 在点 x_0 处的导数还可记为

$$y'\Big|_{x=x_0},\frac{\mathrm{d}y}{\mathrm{d}x}\Big|_{x=x_0} \quad 或 \quad \frac{\mathrm{d}f(x)}{\mathrm{d}x}\Big|_{x=x_0}$$

显然式（3-1）还可写成

$$f'(x_0)=\lim_{x\to x_0}\frac{f(x)-f(x_0)}{x-x_0} \tag{3-2}$$

上述定义讲的是 $y=f(x)$ 在一点处的导数．若函数 $y=f(x)$ 在开区间 (a,b) 内任意一点 x 都存在导数 $f'(x)$，就称函数 $y=f(x)$ 在 (a,b) 内可导．这时，对任意 $x\in(a, b)$，都有 $y=f'(x)$ 与之对应，这样就构成了一个新的函数 $y=f'(x)$，这个函数叫作 $y=f(x)$ 的导函数，简称导数．它也有类似 $y=f(x)$ 在一点 x_0 处的导数记号，记为

$$y',f'(x),\frac{\mathrm{d}y}{\mathrm{d}x} \quad 或 \quad \frac{\mathrm{d}f(x)}{\mathrm{d}x}$$

在式（3-1）中，把 x_0 换成 x，就得到 $y=f(x)$ 的导数定义为

$$f'(x)=\lim_{\Delta x\to 0}\frac{\Delta y}{\Delta x}=\lim_{\Delta x\to 0}\frac{f(x+\Delta x)-f(x)}{\Delta x} \tag{3-3}$$

【例 3-3】 设 $f(x)=x^3$，求 $f'(2)$、$f'(5)$、$f'(x)$.

解　由导数的定义，得

$$f'(2)=\lim_{\Delta x\to 0}\frac{f(2+\Delta x)-f(2)}{\Delta x}=\lim_{\Delta x\to 0}\frac{(2+\Delta x)^3-8}{\Delta x}$$

$$=\lim_{\Delta x\to 0}\frac{12\Delta x+6\Delta x^2+\Delta x^3}{\Delta x}=12$$

$$f'(5)=\lim_{\Delta x\to 0}\frac{f(5+\Delta x)-f(5)}{\Delta x}=\lim_{\Delta x\to 0}\frac{(5+\Delta x)^3-125}{\Delta x}$$

$$=\lim_{\Delta x\to 0}\frac{75\Delta x+15\Delta x^2+\Delta x^3}{\Delta x}=75$$

$$f'(x)=\lim_{\Delta x\to 0}\frac{f(x+\Delta x)-f(x)}{\Delta x}=\lim_{\Delta x\to 0}\frac{(x+\Delta x)^3-x^3}{\Delta x}$$

$$=\lim_{\Delta x\to 0}\frac{3x^2\Delta x+6x\Delta x^2+\Delta x^3}{\Delta x}$$

$$=\lim_{\Delta x\to 0}(3x^2+6x\Delta x+\Delta x^2)$$

$$=3x^2$$

易见，$f'(2)=f'(x)|_{x=2}$、$f'(5)=f'(x)|_{x=5}$ 这个结论具有一般性，即计算函数在某点处的导数就是导函数在该点的函数值.

【例 3-4】 电器公司销售 q 台电视机获得的利润为 $L=L(q)$ 元，$L'(180)=60$ 具有什么意义?

解　因为　$L'(180)=\frac{\mathrm{d}L}{\mathrm{d}q}\Big|_{q=180}=\lim_{\Delta q\to 0}\frac{L(180+\Delta q)-L(180)}{\Delta q}=60$

其中，L 的单位为元，q 的单位为台，所以 $\frac{\mathrm{d}L}{\mathrm{d}q}$ 的单位为元/台，$L'(180)=60$ 表明当销售

180 台电视机时，再销售一台电视机获 60 元的利润.

【例 3-5】 函数 $f(x)=|x|$ 在点 $x=0$ 处是否可导？

解 因为 $\lim\limits_{\Delta x\to 0}\dfrac{f(0+\Delta x)-f(0)}{\Delta x}=\lim\limits_{\Delta x\to 0}\dfrac{|\Delta x|}{\Delta x}$，考虑到 $|x|=\begin{cases}x, & x\geqslant 0\\ -x, & x<0\end{cases}$ 是分段函数，上述极限应分左右极限来求.

$$\lim_{\Delta x\to 0^-}\frac{f(0+\Delta x)-f(0)}{\Delta x}=\lim_{\Delta x\to 0^-}\frac{-\Delta x}{\Delta x}=-1$$

$$\lim_{\Delta x\to 0^+}\frac{f(0+\Delta x)-f(0)}{\Delta x}=\lim_{\Delta x\to 0^+}\frac{\Delta x}{\Delta x}=1$$

左、右极限不相等，所以 $f(x)$ 在点 $x=0$ 处极限不存在，因此 $f(x)=|x|$ 在 $x=0$ 处不可导.

为了方便，引入以下定义.

定义 3-2 若极限 $\lim\limits_{x\to x_0^-}\dfrac{f(x)-f(x_0)}{x-x_0}$、$\lim\limits_{x\to x_0^+}\dfrac{f(x)-f(x_0)}{x-x_0}$ 都存在，则将这两个极限分别称为函数 $f(x)$ 在 x_0 处的左导数和右导数，记为 $f'_-(x_0)$ 和 $f'_+(x_0)$，即

$$f'_-(x_0)=\lim_{x\to x_0^-}\frac{f(x)-f(x_0)}{x-x_0},\quad f'_+(x_0)=\lim_{x\to x_0^+}\frac{f(x)-f(x_0)}{x-x_0}$$

由极限存在的充分必要条件可直接得到下面的结论.

定理 3-1 函数 $y=f(x)$ 在点 x_0 处可导的充要条件是 $f'_-(x_0)$ 及 $f'_+(x_0)$ 存在且相等.

【例 3-6】 设函数 $f(x)=\begin{cases}x, & x<0\\ \sin x, & x\geqslant 0\end{cases}$，讨论 $f(x)$ 在点 $x=0$ 处的可导性.

解 易知 $f(x)$ 在点 $x=0$ 处连续，而

$$f'_+(0)=\lim_{x\to 0^+}\frac{f(x)-f(0)}{x}=\lim_{x\to 0^+}\frac{\sin x-0}{x}=1$$

$$f'_-(0)=\lim_{x\to 0^-}\frac{f(x)-f(0)}{x}=\lim_{x\to 0^-}\frac{x-0}{x}=1$$

由于 $f'_+(0)=f'_-(0)=1$，故 $f(x)$ 在点 $x=0$ 处可导，且 $f'(0)=1$.

三、导数的几何意义

由本节开头的问题可知，若函数 $f(x)$ 在 x_0 处可导，即 $f'(x_0)$ 存在，则曲线 $y=f(x)$ 在点 $(x_0, f(x_0))$ 处的切线就存在，且切线的斜率 $k=f'(x_0)$，这就是 $f'(x_0)$ 的几何意义.

由此可知，曲线 $y=f(x)$ 在点 $A(x_0, f(x_0))$ 处的切线方程可写成：

(1) 若 $f'(x_0)$ 存在，则切线方程为 $y-f(x_0)=f'(x_0)(x-x_0)$.

(2) 若 $f(x)$ 在点 x_0 处连续，但 $f'(x_0)=\infty$，则切线方程为 $x=x_0$.

【例 3-7】　求过点（2,0）且与曲线 $y=x^3$ 相切的直线方程.

解　注意到点（2,0）并不在曲线 $y=x^3$ 上，另设切点为 (x_0,y_0)，其中 $y_0=x_0^3$.

由导数的几何意义和［例 3-1］可知，所求切线的斜率为 $k=(x^3)'|_{x=x_0}=3x_0^2$，故所求切线方程为

$$y-x_0^3=3x_0^2(x-x_0)$$

又所求切线过点（2,0），所以有

$$-x_0^3=3x_0^2(2-x_0)$$

解得 $x_0=0$ 和 $x_0=3$，从而所求切线方程有两条：

$$y-0=0(x-0),\quad \text{即 } y=0$$

和

$$y-27=27(x-3),\quad \text{即 } 27x-y-54=0$$

四、可导与连续的关系

函数 $y=f(x)$ 在点 x_0 处可导，在几何上表示曲线在点 x_0 处有切线；而 $f(x)$ 在点 x_0 处连续，几何上表示 $f(x)$ 在点 $(x_0,f(x_0))$ 处不间断，由此可以直观想象到"若在点 x_0 处有切线，必在 x_0 处不间断".

定理 3-2　若 $y=f(x)$ 在点 x_0 处可导，则 $f(x)$ 在点 x_0 处必连续.

证明从略.

【例 3-8】　讨论函数 $f(x)=\begin{cases} x\sin\dfrac{1}{x}, & x\neq 0 \\ 0, & x=0 \end{cases}$，在点 $x=0$ 处的连续性和可导性.

解　因为 $\lim\limits_{x\to 0}f(x)=\lim\limits_{x\to 0}x\sin\dfrac{1}{x}=0=f(0)$，所以 $f(x)$ 在点 $x=0$ 处连续，但是

$$\lim_{x\to 0}\frac{f(x)-f(0)}{x-0}=\lim_{x\to 0}\frac{x\sin\dfrac{1}{x}-0}{x}=\lim_{x\to 0}\sin\frac{1}{x}$$

不存在，故 $f(x)$ 在点 $x=0$ 处不可导.

五、几个基本初等函数的导数

现在，可以按导数的定义计算函数的导数，但是这样做并不是一件轻松的事情，因为它要计算"$\dfrac{0}{0}$"型的极限. 从［例 3-3］中知道，计算 $f'(2)$、$f'(5)$ 实际上不需要反复使用导数的定义，只要知道公式 $f'(x)=3x^2$，然后令 $x=2$ 和 $x=5$ 即可. 因此，需要掌握一些简单的求导公式，特别是基本初等函数的导数公式.

【例 3-9】　求函数 $f(x)=C$ 的导数，其中 C 为常数.

解　$f'(x)=\lim\limits_{\Delta x\to 0}\dfrac{f(x+\Delta x)-f(x)}{\Delta x}=\lim\limits_{\Delta x\to 0}\dfrac{C-C}{\Delta x}=0$，即 $(C)'=0$. 通常说成：常数的导数等于 0.

【例 3-10】　设 $y=x^n$，n 为正整数，求 y'.

解
$$y'=\lim_{\Delta x\to 0}\frac{(x+\Delta x)^n-x^n}{\Delta x}$$
$$=\lim_{\Delta x\to 0}[nx^{n-1}+C_n^2x^{n-2}(\Delta x)+\cdots+(\Delta x)^{n-1}]$$
$$=nx^{n-1}$$

即
$$(x^n)'=nx^{n-1}$$

特别地，当 $n=1$ 时，有 $(x)'=1$.

更一般地，对于幂函数 $y=x^\mu(\mu\in R)$ 有 $(x^\mu)'=\mu x^{\mu-1}$，这就是幂函数的求导公式，其推导将在以后讨论.

【例 3-11】 设 $y=\sin x$，求 y'.

解
$$y'=\lim_{\Delta x\to 0}\frac{\sin(x+\Delta x)-\sin x}{\Delta x}$$
$$=\lim_{\Delta x\to 0}\frac{2\cos\dfrac{2x+\Delta x}{2}\sin\dfrac{\Delta x}{2}}{\Delta x}$$
$$=\lim_{\Delta x\to 0}\frac{2\dfrac{\Delta x}{2}\cos\dfrac{2x+\Delta x}{2}}{\Delta x}=\cos x$$

即
$$(\sin x)'=\cos x$$

【例 3-12】 设 $y=a^x(a>0,\ a\neq 1)$，求 y'.

解　注意到 $u\to 0$ 时，$e^u-1\sim u$，从而
$$y'=\lim_{\Delta x\to 0}\frac{a^{x+\Delta x}-a^x}{\Delta x}=\lim_{\Delta x\to 0}\frac{a^x(a^{\Delta x}-1)}{\Delta x}$$
$$=a^x\lim_{\Delta x\to 0}\frac{e^{\Delta x\ln a}-1}{\Delta x}=a^x\lim_{\Delta x\to 0}\frac{\Delta x\ln a}{\Delta x}=a^x\ln a$$

即
$$(a^x)'=a^x\ln a$$

特别地 $(e^x)'=e^x$.

【例 3-13】 设 $y=\log_a x(a>0,\ a\neq 1)$，求 y'.

解
$$y'=\lim_{\Delta x\to 0}\frac{\log_a(x+\Delta x)-\log_a x}{\Delta x}=\lim_{\Delta x\to 0}\frac{\log_a\left(1+\dfrac{\Delta x}{x}\right)}{\Delta x}$$
$$=\lim_{\Delta x\to 0}\frac{1}{x}\log_a\left(1+\frac{\Delta x}{x}\right)^{\frac{x}{\Delta x}}=\lim_{\Delta x\to 0}\frac{1}{x}\log_a e=\frac{1}{x\ln a}$$

即
$$(\log_a x)'=\frac{1}{x\ln a}$$

特别地 $(\ln x)'=\dfrac{1}{x}$.

习　题　3-1

1. 叙述函数可导和函数连续的关系，并举例说明之.

2. 函数 $y=f(x)$ 在点 x_0 处可导，则曲线 $y=f(x)$ 在点 x_0 处存在切线，若 $f'(x_0)$

不存在，是否意味着曲线在该点无切线呢？

3. 导数概念是函数变化率的精确描述，试问一个变速直线运动物体的位移相对于时间的变化率有何物理意义？

4. 根据导数定义求下列函数的导数.

（1）$y=\frac{1}{x}$.

（2）$y=2^x$.

（3）$y=\cos x$.

5. 利用幂函数求导公式，求下列函数的导数.

（1）$y=\frac{1}{x^8}$.

（2）$y=x^2\sqrt{x}$.

（3）$y=x\sqrt{x\sqrt{x}}$.

6. 讨论函数 $y=\sqrt[3]{x}$ 在点 $x=0$ 处的连续性和可导性.

7. 设函数 $f(x)=\begin{cases} ax+b, & x\geqslant 0 \\ \frac{1-\sqrt{1-x}}{x}, & x<0 \end{cases}$，求 a 和 b 的值，使 $y=f(x)$ 在 $x=0$ 处可导.

8. 设函数 $y=f(x)$ 在点 x_0 处可导，且 $f'(x_0)=a$，求极限 $\lim\limits_{\Delta x\to 0}\frac{f(x_0-2\Delta x)-f(x_0)}{\Delta x}$.

9. 物体做直线运动时，在 t（单位：s）时刻的位置函数为 $s=4t^2+2$（单位：m），求：

（1）物体在 3～6s 时间段的平均速度.

（2）物体在 3s 时的瞬时速度. [提示：3s 时的瞬时速度就是（3～3+Δts）时平均速度在 $\Delta t\to 0$ 时的极限值]

10. 求抛物线 $y=x^2$ 上点（1,1）处的切线方程和法线方程（曲线的法线是指过曲线上一点且垂直于该点切线的直线）.

11. 向湖里扔石头，会激起层层圆形的涟漪. 假设最外圈波纹的半径以 2m/s 的速度向外传递，求 5s 末形成的波纹面积的变化率.

第二节　导数的计算

使用导数的定义计算一个函数的导数往往是比较困难的，为能求出更多函数的导数，研究一些导数的计算方法是十分必要的.

一、导数的四则运算法则

导数是一种特定数学结构的极限，利用极限的四则运算性质，可以研究几个函数经过加、减、乘、除运算后所得到的函数的导数.

定理 3-3　设函数 $u=u(x)$、$v=v(x)$ 在点 x 处可导，k_1、k_2 为常数，则下列各等

式成立：

(1) $[k_1u(x)\pm k_2v(x)]'=k_1u'(x)\pm k_2v'(x)$.

(2) $[u(x)v(x)]'=u'(x)v(x)+u(x)v'(x)$.

(3) $\left[\dfrac{u(x)}{v(x)}\right]'=\dfrac{u'(x)v(x)-u(x)v'(x)}{v^2(x)}$，$v(x)\neq 0$.

证明：仅以（3）为例进行证明．记 $g(x)=\dfrac{u(x)}{v(x)}$，且 $v(x)\neq 0$，则

$$\begin{aligned}
g'(x)&=\lim_{\Delta x\to 0}\frac{1}{\Delta x}\left[\frac{u(x+\Delta x)}{v(x+\Delta x)}-\frac{u(x)}{v(x)}\right]\\
&=\lim_{\Delta x\to 0}\frac{1}{v(x)v(x+\Delta x)}\left[\frac{u(x+\Delta x)-u(x)}{\Delta x}v(x)-u(x)\frac{v(x+\Delta x)-v(x)}{\Delta x}\right]\\
&=\lim_{\Delta x\to 0}\frac{1}{v(x)v(x+\Delta x)}\left[v(x)\lim_{\Delta x\to 0}\frac{u(x+\Delta x)-u(x)}{\Delta x}-u(x)\lim_{\Delta x\to 0}\frac{v(x+\Delta x)-v(x)}{\Delta x}\right]\\
&=\frac{u'(x)v(x)-u(x)v'(x)}{v^2(x)}
\end{aligned}$$

定理 3-3 中的（1）式和（2）式均可推广至有限多个函数的情形．

【例 3-14】 设 $f(x)=2x^3+\cos x-\ln x+6$，求 $f'(x)$.

解

$$\begin{aligned}
f'(x)&=(2x^3)'+(\sin x)'-(\ln x)'+6'\\
&=6x^2+\cos x-\frac{1}{x}
\end{aligned}$$

【例 3-15】 设 $y=\tan x$，求 y'.

解

$$\begin{aligned}
y'&=(\tan x)'=\left(\frac{\sin x}{\cos x}\right)'\\
&=\frac{(\sin x)'\cos x-\sin x(\cos x)'}{\cos^2 x}\\
&=\frac{\cos^2 x+\sin^2 x}{\cos^2 x}=\frac{1}{\cos^2 x}
\end{aligned}$$

即

$$(\tan x)'=\frac{1}{\cos^2 x}=\sec^2 x=1+\tan^2 x$$

类似地，可得

$$(\cot x)'=-\frac{1}{\sin^2 x}=-\csc^2 x=-(1+\cot^2 x)$$

$$(\sec x)'=\sec x\tan x，(\csc x)'=-\csc x\cot x$$

【例 3-16】 电信公司想要估计下个月将要安装的住宅电话新线路的数量．1 月初，公司有 100000 个用户，平均每个用户已经拥有 1.2 条电话线路．公司估计他的客户每月的增长率为 1000，通过对已有的用户进行民意调查，发现平均每个用户想要在一月底再安装 0.01 条新线路．通过计算在月初电话线路的增长，预计一下，在 1 月该公司将为用户安装新线路的数量．

解　设 $s(t)$ 为该公司的用户数量，$n(t)$ 为在 t 时刻每个用户拥有电话线路的数量，其中 t 是可测量的，且在每个月的开始，$t=0$，则总的电话线路数量为

$$L(t)=s(t)n(t)$$

需要求的是 $L'(0)$．根据求导法则，有

$$L'(t)=[s(t)n(t)]'=s'(t)n(t)+s(t)n'(t)$$

根据题意

$$s(0)=100000,\quad n(0)=1.2$$

相应的增长率

$$s'(0)=1000,\quad n'(0)=0.01$$

因此

$$\begin{aligned}L'(0)&=s'(0)n(0)+s(0)n'(0)\\&=1000\times1.2+100000\times0.01=2200\end{aligned}$$

该公司在 1 月将要安装约 2200 条新电话线路.

二、复合函数求导法则

【问题】"$(\sin2x)'=\cos2x$"，对吗？

由前面已知 $(\sin x)'=\cos x$，那么对于复合函数 $\sin2x$ 的导数能否直接将公式中的"x"换成"$2x$"呢？根据导数的四则运算，马上知道这是不正确的. 因为

$$(\sin2x)'=(2\sin x\cos x)'=2[(\sin x)'\cos x+\sin x(\cos x)']=2\cos2x$$

问题出在哪？事实上，在作替换时并没有替换完全. 搞清这个问题，需要掌握复合函数的求导法则.

定理 3-4(链导法则)　若 $u=\varphi(x)$ 在点 x 处可导，而 $y=f(u)$ 在相应点 $u=\varphi(x)$ 处可导，则复合函数 $y=f[\varphi(x)]$ 在点 x 处可导，且$\frac{\mathrm{d}y}{\mathrm{d}x}=\frac{\mathrm{d}y}{\mathrm{d}u}\frac{\mathrm{d}u}{\mathrm{d}x}$，或记为 $\{f[\varphi(x)]\}'=f'(u)\cdot\varphi'(x)$.

【例 3-17】　设 $f(x)=x^{\mu}(\mu\in R,x>0)$，求 $f'(x)$.

解　由于 $x^{\mu}=\mathrm{e}^{\mu\ln x}$，$x>0$. 令 $u=\mu\ln x$，则 x^{μ} 系由 $y=\mathrm{e}^{u}$ 及 $u=\mu\ln x$ 复合而成.

$$f'(x)=\frac{\mathrm{d}y}{\mathrm{d}u}\cdot\frac{\mathrm{d}u}{\mathrm{d}x}=\frac{\mathrm{d}(\mathrm{e}^{u})}{\mathrm{d}u}\cdot\frac{\mathrm{d}(u\ln x)}{\mathrm{d}x}=\mathrm{e}^{u}\mu\ \frac{1}{x}=\frac{\mu}{x}\mathrm{e}^{\mu\ln x}=\mu x^{\mu-1}$$

即得幂函数求导公式：$(x^{\mu})'=\mu x^{\mu-1}$，$\mu\in R$，$x>0$.

【例 3-18】　设 $y=\mathrm{e}^{\sin x}$，求 y'.

解　令 $u=\sin x$，则 $y=\mathrm{e}^{u}$，从而

$$\begin{aligned}\frac{\mathrm{d}y}{\mathrm{d}x}&=\frac{\mathrm{d}y}{\mathrm{d}u}\frac{\mathrm{d}u}{\mathrm{d}x}=\frac{\mathrm{d}(\mathrm{e}^{u})}{\mathrm{d}u}\frac{\mathrm{d}(\sin x)}{\mathrm{d}x}\\&=\mathrm{e}^{u}(\cos x)=\mathrm{e}^{\sin x}\cos x\end{aligned}$$

即

$$(\mathrm{e}^{\sin x})'=\mathrm{e}^{\sin x}\cos x$$

对复合函数的分解熟练后，就不必再写出中间变量，而可按下列各题的方式进行求导.

【例 3-19】　设 $y=\sin\frac{1}{x}$，求 y'.

解

$$y'=\cos\frac{1}{x}\left(\frac{1}{x}\right)'=-\frac{1}{x^{2}}\cos\frac{1}{x}$$

【例 3-20】 设 $y=\sqrt{\sin e^{x^2}}$，求 y'.

解
$$y'=(\sqrt{\sin e^{x^2}})'=\frac{1}{2\sqrt{\sin e^{x^2}}}(\sin e^{x^2})'$$
$$=\frac{1}{2\sqrt{\sin e^{x^2}}}\cos e^{x^2}(e^{x^2})'$$
$$=\frac{1}{2\sqrt{\sin e^{x^2}}}\cos e^{x^2}e^{x^2}(x^2)'$$
$$=\frac{1}{2\sqrt{\sin e^{x^2}}}\cos e^{x^2}e^{x^2}\cdot 2x$$
$$=\frac{xe^{x^2}\cos e^{x^2}}{\sqrt{\sin e^{x^2}}}$$

【例 3-21】 设 $y=\ln(x+\sqrt{1+x^2})$，求 y'.

解
$$y'=[\ln(x+\sqrt{1+x^2})]'=\frac{1}{x+\sqrt{1+x^2}}(x+\sqrt{1+x^2})'$$
$$=\frac{1}{x+\sqrt{1+x^2}}\left[1+\frac{(1+x^2)'}{2\sqrt{1+x^2}}\right]=\frac{1}{x+\sqrt{1+x^2}}\left(1+\frac{x}{\sqrt{1+x^2}}\right)$$
$$=\frac{1}{\sqrt{1+x^2}}$$

三、反函数求导法则

定理 3-5 设函数 $y=f(x)$ 与 $x=\varphi(y)$ 互为反函数，$f(x)$ 在点 x 处可导，$\varphi(y)$ 在相应点 y 处可导，且 $\frac{dx}{dy}=\varphi'(y)\neq 0$，则

$$\frac{dy}{dx}=\frac{1}{\frac{dx}{dy}}$$

或
$$f'(x)=\frac{1}{\varphi'(y)}$$

简单地说，反函数的导数是其直接函数的导数的倒数.

【例 3-22】 设 $y=\arcsin x$，求 y'.

解 $y=\arcsin x$ 的反函数为 $x=\sin y$，$y\in\left[-\frac{\pi}{2},\frac{\pi}{2}\right]$，由定理 3-5，则

$$y'=\frac{dy}{dx}=\frac{1}{\frac{dx}{dy}}=\frac{1}{(\sin y)'_y}=\frac{1}{\cos y}=\frac{1}{\sqrt{1-\sin^2 y}}=\frac{1}{\sqrt{1-x^2}}$$

这里记号 $(\sin y)'_y$ 表示求导是对变量 y 进行的.

即
$$(\arcsin x)'=\frac{1}{\sqrt{1-x^2}}$$

同理可得　$(\arccos x)'=-\frac{1}{\sqrt{1-x^2}}$，$(\arctan x)'=\frac{1}{1+x^2}$，$(\text{arccot}\,x)'=-\frac{1}{1+x^2}$

至此，已经求出了所有基本初等函数的导数．由于它们在初等函数求导运算中起着重要的作用，因此被称为求导公式．利用这些求导公式，再加上导数的四则运算法则、复合函数求导法则，就可以求出所有用显函数形式表示的初等函数的导数了．

现将求导公式归纳在表 3-1 中．

表 3-1　　基本初等函数求导公式

$(C)'=0$	$(a^x)'=a^x\ln a$	$(\tan x)'=\sec^2 x$	$(\arcsin x)'=\frac{1}{\sqrt{1-x^2}}$
$(x^\mu)'=\mu x^{\mu-1}$	$(e^x)'=e^x$	$(\cot x)'=-\csc^2 x$	$(\arccos x)'=-\frac{1}{\sqrt{1-x^2}}$
$(\sin x)'=\cos x$	$(\log_a x)'=\frac{1}{x\ln a}$	$(\sec x)'=\sec x\tan x$	$(\arctan x)'=\frac{1}{1+x^2}$
$(\cos x)'=-\sin x$	$(\ln x)'=\frac{1}{x}$	$(\csc x)'=-\csc x\cot x$	$(\text{arccot}\,x)'=-\frac{1}{1+x^2}$

四、3 种求导方法

利用复合函数的求导法则，可以推出几类特殊函数的求导方法．

1．隐函数求导法

若方程 $F(x,y)=0$ 确定了隐函数 $y=y(x)$，则将它代入方程中，得

$$F[x,y(x)]\equiv 0$$

将上式两边同时对 x 求导，并注意运用复合函数求导法则，就可以求出 $y'(x)$．

【例 3-23】　求方程 $y=\cos(x+y)$ 所确定的隐函数 $y=y(x)$ 的导数．

解　将方程两边同时对 x 求导，注意 y 是 x 的函数，得

$$y'=-\sin(x+y)(1+y')$$

即
$$y'=\frac{-\sin(x+y)}{1+\sin(x+y)},\quad 1+\sin(x+y)\neq 0$$

【例 3-24】　求由方程 $e^y+xy-e^{-x}=0$ 所确定的隐函数 $y=y(x)$ 的导数．

解　将方程两边同时对 x 求导，得

$$e^y y'+y+xy'+e^{-x}=0$$

故
$$y'=-\frac{y+e^{-x}}{x+e^y},\quad x+e^y\neq 0$$

2．对数求导法

形如 $y=u(x)^{v(x)}\,[u(x)>0]$ 的函数，称为幂指函数．对于这类函数的求导运算，既不能看成幂函数求导，也不能看成指数函数求导，解决这类函数需要用到对数求导方法．在 $y=u(x)^{v(x)}$ 两边同时取自然对数：$\ln y=v(x)\ln u(x)$，转化为隐函数求导．

【例 3-25】　$y=x^{\sin x}(x>0)$，求 y'．

解　两边取对数得 $\ln y=\sin x\ln x$，再两边对 x 求导，得

$$\frac{1}{y}y'=\cos x\ln x+\sin x\,\frac{1}{x}$$

即
$$y'=x^{\sin x}\left(\cos x\ln x+\sin x\,\frac{1}{x}\right)$$

另外，由几个因子经过乘、除、乘方和开方运算所构成的比较复杂的函数，也可采用对数求导法来简化求导运算.

【例 3-26】 设 $y=\dfrac{(x-\sin x)\sqrt{x^2+x}}{e^x\sqrt{x-1}}$，求 y'.

解 两边取对数得 $\ln y=\ln(x-\sin x)+\dfrac{1}{2}\ln(x^2+x)-x-\dfrac{1}{2}\ln(x-1)$，再将两边同时对 x 求导得

$$\frac{1}{y}y'=\frac{1}{x-\sin x}(1-\cos x)+\frac{2x+1}{2(x^2+x)}-1-\frac{1}{2(x-1)}$$

即

$$y'=\frac{(x-\sin x)\sqrt{x^2+x}}{e^x\sqrt{x-1}}\left[\frac{1-\cos x}{x-\sin x}+\frac{2x+1}{2(x^2+x)}-\frac{1}{2(x-1)}-1\right]$$

3. *参数方程求导方法*

设有参数方程

$$\begin{cases}x=\varphi(t)\\ y=\psi(t)\end{cases},\quad t\in(\alpha,\beta)$$

对于参数 t 的每一个值，x 和 y 各有一个值与之对应. 给定 t 的一个值，x 和 y 两变量之间就构成了一一对应关系. 把 x 看成自变量，这样就可以确定 x 和 y 的函数关系 $y=f(x)$.

设 $t=\varphi^{-1}(x)$ 为 $x=\varphi(t)$ 的反函数，在 $t\in(\alpha,\beta)$ 时，函数 $x=\varphi(t)$，$y=\psi(t)$ 均可导，这时由复合函数求导法则和反函数求导法则，有

$$\frac{dy}{dx}=\{\psi[\varphi^{-1}(x)]\}'=\psi'[\varphi^{-1}(x)][\varphi^{-1}(x)]'$$

$$=\psi'[\varphi^{-1}(x)]\frac{1}{\varphi'(t)}=\frac{\psi'(t)}{\varphi'(t)},\quad \varphi'(t)\neq 0$$

于是由参数方程所确定的函数 $y=f(x)$ 的导数为

$$\frac{dy}{dx}=\frac{\frac{dy}{dt}}{\frac{dx}{dt}}=\frac{\psi'(t)}{\varphi'(t)},\quad \varphi'(t)\neq 0$$

【例 3-27】 设参数方程 $\begin{cases}x=a\cos^3 t\\ y=a\sin^3 t\end{cases}$，$a$ 为常数，求 $\dfrac{dy}{dx}$.

解 $\dfrac{dy}{dx}=\dfrac{(a\sin^3 t)'_t}{(a\cos^3 t)'_t}=\dfrac{3a\sin^2 t\cos t}{3a\cos^2 t(-\sin t)}=-\tan t$ （$t\neq\dfrac{n\pi}{2}$，n 为整数）.

【例 3-28】 求椭圆 $\begin{cases}x=a\cos t\\ y=b\sin t\end{cases}$，在 $t=\dfrac{\pi}{4}$ 处的切线方程和法线方程.

解 $\dfrac{dy}{dx}=\dfrac{(b\sin t)'}{(a\cos t)'}=-\dfrac{b}{a}\cot t$，所以在椭圆上对应于 $t=\dfrac{\pi}{4}$ 的点 $\left(\dfrac{a}{\sqrt{2}},\dfrac{b}{\sqrt{2}}\right)$ 处的切线和法线的斜率为

$$k_{切}=\left.\frac{dy}{dx}\right|_{t=\frac{\pi}{4}}=-\frac{b}{a}\cot\frac{\pi}{4}=-\frac{b}{a}；k_{法}=\frac{a}{b}$$

因此，切线方程和法线方程分别为

$$bx+ay-\sqrt{2}ab=0 \text{ 和 } ax-by-\frac{\sqrt{2}}{2}(a^2-b^2)=0$$

五、高阶导数

1．高阶导数的概念

定义 3-3　若函数 $y=f(x)$ 在 $U(x)$ 内可导，其导函数为 $f'(x)$，且极限

$$\lim_{\Delta x\to 0}\frac{f'(x+\Delta x)-f'(x)}{\Delta x}$$

存在，则称该极限值为函数 $f(x)$ 在点 x 处的二阶导数，记为 $f''(x)$，$\frac{\mathrm{d}^2y}{\mathrm{d}x^2}$或 y''等.

函数 $y=f(x)$ 的二阶导数 $f''(x)$ 仍是 x 的函数，如果它可导，则 $f''(x)$ 的导数称为函数 $f(x)$ 的三阶导数，记为 $f'''(x)$、$\frac{\mathrm{d}^3y}{\mathrm{d}x^3}$、$y'''$等.

一般说来，函数 $y=f(x)$ 的 $n-1$ 阶导数仍是 x 的函数，如果它可导，则它的导数称为函数 $f(x)$ 的 n 阶导数，记为 $f^{(n)}(x)$、$\frac{\mathrm{d}^ny}{\mathrm{d}x^n}$、$y^{(n)}$ 等. 通常四阶和四阶以上的导数都采用这套记号.

二阶及二阶以上的导数统称为高阶导数.

2．高阶导数的计算

求一个函数的高阶导数，原则上是没有什么困难的，只需按照一阶求导数的方法，连续求导 n 次，即得到 n 阶导数.

【例 3-29】　设 $y=x^n$，n 为正整数，求它的各阶导数.

解

$$y'=(x^n)'=nx^{n-1}$$
$$y''=(nx^{n-1})'=n(n-1)x^{n-2}$$
$$\cdots$$
$$y^{(k)}=n(n-1)\cdots(n-k+1)x^{n-k}\ (k<n)$$
$$\cdots$$
$$y^{(n)}=n(n-1)\times\cdots\times 3\times 2\times 1=n!$$
$$y^{(n+1)}=[y^{(n)}]'=(n!)'=0$$

显然，$y=x^n$ 的 $n+1$ 阶以上的各阶导数均为 0.

【例 3-30】　设 $y=\sin x$，求它的 n 阶导数 $y^{(n)}$.

解

$$y'=\cos x=\sin\left(x+\frac{\pi}{2}\right)$$

$$y''=(y')'=\cos\left(x+\frac{\pi}{2}\right)=\sin\left(x+2\times\frac{\pi}{2}\right)$$

$$y'''=(y'')'=\cos\left(x+2\times\frac{\pi}{2}\right)=\sin\left(x+3\times\frac{\pi}{2}\right)$$

$$\cdots$$

$$(\sin x)^{(n)}=\sin\left(x+\frac{n}{2}\pi\right),\quad n=1,2,\cdots$$

类似地可得 $$(\cos x)^{(n)}=\cos\left(x+\frac{n}{2}\pi\right),\quad n=1,2,\cdots$$

【例 3-31】 设 $y=\ln(1+x)$，求 $y^{(n)}$.

解
$$y'=\frac{1}{1+x}$$
$$y''=(y')'=\left(\frac{1}{1+x}\right)'=-\frac{1}{(1+x)^2}$$
$$y'''=(y'')'=\left[-\frac{1}{(1+x)^2}\right]'=\frac{2}{(1+x)^3}$$
$$\cdots$$
$$y^{(n)}=(-1)^{n-1}\frac{(n-1)!}{(1+x)^n},\quad n=1,2,\cdots$$

【例 3-32】 已知 $\begin{cases}x=a\cos^3 t\\ y=b\sin^3 t\end{cases}$，求 $\frac{d^2y}{dx^2}$.

解 先求一阶导数
$$\frac{dy}{dx}=\frac{(b\sin^3 t)'}{(a\cos^3 t)'}=\frac{3b\sin^2 t\cos t}{3a\cos^2 t(-\sin t)}=-\frac{b}{a}\tan t$$

再求 $\frac{d^2y}{dx^2}$，注意
$$\frac{dy}{dx}=-\frac{b}{a}\tan t,\ x=a\cos^3 t$$
仍是参数方程，所以仍须用参数方程求导法，从而
$$\frac{d^2y}{dx^2}=\frac{d\left(\frac{dy}{dx}\right)}{dx}=\frac{d\left(-\frac{b}{a}\tan t\right)}{dx}=\frac{d\left(-\frac{b}{a}\tan t\right)}{dt}\frac{dt}{dx}=\frac{d\left(-\frac{b}{a}\tan t\right)}{dt}\frac{1}{\frac{dx}{dt}}$$
$$=-\frac{b}{a}\sec^2 t\,\frac{1}{3a\cos^2 t(-\sin t)}=\frac{b}{3a^2}\sec^4 t\csc t$$

【例 3-33】 设 $e^{x+y}-xy=1$，求 $y''(0)$.

解 方程两边对 x 求导，得
$$(1+y')e^{x+y}-y-xy'=0$$
上式两边再对 x 求导，得
$$(1+y')^2e^{x+y}+y''e^{x+y}-2y'-xy''=0$$
令 $x=0$，可依次得 $y(0)=0$，$y'(0)=-1$，将它们代入上式得
$$y''(0)=-2$$

习 题 3-2

1. 已知函数 $y=a^x$ 的导数为 $y'=a^x\ln a$，请依据反函数求导法则求 $y=\log_a x$ 的导数.
2. 试求函数 $y=x^x$ 的导数.
3. 利用导数的四则运算法则求下列函数的导数.

(1) $y=(x-1)(x^2+2x)$.

(2) $y=\frac{1}{1+x^2}$.

(3) $y=\frac{2}{\tan x}$.

(4) $y=\frac{x\sin x}{1+\tan x}$.

4. 利用复合函数求导法则求下列函数的导数.

(1) $y=3^{\sin x}$.

(2) $y=\ln(1+2x)$.

(3) $y=\arctan\sqrt{x}$.

(4) $y=\sin^2 x$.

(5) $y=e^{\sin 2x}$.

(6) $y=\sin\sqrt{x^2+1}$.

5. 求下列隐函数的导数.

(1) $y^5+3y-2x^2=0$.

(2) $e^x+e^y-\ln y=3$.

(3) $e^y-y^2-3x=2$.

(4) $y^2-2xy+9=0$.

(5) $xy=x^2-y^3$.

(6) $y=xe^y+1$.

6. 利用对数求导法求下列函数的导数.

(1) $y=(2x-1)(3x-2)^2(4x-3)^3$.

(2) $y=(x^2+1)(x+2)^2$.

(3) $y=\frac{(x+1)\sqrt{x}}{(x+2)^2}$.

(4) $y=x\sqrt{\frac{x^3-1}{x+2}}$.

(5) $y=x^{\sin x}$.

(6) $y=(\sin x)^x$.

7. 设 $f(x)$ 可导，求函数 $y=f(x^2)$ 的导数$\frac{dy}{dx}$.

8. 设 $y=x^{\frac{1}{x}}$，求 $y'(1)$.

9. 求由方程 $ye^x+\ln y=1$ 所确定的隐函数 $y=y(x)$ 的一阶导数$\frac{dy}{dx}$.

10. 设$\begin{cases}x=3e^{-t}\\y=2e^t\end{cases}$，求$\frac{dy}{dx}$.

11. 求下列各函数的二阶导数.

(1) $y=e^{2x+1}$.

(2) $y=\sin(3-2x)$.

(3) $y=x\ln x$.

(4) $y=xe^{x}$.

(5) $x^{2}=xy+1$.

(6) $y=x-y^{2}$.

12. 求曲线 $y=x+e^{x}$ 上点 (0,1) 处的切线方程.

13. 以初速度 v_0、发射角 α 发射炮弹，不计空气阻力，其运动方程为

$$\begin{cases}x=v_0 t\cos\alpha \\ y=v_0 t\sin\alpha-\dfrac{1}{2}gt^{2}\end{cases}$$

求炮弹在时刻 t 的速度大小和方向.

第三节　微分的概念及其应用

在用函数解决实际问题时，常常要估算函数的增量，微分就是函数增量的一个“很好”的近似.

一、微分的概念

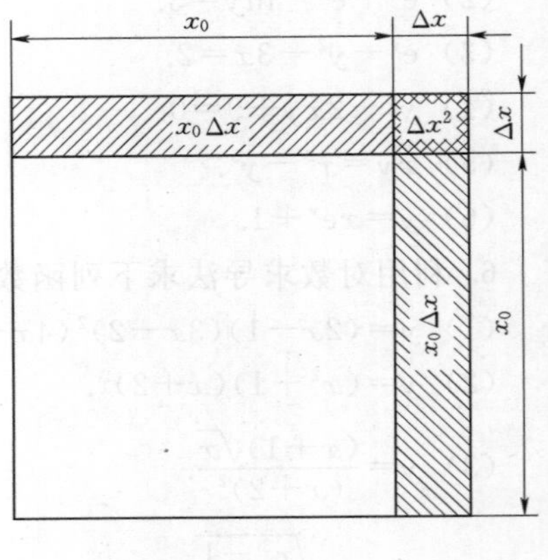

图 3-2

【例 3-34】 面积的改变量. 假设正方形金属薄片受热后边长由 x_0 变到 $x_0+\Delta x$，如图 3-2 所示，问金属片面积的改变量是多少?

分析 金属薄片的原面积为 $S=x_0^{2}$，当金属薄片受热后边长由 x_0 变到 $x_0+\Delta x$ 时，面积的改变量为

$$\Delta S=(x_0+\Delta x)^{2}-x_0^{2}=2x_0\Delta x+(\Delta x)^{2}$$

从图 3-2 中可以看出，面积的改变量 ΔS（斜线部分）可以用 $2x_0\Delta x$（图中单斜线部分）近似代替，即在计算函数 $S=x^{2}$ 在 x_0 处的改变量时，可以用 $2x_0\Delta x$ 近似计算.

【例 3-35】 铬的用量问题. 现有一批大小相同的钢珠，需要在其表面镀上一层厚度一样的铬. 试问大概要准备多少铬?

分析 显然，铬的用量和体积有关，只要估算出一个钢珠镀铬后的体积的增量，这批钢珠大概的铬用量也就清楚了. 设这批钢珠的半径均为 r_0，在其表面镀上厚度为 Δr 的铬，其体积增量为

$$\Delta V=\frac{4}{3}\pi(r_0+\Delta r)^{3}-\frac{4}{3}\pi r_0^{3}=4\pi r_0^{2}\Delta r+4\pi r_0(\Delta r)^{2}+\frac{4}{3}\pi(\Delta r)^{3}$$

注意到是估算，允许有误差. 而 Δr 是一个很小的数，那么 $(\Delta r)^{2}$ 和 $(\Delta r)^{3}$ 就更小了. 所以估算 ΔV 时，就用“$4\pi r_0^{2}\Delta r$”来估计，其余的部分将其忽略.

以上两个问题，从数学上看就是：已知 $y=f(x)$，给定增量 Δx，用线性函数“$A\Delta x$”近似代替“Δy”，而误差是 Δx 的高次方的幂. 现在的问题是：是否任何函数都可以这样

做；如果不是，什么样的函数可以这样做呢？回答这个问题，需要了解微分的概念.

定义 3-4　设函数 $y=f(x)$ 在 $U(x_0)$ 内有定义，若函数的增量 $\Delta y=f(x_0+\Delta x)-f(x_0)$ 可表示为 $\Delta y=A\Delta x+o(\Delta x)$，其中 A 是与 Δx 无关的常数，$\Delta x=x-x_0$，$o(\Delta x)$ 是 Δx 的高阶无穷小（当 $\Delta x\to 0$ 时），则称函数 $y=f(x)$ 在点 x_0 处可微，$A\Delta x$ 称为 $y=f(x)$ 在 x_0 处的微分，记为 $\mathrm{d}y|_{x=x_0}$，即 $\mathrm{d}y|_{x=x_0}=A\Delta x$.

其中 $\mathrm{d}y|_{x=x_0}=A\Delta x$ 是函数增量的主要部分，又是 Δx 的线性函数，故称为 Δy 的线性主部.

因此，对于函数 $V=\frac{4}{3}\pi r^3$，由于

$$\Delta V=\frac{4}{3}\pi(r_0+\Delta r)^3-\frac{4}{3}\pi r_0^3=4\pi r_0^2\Delta r+4\pi r_0(\Delta r)^2+\frac{4}{3}\pi(\Delta r)^3$$

完全符合微分的定义，所以 $V=\frac{4}{3}\pi r^3$ 在点 r_0 处可微，且 $\mathrm{d}V|_{r=r_0}=4\pi r_0^2\Delta r$，$A=4\pi r_0^2$.

从定义可以看出，函数的微分是与 Δy 和 Δx 有关的概念，而函数的导数也是与 Δy 和 Δx 有关的概念，那么，微分与导数又有什么关系呢？

二、微分与导数的关系

定义中 $\Delta y=A\Delta x+o(\Delta x)$ 等价于

$$\lim_{x\to x_0}\frac{f(x)-f(x_0)-A(x-x_0)}{x-x_0}=\lim_{x\to x_0}\left[\frac{f(x)-f(x_0)}{x-x_0}-A\right]=0$$

即

$$\lim_{x\to x_0}\frac{f(x)-f(x_0)}{x-x_0}=A$$

又

$$\lim_{x\to x_0}\frac{f(x)-f(x_0)}{x-x_0}=f'(x_0)$$

所以

$$A=f'(x_0)$$

于是，有以下定理.

定理 3-6（可微与可导的关系）　函数 $y=f(x)$ 在点 x_0 处可微的充要条件是函数 $y=f(x)$ 在点 x_0 处可导，且 $\mathrm{d}y=f'(x_0)\Delta x$.

该定理说明，函数的可微性与可导性是等价的.

由于函数 $y=f(x)$ 在点 x_0 处可导，则必在点 x_0 处连续，因此有以下定理.

定理 3-7（可微与连续的关系）　函数 $y=f(x)$ 在点 x_0 处可微，则 $f(x)$ 必在点 x_0 处连续.

函数 $y=f(x)$ 在任意点 x 的微分，称为函数的微分，记为 $\mathrm{d}y=f'(x)\Delta x$.

【例 3-36】　设 $y=x$，求 $\mathrm{d}y$.

解　因为 $y'=(x)'=1$，所以 $\mathrm{d}y=1\times\Delta x=\Delta x$.

为方便起见，规定自变量的增量称为自变量的微分，记为 $\mathrm{d}x=\Delta x$. 于是有

$$\mathrm{d}y=f'(x)\Delta x=f'(x)\mathrm{d}x$$

在上式的两端同除以 $\mathrm{d}x$，得

$$\frac{\mathrm{d}y}{\mathrm{d}x}=f'(x)$$

也就是说，函数的微分除以自变量的微分等于函数的导数，因此导数也称为“微商”，以后也不必将求导符号$\frac{\mathrm{d}y}{\mathrm{d}x}$看成整体记号，可以看成分式了.

【例 3-37】 求当 $x=\frac{\pi}{4}$，$\Delta x=0.1$ 时 $y=\sin x$ 的微分.

解

$$\mathrm{d}y=(\sin x)'\mathrm{d}x=\cos x\mathrm{d}x$$

当 $x=\frac{\pi}{4}$，$\Delta x=0.1$，有

$$\mathrm{d}y=\cos\frac{\pi}{4}\times 0.1=\frac{0.1}{\sqrt{2}}\approx 0.0707$$

三、微分的几何意义

在几何上，$y=f(x)$ 在点 x_0 处的微分 $\mathrm{d}y=f'(x_0)\mathrm{d}x$，表示曲线 $y=f(x)$ 在点 $M(x_0,f(x_0))$ 处切线 MT 的纵坐标上相应于 Δx 的改变量 PQ，如图 3-3 所示，因此 $\mathrm{d}y=\Delta x\tan\alpha$.

四、微分法则和基本微分公式

1. 函数四则运算的微分

设 $u=u(x)$、$v=v(x)$ 在点 x 处均可微，则有

$$\mathrm{d}(Cu)=C\mathrm{d}u\,(C\text{ 为常数})$$

$$\mathrm{d}(u+v)=\mathrm{d}u+\mathrm{d}v$$

$$\mathrm{d}(uv)=u\mathrm{d}v+v\mathrm{d}u$$

$$\mathrm{d}\left(\frac{u}{v}\right)=\frac{v\mathrm{d}u-u\mathrm{d}v}{v^2},\quad v\neq 0$$

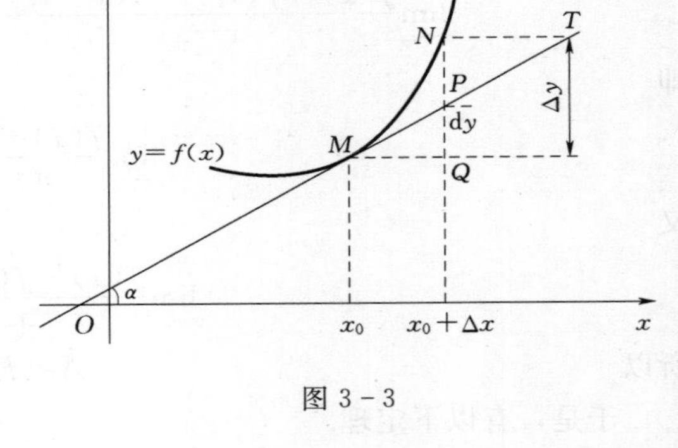

图 3-3

这些公式由微分的定义及相应的求导公式立即可证得.

2. 复合函数的微分

若 $y=f(u)$ 及 $u=\varphi(x)$ 均可导，则复合函数 $y=f[\varphi(x)]$对 x 的微分为

$$\mathrm{d}y=f'(u)\varphi'(x)\mathrm{d}x$$

注意到 $\mathrm{d}u=\varphi'(x)\mathrm{d}x$，则函数 $y=f(u)$ 对 u 的微分为

$$\mathrm{d}y=f'(u)\mathrm{d}u$$

由比较可知，无论 u 是自变量还是另一个变量的可微函数，微分形式 $\mathrm{d}y=f'(u)\mathrm{d}u$ 保持不变. 此性质称为一阶微分的形式不变性.

【例 3-38】 设 $y=\sqrt{a^2+x^2}$，利用微分形式不变性求 $\mathrm{d}y$.

解　记 $u=a^2+x^2$，则 $y=\sqrt{u}$，于是

$$dy=y'_u du=\frac{1}{2\sqrt{u}}du$$

又
$$du=u'_x dx=2x dx$$

故
$$dy=\frac{1}{2\sqrt{a^2+x^2}}\cdot 2x dx=\frac{x}{\sqrt{a^2+x^2}}dx$$

为了读者使用的方便，将一些基本初等函数的导数和微分对应列于表 3-2 中.

表 3-2

导 数 公 式	微 分 公 式
$(C)'=0$	$d(C)=0$
$(x^\mu)'=\mu x^{\mu-1}$	$d(x^\mu)=\mu x^{\mu-1}dx$
$(\sin x)'=\cos x$	$d(\sin x)=\cos x dx$
$(\cos x)'=-\sin x$	$d(\cos x)=-\sin x dx$
$(\tan x)'=\sec^2 x$	$d(\tan x)=\sec^2 x dx$
$(\cot x)'=-\csc^2 x$	$d(\cot x)=-\csc^2 x dx$
$(\sec x)'=\sec x\tan x$	$d(\sec x)=\sec x\tan x dx$
$(\csc x)'=-\csc x\cot x$	$d(\csc x)=-\csc x\cot x dx$
$(a^x)'=a^x\ln a$	$d(a^x)=a^x\ln a dx$
$(e^x)'=e^x$	$d(e^x)=e^x dx$
$(\log_a x)'=\frac{1}{x\ln a}$	$d(\log_a x)=\frac{1}{x\ln a}dx$
$(\ln\|x\|)'=\frac{1}{x}$	$d(\ln\|x\|)=\frac{1}{x}dx$
$(\arcsin x)'=\frac{1}{\sqrt{1-x^2}}$	$d(\arcsin x)=\frac{1}{\sqrt{1-x^2}}dx$
$(\arccos x)'=-\frac{1}{\sqrt{1-x^2}}$	$d(\arccos x)=-\frac{1}{\sqrt{1-x^2}}dx$
$(\arctan x)'=\frac{1}{1+x^2}$	$d(\arctan x)=\frac{1}{1+x^2}dx$
$(\text{arccot} x)'=-\frac{1}{1+x^2}$	$d(\text{arccot} x)=-\frac{1}{1+x^2}dx$

五、用微分进行近似计算

1. 利用微分计算函数增量的近似值

由微分的概念可知，当 $|\Delta x|$ 很小时，有

$$\Delta y\approx dy=f'(x_0)\Delta x$$

利用这个公式，可以求函数增量的近似值.

【例 3-39】　某服饰公司生产一款西服，若能全部出售，收入函数为 $R=36q-\frac{q^2}{20}$. 其中 q 为公司的日产量，如果公司的日产量从 250 增加到了 260，请估算公司每天收入的增加量.

解　当公司的日产量从 250 增加到了 260，公司每天产量的增加量为 $\Delta q=10$，用 dR

估算每天的收入增加量为

$$\Delta R\Big|_{\substack{q=250\\ \Delta q=10}}\approx \mathrm{d}R\Big|_{\substack{q=250\\ \Delta q=10}}=\left(36q-\frac{q^2}{20}\right)'\Delta q\Big|_{\substack{q=250\\ \Delta q=10}}=\left(36-\frac{q}{10}\right)\Delta q\Big|_{\substack{q=250\\ \Delta q=10}}=110$$

2. 利用微分近似计算函数值

当 $|\Delta x|$ 很小时，由 $\Delta y=f(x_0+\Delta x)-f(x_0)\approx f'(x_0)\Delta x$，得 $f(x_0+\Delta x)\approx f'(x_0)\Delta x+f(x_0)$.

利用这个公式，可以求 $y=f(x)$ 在 x_0 附近的近似值.

【例 3-40】 求 $\sqrt{2010}$ 的近似值.

解

$$\sqrt{2010}=\sqrt{2025-15}=45\sqrt{1-\frac{15}{2025}}=45\sqrt{1-\frac{1}{135}}$$

令 $y=f(x)=\sqrt{x}$，取 $x_0=1$，$\Delta x=-\frac{1}{135}$，得

$$\sqrt{1-\frac{1}{135}}\approx f(1)+f'(1)\left(-\frac{1}{135}\right)=1-\frac{1}{2}\times\frac{1}{135}\approx 0.996$$

所以

$$\sqrt{2010}\approx 45\times 0.996=44.82$$

习 题 3-3

1. 请叙述可微和可导的概念，并说明它们之间的区别和联系.

2. 什么样的函数其微分恒等于增量?

3. 求下列函数的微分.

(1) $y=\sqrt{1+x}$.

(2) $y=x\cos x$.

(3) $y=\mathrm{e}^{\sin 2x}$.

(4) $y=\arccos\sqrt{x}$.

4. 利用微分计算下列各函数值的近似值.

(1) $\sin 30.5°$.

(2) $\sqrt[3]{1020}$.

(3) $\mathrm{e}^{1.01}$.

(4) $\arccos 0.4983$.

5. 证明当 $|x|$ 很小时，$\mathrm{e}^x-1\approx x$.

6. 某一机械挂钟的钟摆的周期为 1s，在冬季摆长 l 因热胀冷缩而缩短了 0.01cm，已知钟摆的周期为 $T=2\pi\sqrt{\frac{l}{g}}$，其中 $g=980\mathrm{cm/s^2}$. 问：这只钟每秒大约变化了多少?

第四节 导数在经济学中的应用

边际分析和弹性分析是经济学中研究市场供给、需求、消费行为和收益等问题的重要

方法，利用边际和弹性的概念，可以描述和解释一些经济规律和经济现象．下面用导数的概念来定义边际分析和弹性分析．

一、边际分析

在经济学中，函数 $f(x)$ 的导数 $f'(x)$ 也被称为 $f(x)$ 的边际函数．相应地，$f'(x_0)$ 就被称为在 x_0 处的边际值（简称边际）．

根据微分近似计算可知，当 $|\Delta x|$ 比较小时，有 $\Delta y \approx f'(x_0)\Delta x$ 成立，现取 $\Delta x=1$，得 $\Delta y \approx f'(x_0)$．为此，函数 $y=f(x)$ 在点 $x=x_0$ 处的边际函数值的具体意义是，当 x 在点 x_0 处改变一个单位时，函数 $f(x)$ 近似地改变 $f'(x_0)$ 个单位．

经济学中几个常用的边际概念如下．

（1）边际成本．总成本函数 $C(q)$ 的导数 $C'(q)$ 称为边际成本．在经济学中，对边际成本 $C'(q)$ 的解释是：当产量达到 q 时，再多生产一个单位产品所需增加的成本．

（2）边际收入．总收入函数 $R(q)$ 的导数 $R'(q)$ 称为边际收入．对边际收入 $R'(q)$ 的解释是：当销售量达到 q 时，再多销售一个单位产品所增加的销售收入．

（3）边际利润．利润函数 $L(q)$ 的导数 $L'(q)$ 称为边际利润．对边际利润 $L'(q)$ 的解释是：当销售量达到 q 时，再销售一个单位产品所增加的利润．由于利润函数为收入函数与成本函数之差，即

$$L(q)=R(q)-C(q)$$

由导数运算法则可知

$$L'(q)=R'(q)-C'(q)$$

即边际利润为边际收入与边际成本之差．

【例 3－41】 设某产品产量为 q（单位：t）时的总成本函数（单位：元）为 $C(q)=1000+7q+50\sqrt{q}$．

求：（1）产量为 100t 时的总成本．

（2）产量为 100t 时的平均成本．

（3）产量从 100t 增加到 225t 时，总成本的平均变化率．

（4）产量为 100t 时，总成本的变化率（边际成本）．

解　（1）产量为 100t 时的总成本为

$$C(100)=1000+7\times100+50\sqrt{100}=2200(\text{元})$$

（2）产量为 100t 时的平均成本为

$$\overline{C}(100)=\frac{C(100)}{100}=22(\text{元/t})$$

（3）产量从 100t 增加到 225t 时，总成本的平均变化率

$$\frac{\Delta C}{\Delta q}=\frac{C(225)-C(100)}{225-100}=\frac{3325-2200}{125}=9(\text{元/t})$$

（4）产量为 100t 时，总成本的变化率即边际成本为

$$C'(100)=(1000+7q+50\sqrt{q})'\bigg|_{q=100}=\left(7+\frac{25}{\sqrt{q}}\right)\bigg|_{q=100}=9.5(\text{元})$$

这个结论的经济含义是，当产量为100t时，再多生产1t所增加的成本为9.5元.

【例3-42】 设某产品的需求函数为$q=100-5p$，求边际收入函数，以及当$q=20$、50和70时的边际收入.

解 收入函数为$R(q)=pq$，因为$q=100-5p$，所以$p=\frac{1}{5}(100-q)$.

于是收入函数为

$$R(q)=\frac{1}{5}(100-q)q$$

边际收入函数为

$$R'(q)=\frac{1}{5}(100-2q)$$

所以当$q=20$、50和70时的边际收入分别为

$$R'(20)=12,\quad R'(50)=0,\quad R'(70)=-8$$

二、弹性分析

前面所讲的函数的改变量与函数的变化率是绝对改变量与绝对变化率. 在实践中，仅仅研究函数的绝对改变量与绝对变化率是不够的.

【例3-43】 商品涨价的百分比. 甲商品的单价为10元，乙商品的单价为100元，它们都涨价1元. 求两种商品涨价的百分比.

分析 甲商品涨价的百分比为$\frac{1}{10}\times100\%=10\%$.

乙商品涨价的百分比为$\frac{1}{100}\times100\%=1\%$.

从［例3-41］可以看出，还有必要研究函数的相对改变量和相对变化率.

【例3-44】 函数的改变量. 已知函数$y=x^2$，当x由10改变到12时，y由100变化到144. 此时，有

$$\frac{\Delta x}{x}=\frac{2}{10}\times100\%=20\%,\quad \frac{\Delta y}{y}=\frac{44}{100}\times100\%=44\%$$

这表示当x由10改变到12时，x产生了20%的改变，而y相应产生了44%的改变. 有

$$\frac{\Delta y/y}{\Delta x/x}=2.2$$

表示函数$y=x^2$的平均相对变化率.

给定变量u，它在某处的改变量Δu称为绝对改变量. 给定改变量Δu与变量在该处的值u之比$\frac{\Delta u}{u}$称为相对改变量.

定义3-5 设函数$y=f(x)$可导，则$\lim\limits_{\Delta x\to0}\frac{\Delta y/y}{\Delta x/x}=\frac{x}{y}y'$称为函数$f(x)$在点$x$处的弹

性，记作 $E=\frac{x}{y}\frac{\mathrm{d}y}{\mathrm{d}x}$.

由需求函数 $Q=Q(p)$ 可得需求弹性为 $E_{\mathrm{d}}=\frac{p\mathrm{d}Q}{Q\mathrm{d}p}$. 它的经济意义是：当价格为 p_0 时，若价格增加 1%，则需求减少 $|E_{\mathrm{d}}|$%.

利用供给函数 $S=S(p)$，同样定义供给弹性 $E_{\mathrm{s}}=\frac{p\mathrm{d}S}{S\mathrm{d}p}$. 它的经济意义是：当价格为 p_0 时，若价格增加 1%，则供给增加 E_{s}%.

【例 3-45】 设某商品的需求函数为 $Q=3000\mathrm{e}^{-0.02p}$，求价格为 100 时的需求弹性并解释其经济含义.

解

$$E_{\mathrm{d}}(p)=\frac{pQ'(p)}{Q}=\frac{-0.02p\times 3000\mathrm{e}^{-0.02p}}{3000\mathrm{e}^{-0.02p}}=-0.02p$$

$$E_{\mathrm{d}}(100)=-2$$

它的经济意义是：当价格为 100 时，若价格增加 1%，则需求减少 2%.

【例 3-46】 设某商品的供给函数为 $S(p)=-2+2p$，求价格为 $p=5$ 时的供给价格弹性并解释其经济含义.

解　由于 $\frac{\mathrm{d}S}{\mathrm{d}p}=2$，则

$$E_{\mathrm{s}}=\frac{p}{S}\frac{\mathrm{d}S}{\mathrm{d}p}=\frac{p}{-2+2p}\cdot 2=\frac{p}{p-1}$$

于是，当 $p=5$ 时，得

$$E_{\mathrm{s}}=1.25$$

由于当 $p=5$ 时，$S(5)=8$. 上述计算结果表明，当价格为 5 时，若价格提高或降低 1%，供给量将由 8 起增加或减少 1.25%.

习　题　3-4

1. 某厂每批生产某种产品 q 个单位的总成本为 $C(q)=7q+200$（千元），获得的收入为 $R(q)=12q-0.01q^2$（千元）. 那么，生产这种产品的边际成本为________，边际收入为________，边际利润为________，使边际利润为 0 的产量 $q=$________个单位.

2. 某商品的需求弹性 $E_{\mathrm{p}}=-bp(b>0)$，那么，当价格 p 提高 1%时，需求量会（　　）.

A. 增加 bp　　B. 减少 bp　　C. 减少 bp%　　D. 增加 bp%

3. 求下列函数的弹性.

（1）$y=kx^a$.

（2）$y=4-\sqrt{x}$.

4. 设某产品总成本函数和收入函数分别为 $C(q)=3+2\sqrt{q}$、$R(q)=\frac{5q}{q+1}$，其中 q 为该产品的销售量，求该产品的边际成本、边际收入和边际利润.

5. 某产品的需求函数和总成本函数分别为 $Q=800-10p$、$C(q)=5000+20q$，求边际利润函数，并计算 $q=150$ 和 $q=400$ 时的边际利润.

总　习　题　三

1. 填空题

(1) 设函数 $f(x)=\begin{cases}\dfrac{\ln(1+x^2)}{x}, & x\neq 0\\ 0, & x=0\end{cases}$，则 $f'(0)=$________.

(2) $\lim\limits_{\Delta x\to 0}\dfrac{\sqrt{1+\Delta x}-1}{\Delta x}=$________.

(3) 设 $y=\ln\sin x$，则 $y''=$________.

(4) 设 $y=x\ln x$，则 $\mathrm{d}y=$________$\mathrm{d}x$.

(5) $\lim\limits_{x\to 0}x\cos x=$________.

(6) 曲线 $y=\cos x$ 上点 $\left(\dfrac{\pi}{3},\dfrac{1}{2}\right)$处的法线的斜率等于________.

2. 选择题

(1) 函数 $f(x)=\begin{cases}x\sin\dfrac{1}{x}, & x\neq 0\\ 0, & x=0\end{cases}$，在点 $x=0$ 处（　　）.

A. 极限不存在　　B. 极限存在但不连续

C. 可导　　D. 连续但不可导

(2)设 $f(x)$为可导函数，且$\lim\limits_{\Delta x\to 0}\dfrac{f(x_0+\Delta x)-f(x_0)}{2\Delta x}=1$，则 $f'(x_0)=$（　　）.

A. 1　　B. 0　　C. 2　　D. $\dfrac{1}{2}$

(3) 设 $y=\ln\cos x$，则 $f'(x)=$（　　）.

A. $\dfrac{1}{\cos x}$　　B. $\tan x$　　C. $\cot x$　　D. $-\tan x$

(4) 设 $f(x)=\begin{cases}x^2-1, & 0\leqslant x\leqslant 1\\ 3x-3, & 1<x\leqslant 2\end{cases}$，则 $f'_+(1)=$（　　）.

A. 2　　B. -2　　C. 3　　D. -3

(5) 设 $y=\sin 2x$，则 $y^{(n)}=$（　　）.

A. $2\sin\left(2x+\dfrac{n\pi}{2}\right)$　　B. $2^n\sin\left(2x+\dfrac{n\pi}{2}\right)$

C. $2^n\sin\left(x+\dfrac{n\pi}{2}\right)$　　D. $2\sin\left(x+\dfrac{n\pi}{2}\right)$

3. 计算题

(1) 求下列极限.

1) $\lim\limits_{x\to 0}\dfrac{x^2}{x\mathrm{e}^x-\sin x}$.

2) $\lim\limits_{x\to 0}\dfrac{\mathrm{e}^x-\sin x-1}{\ln(1+x^2)}$.

3） $\lim\limits_{x\to 0}\dfrac{x(e^{x}-1)}{\cos x-1}$.

4） $\lim\limits_{x\to 0}\dfrac{x-\sin x}{x^{3}}$.

5） $\lim\limits_{x\to +\infty}\dfrac{\ln x}{x^{2}}$.

6） $\lim\limits_{n\to +\infty}(1-e^{\frac{1}{n}})\sin n$.

（2）求下列函数的导数.

1） $y=\dfrac{1-\sqrt{x}}{1+\sqrt{x}}$.

2） $y=x^{\frac{1}{x}}$.

3） $y=\sqrt{1+\ln^{2}x}$.

4） $y=\ln\cos\dfrac{1}{x}+\sqrt{x+\sqrt{x}}$.

5） $y=\dfrac{e^{x}}{\sin^{2}x}+x\arctan\sqrt{x}$.

6） $y=5^{\ln\tan x}$.

7） $y=\text{arctax}\sqrt{x^{2}-1}-\dfrac{1}{x}\ln\left(x+\sqrt{x^{2}-1}\right)$.

（3）求由参数方程 $\begin{cases}x=3e^{-t}\\ y=2e^{t}\end{cases}$，所确定的函数 $y=y(x)$ 的一阶导数 $\dfrac{dy}{dx}$ 及二阶导数 $\dfrac{d^{2}y}{dx^{2}}$.

（4）设方程 $y^{2}-2xy+9=0$ 确定了隐函数 $y=y(x)$，求 $\dfrac{dy}{dx}$.

（5）有一只半径为 1cm 的球，半径增加了 0.01cm. 试估计这只球体积增加的近似值.

第四章 一元函数微分学的应用

在第三章中介绍了微分学的两个基本概念，即导数与微分及其计算方法. 本章以微分学基本定理为基础，进一步介绍利用导数研究函数的性态. 例如，判断函数的单调性和凹凸性，求函数的极限、极值、最值以及函数作图的方法等.

第一节 微分中值定理

中值定理提示了函数在某区间上的整体性质与函数在该区间内某一点的导数之间的关系，中值定理既是用微分学知识解决应用问题的理论基础，又是解决微分学自身发展的一种理论性模型，因而称为微分中值定理.

一、罗尔定理

首先，观察图 4-1. 设曲线弧$\overset{\frown}{AB}$是函数 $y=f(x)(x\in[a,b])$ 的图形.

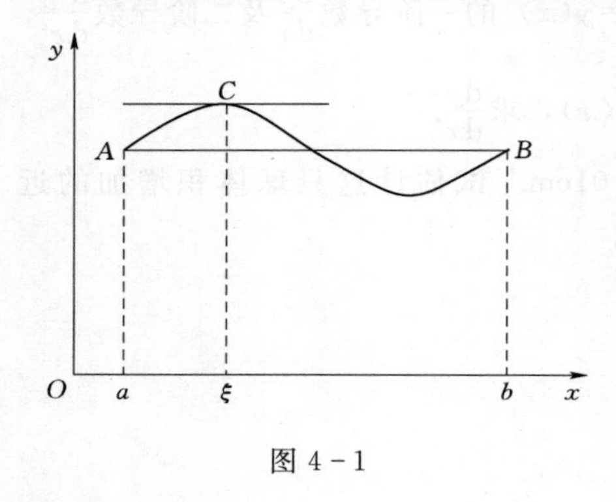

图 4-1

这是一条连续的曲线弧，除端点外处处具有不垂直于 x 轴的切线，且两个端点的纵坐标相等，即 $f(a)=f(b)$. 可以发现曲线的最高点或最低点 C 处，曲线有水平的切线. 如果记 C 点的横坐标为 ξ，那么就有 $f'(\xi)=0$. 现在用分析语言把这个几何现象描述出来，就是下面的罗尔定理.

罗尔（Rolle）定理 如果函数 $f(x)$ 满足：

(1) 在闭区间 $[a,b]$ 上连续.

(2) 在开区间 (a,b) 内可导.

(3) 在区间端点处的函数值相等，即 $f(a)=f(b)$，那么在 (a,b) 内至少在一点 ξ，使得 $f'(\xi)=0$.

证明 因为 $f(x)$ 在 $[a,b]$ 连续.

所以 $f(x)$ 在 $[a,b]$ 上取得最大值 M 和最小值 m，即存在 ξ_1、$\xi_2\in[a,b]$，使 $f(\xi_1)=M$，$f(\xi_2)=m$.

(1) 若 $M=m$，则 $f(x)$ 在 $[a,b]$ 为常数，$f'(x)=(m)'=0$，(a,b) 内任何一点都可作为 ξ.

(2) 若 $M>m$，由于 $f(a)=f(b)$，则 ξ_1、ξ_2 至少有一个不在端点而位于 (a,b) 内，不妨设 $\xi_1\in(a,b)$，对最大点 ξ_1 处的任一增量 Δx，当 $\xi_1+\Delta x\in[a,b]$ 时，恒有

$$f(\xi_1+\Delta x)-f(\xi_1)\leqslant 0$$

当 $\Delta x<0$ 时

$$\frac{f(\xi_1+\Delta x)-f(\xi_1)}{\Delta x}\geqslant 0$$

根据极限的保号性，有

$$f'_-(\xi_1)=\lim_{\Delta x\to 0^-}\frac{f(\xi_1+\Delta x)-f(\xi_1)}{\Delta x}\geqslant 0$$

当 $\Delta x>0$ 时

$$\frac{f(\xi_1+\Delta x)-f(\xi_1)}{\Delta x}\leqslant 0$$

根据极限性质保号性，有

$$f'_+(\xi_1)=\lim_{\Delta x\to 0^+}\frac{f(\xi_1+\Delta x)-f(\xi_1)}{\Delta x}\leqslant 0$$

已知：$f(x)$ 在 ξ_1 处可导，于是有 $f'(\xi_1)=f'_-(\xi_1)=f'_+(\xi_1)=0$

即在 (a,b) 内，ξ_1 可作为 ξ.

罗尔定理的几何意义：如果连续曲线除端点外处处都具有不垂直于 Ox 轴的切线，且两端点处的纵坐标相等（图 4-2），则在曲线 AB 上至少有一点 C，使得在该点处存在水平切线.

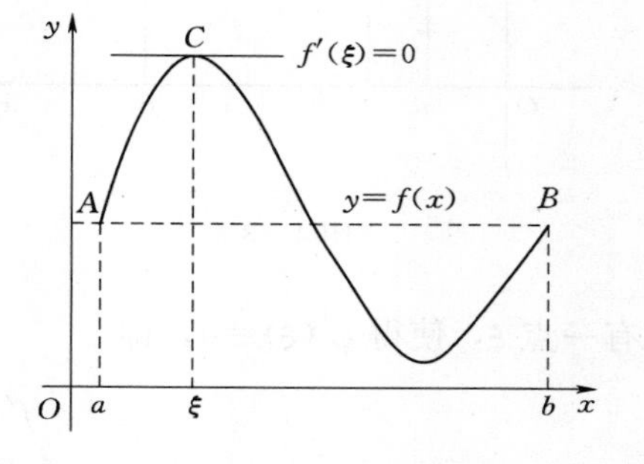

图 4-2

需要指出的是，罗尔定理 3 个条件是函数导数存在零点的充分非必要条件. 例如，函数 $f(x)=x^2+1$ 在区间 $[-1,2]$ 上并不满足罗尔定理的第三个条件，但函数导数依然存在零点.

罗尔定理可用于证明方程根的存在性及中值等式问题.

【例 4-1】 若方程 $a_0x^n+a_1x^{n-1}+\cdots+a_{n-1}x=0$ 有一个正根 $x=x_0$，证明方程 $a_0nx^{n-1}+a_1(n-1)x^{n-2}+\cdots+a_{n-1}=0$ 必有一个小于 x_0 的正根.

证明 取 $f(x)=a_0x^n+a_1x^{n-1}+\cdots+a_{n-1}x$，显然 $f(x)$ 在 $[0,x_0]$ 上连续，在 $(0,x_0)$ 上可导，且 $f(0)=f(x_0)$.

根据罗尔定理，则至少存在一点 $\xi\in(0,x_0)$，使

$$f'(\xi)=a_0n\xi^{n-1}+a_1(n-1)\xi^{n-2}+\cdots+a_{n-1}=0$$

即 $a_0nx^{n-1}+a_1(n-1)x^{n-2}+\cdots+a_{n-1}=0$ 在 $(0,x_0)$ 内有根.

【例 4-2】 设 $f(x)$ 在 $[0,1]$ 上连续、$(0,1)$ 内可导，且 $f(1)=0$. 试证：至少存在一个 $\xi\in(0,1)$，使 $\xi f'(\xi)+f(\xi)=0$.

分析 结论 $\xi f'(\xi)+f(\xi)=0$ 左边 ξ 换成 x 得 $xf'(x)+f(x)$，即需证明 $xf'(x)+f(x)$ 有零点，而$[xf(x)]'=xf'(x)+f(x)$.

证明 令 $F(x)=xf(x)$，显然 $F(x)$ 在 $[0,1]$ 上连续、$(0,1)$ 内可导，且 $F(0)=F(1)=0$，根据罗尔定理，至少存在一点 $\xi\in(0,1)$，使得 $F'(\xi)=f(\xi)+\xi f'(\xi)=0$.

罗尔定理中，$f(a)=f(b)$ 这个条件是相当特殊的，它使罗尔定理的应用受到限制.

如果把 $f(a)=f(b)$ 这个条件取消，但仍保留其余两个条件，并相应地改变结论，那么就得到微分学中十分重要的拉格朗日中值定理.

二、拉格朗日中值定理

拉格朗日（Lagrange）中值定理 如果函数 $y=f(x)$ 满足：

(1) 在闭区间 $[a,b]$ 上连续.

(2) 在开区间 (a,b) 内可导，那么在 (a,b) 内至少有一点 $\xi(\alpha<\xi<\beta)$，使得等式

$$\frac{f(b)-f(a)}{b-a}=f'(\xi) \quad 或 \quad f(b)-f(a)=f'(\xi)(b-a)$$

成立.

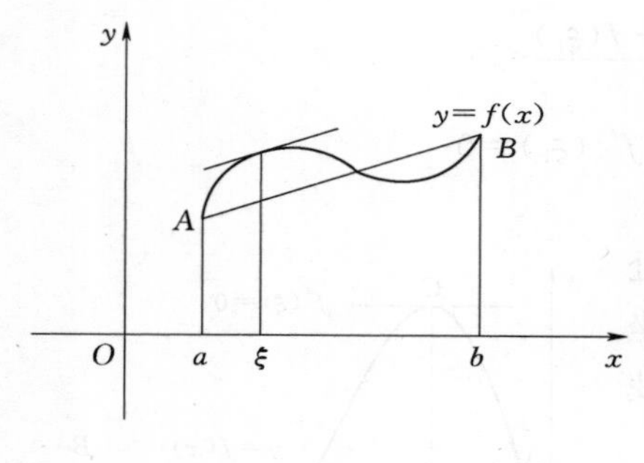

图 4-3

证明 引进辅助函数（图 4-3），令

$$\varphi(x)=f(x)-f(a)-\frac{f(b)-f(a)}{b-a}(x-a)$$

容易验证函数 $\varphi(x)$ 适合罗尔定理的条件：

$$\varphi(a)=\varphi(b)=0$$

$\varphi(x)$ 在闭区间 $[a,b]$ 上连续，在开区间 (a,b) 内可导，且

$$\varphi'(x)=f'(x)-\frac{f(b)-f(a)}{b-a}$$

根据罗尔定理，可知在开区间 (a,b) 内至少有一点 ξ，使得 $\varphi'(\xi)=0$，即

$$f'(\xi)-\frac{f(b)-f(a)}{b-a}=0$$

由此得

$$\frac{f(b)-f(a)}{b-a}=f'(\xi)$$

即

$$f(b)-f(a)=f'(\xi)(b-a) \tag{4-1}$$

定理得证.

利用拉格朗日中值定理，还可以得出下面的推论.

几何解释：

在曲线 AB 上至少有一点 C，在该点处的切线平行于弦 AB. $\left[\frac{f(b)-f(a)}{b-a}\right.$ 是弧 AB 的斜率，$f'(\xi)$ 为曲线在点 C 处的切线斜率.$\left.\right]$

注 拉格朗日公式精确地表达了函数在一个区间上的增量与函数在这区间内某点处的导数之间的关系.

式（4-1）也叫拉格朗日中值公式，如果令 $x=a$，$x+\Delta x=b$ 则式（4-1）又可写成

$$f(x+\Delta x)-f(x)=f'(\xi)\Delta x$$

其中 ξ 介于 $x\sim x+\Delta x$，如果将 ξ 表示成 $\xi=x+\theta\Delta x(0<\theta<1)$，上式也可写成

$$f(x+\Delta x)-f(x)=f'(x+\theta\Delta x)\Delta x,\quad 0<\theta<1$$

推论　如果函数 $f(x)$ 在区间 I 上的导数恒为零，那么 $f(x)$ 在区间 I 上是一个常数.

证明　在区间 I 上任取两点 x_1、$x_2(x_1<x_2)$，应用式（4-1）就得

$$f(x_2)-f(x_1)=f'(\xi)(x_2-x_1),\quad x_1<\xi<x_2$$

由假定，$f'(\xi)=0$，所以 $f(x_2)-f(x_1)=0$，即

$$f(x_2)=f(x_1)$$

因为 x_1、x_2 是 I 上任意两点，所以上面的等式表明，$f(x)$ 在 I 上的函数值总是相等的，这就是说，$f(x)$ 在区间 I 上是一个常数.

【例 4-3】　函数 $f(x)=x^3-3x$ 在 $[0,2]$ 上满足拉格朗日定理的条件吗？如果满足，找出使定理结论成立的 ξ 的值.

解　显然 $f(x)$ 在 $[0,2]$ 上连续、在 $(0,2)$ 内可导，且 $f'(x)=3x^2-3$，定理条件满足，所以有

$$\frac{f(2)-f(0)}{2-0}=f'(\xi)$$

由于 $f(2)=2$，$f(0)=0$，$f'(\xi)=3\xi^2-3$，代入上式，可解得 $\xi=\frac{2}{\sqrt{3}}$.

【例 4-4】　设 $b>a>0$，$n>1$，证明：

$$na^{n-1}(b-a)<b^n-a^n<nb^{n-1}(b-a)$$

证明　设 $f(x)=x^n$，则 $f'(x)=nx^{n-1}$.

显然 $f(x)$ 在 $[a,b]$ 上连续，在 (a,b) 上可导.

根据拉格朗日定理，至少存在一点 $\xi\in(a,b)$，使得

$$f(b)-f(a)=f'(\xi)(b-a)$$

即

$$b^n-a^n=n\xi^{n-1}(b-a)$$

因为 $a<\xi<b$，所以 $na^{n-1}(b-a)<n\xi^{n-1}(b-a)<nb^{n-1}(b-a)$

故 $na^{n-1}(b-a)<b^n-a^n<nb^{n-1}(b-a)$.

三、柯西中值定理

柯西中值定理　如果函数 $f(x)$ 及 $F(x)$ 满足：

(1) 在闭区间 $[a,b]$ 上连续.

(2) 在开区间 (a,b) 内可导.

(3) $F'(x)$ 在 (a,b) 内的每一点处均不为零.

那么在 (a,b) 内至少有一点 ξ，使等式

$$\frac{f(b)-f(a)}{F(b)-F(a)}=\frac{f'(\xi)}{F'(\xi)} \tag{4-2}$$

成立.

在柯西中值定理中，若取 $F(x)=x$，则柯西定理即为拉格朗日中值定理，因此柯西中值定理是拉格朗日中值定理的推广.

罗尔定理、拉格朗日中值定理、柯西中值定理是微分学的 3 个中值定理，罗尔定理是拉格朗日中值定理的特殊情况，柯西中值定理是拉格朗日中值定理的推广，而拉格朗日中值定理是利用导数研究函数的有力工具. 因此，也称拉格朗日中值定理为微分中值定理.

习　题　4-1

1. 函数 $f(x)=\ln\sin x$ 在区间 $\left[\frac{\pi}{6},\frac{5\pi}{6}\right]$ 上是否满足罗尔定理的条件？若满足，试求出使得 $f'(\xi)=0$ 的 ξ.

2. 试证明对函数 $y=px^2+qx+r$ 应用拉格朗日中值定理时所求得的点 ξ 总是位于区间的正中间.

3. 证明：

(1) $\arctan x+\operatorname{arccot} x=\frac{\pi}{2}$.

(2) $|\arctan a-\arctan b|\leqslant|b-a|$.

(3) (2011) 对任意自然数 $n>1$，有 $\frac{1}{n+1}<\ln\left(1+\frac{1}{n}\right)<\frac{1}{n}$.

4. 证明：若函数 $f(x)$ 在 $(-\infty,+\infty)$ 内满足关系式 $f'(x)=f(x)$，且 $f(0)=1$，则 $f(x)=e^x$ [提示：设 $F(x)=f(x)e^{-x}$].

5. 设 $f(x)$ 与 $g(x)$ 在 $[a,b]$ 上连续、在 (a,b) 上可导，且 $f(a)=f(b)=0$，证明至少存在一点 $\xi\in(a,b)$ 使得

$$f'(\xi)+f(\xi)g'(\xi)=0$$

6. 设 $f(x)$ 在闭区间 $[a,b]$ $(0<a<b)$ 上连续，在开区间 (a,b) 内可导，证明：存在 $\xi\in(a,b)$，使得 $f(b)-f(a)=\xi f'(\xi)\ln\frac{b}{a}$.

第二节　洛必达法则

在求函数的极限时，常会遇到两个函数 $f(x)$ 与 $g(x)$ 都趋于零或都趋于无穷大时求它们比值的极限. 此时极限 $\lim\limits_{\substack{x\to a\\(x\to\infty)}}\frac{f(x)}{g(x)}$ 可能存在，也可能不存在，通常把这种极限叫作未定式. 当 $f(x)$ 与 $g(x)$ 都趋于零时，称为 $\frac{0}{0}$ 型未定式，如重要极限 $\lim\limits_{x\to 0}\frac{\sin x}{x}$ 就是未定式 $\frac{0}{0}$ 型. 当 $f(x)$ 与 $g(x)$ 都趋于无穷大时，称为 $\frac{\infty}{\infty}$ 型未定式. 这类极限不能用“商的极限等于极限的商”的运算法则求极限. 洛必达（L'Hospital）法则就是求这种未定式极限的重要且有效的工具.

一、$\frac{0}{0}$ 型与 $\frac{\infty}{\infty}$ 型待定型

定理 4-1　若 $f(x)$ 与 $F(x)$ 满足：

（1）$\lim\limits_{x \to x_0} f(x)=0$，$\lim\limits_{x \to x_0} F(x)=0$.

（2）在点 x_0 的某去心邻域内可导，且 $F'(x) \neq 0$.

（3）$\lim\limits_{x \to x_0} \dfrac{f'(x)}{F'(x)}=A$（或$\infty$）.

则必有

$$\lim_{x \to x_0} \frac{f(x)}{F(x)}=\lim_{x \to x_0} \frac{f'(x)}{F'(x)}=A(\text{或}\infty) \tag{4-3}$$

证明　因为求 $x \to x_0$ 时$\dfrac{f(x)}{F(x)}$的极限与函数值 $f(x_0)$ 及 $F(x_0)$ 无关［如$\lim\limits_{x \to 1} \dfrac{x^2-1}{x-1}=\lim\limits_{x \to 1}(x+1)=2$，此极限与函数在 $x=1$ 处的值无关］，所以可以假定 $f(x_0)=F(x_0)=0$，此时 $f(x)$ 与 $F(x)$ 在点 x_0 的某邻域内连续. 设 x 为这个邻域内任意一点，如设 $x>x_0$（设 $x<x_0$ 也可），则在区间 $[x_0, x]$ 上，$f(x)$ 与 $F(x)$ 满足柯西中值定理的全部条件，因此有

$$\frac{f(x)}{F(x)}=\frac{f(x)-f(x_0)}{F(x)-F(x_0)}=\frac{f'(\xi)}{F'(\xi)}, \quad x_0<\xi<x$$

显然，当 $x \to x_0$ 时，$\xi \to x_0$，于是，对上式两端求极限可得

$$\lim_{x \to x_0} \frac{f(x)}{F(x)}=\lim_{\xi \to x_0} \frac{f'(\xi)}{F'(\xi)}=\lim_{x \to x_0} \frac{f'(x)}{F'(x)}=A(\text{或}\infty)$$

这种在一定条件下通过分子、分母分别求导，再求极限来确定待定型极限的方法称为洛必达法则.

若$\dfrac{f'(x)}{F'(x)}$当 $x \to x_0$ 时仍属$\dfrac{0}{0}$型，且 $f'(x)$、$F'(x)$ 仍满足定理的条件，则可继续使用洛必达法则，即有

$$\lim_{x \to x_0} \frac{f(x)}{F(x)}=\lim_{x \to x_0} \frac{f'(x)}{F'(x)}=\lim_{x \to x_0} \frac{f''(x)}{F''(x)}$$

依此类推，直到求出所求极限. 若无法判定$\dfrac{f'(x)}{F'(x)}$的极限状况，则洛必达法则不能用，需用别的方法判定极限$\lim\limits_{x \to x_0} \dfrac{f(x)}{F(x)}$.

需要进一步指出的是，上述定理对 $x \to \infty$时的$\dfrac{0}{0}$，对 $x \to x_0$ 或 $x \to \infty$时的$\dfrac{\infty}{\infty}$同样适用，即定理 4-1 的条件（1）改为$\lim\limits_{x \to x_0} f(x)=\lim\limits_{x \to x_0} F(x)=\infty$；或 $x \to x_0$ 改为 $x \to \infty$时，结论也成立.

【例 4-5】　求下列极限：

（1）$\lim\limits_{x \to 0} \dfrac{\sin 2x}{\sin 5x}\left(\dfrac{0}{0}\text{型}\right)$.

（2）$\lim\limits_{x \to 0} \dfrac{x-\sin x}{x^3}\left(\dfrac{0}{0}\text{型}\right)$.

（3）$\lim\limits_{x \to +\infty} \dfrac{\dfrac{\pi}{2}-\arctan x}{\dfrac{1}{x}}\left(\dfrac{0}{0}\text{型}\right)$.

(4) $\lim\limits_{x\to 0}\frac{\sin x}{x}\left(\frac{0}{0}型\right)$.

解 (1) $\lim\limits_{x\to 0}\frac{\sin 2x}{\sin 5x}=\lim\limits_{x\to 0}\frac{2\cos 2x}{5\cos 5x}=\frac{2}{5}$.

(2) $\lim\limits_{x\to 0}\frac{x-\sin x}{x^3}=\lim\limits_{x\to 0}\frac{1-\cos x}{3x^2}=\lim\limits_{x\to 0}\frac{\sin x}{6x}=\frac{1}{6}$.

(3) $\lim\limits_{x\to +\infty}\frac{\frac{\pi}{2}-\arctan x}{\frac{1}{x}}=\lim\limits_{x\to +\infty}\frac{-\frac{1}{1+x^2}}{-\frac{1}{x^2}}=\lim\limits_{x\to +\infty}\frac{x^2}{1+x^2}=\lim\limits_{x\to +\infty}\frac{2x}{2x}=1$.

(4) $\lim\limits_{x\to 0}\frac{\sin x}{x}=\lim\limits_{x\to 0}\frac{\cos x}{1}=\cos 0=1$.

【例 4-6】 求下列极限：

(1) $\lim\limits_{x\to +\infty}\frac{\ln x}{x^n}(n>0)\left(\frac{\infty}{\infty}型\right)$.

(2) $\lim\limits_{x\to +\infty}\frac{x^n}{e^{\lambda x}}\left(\frac{\infty}{\infty}型\right)$.

解 (1) $\lim\limits_{x\to +\infty}\frac{\ln x}{x^n}=\lim\limits_{x\to +\infty}\frac{\frac{1}{x}}{nx^{n-1}}=\lim\limits_{x\to +\infty}\frac{1}{nx^n}=0$.

(2) $\lim\limits_{x\to +\infty}\frac{x^n}{e^{\lambda x}}=\lim\limits_{x\to +\infty}\frac{nx^{n-1}}{\lambda e^{\lambda x}}=\lim\limits_{x\to +\infty}\frac{n(n-1)x^{n-2}}{\lambda^2 e^{\lambda x}}=\cdots=\lim\limits_{x\to +\infty}\frac{n!}{\lambda^n e^{\lambda x}}=0$.

从 [例 4-6] 中可以看出，当 $x\to +\infty$ 时，$\ln x$、x^n、$e^{\lambda x}$ 均为无穷大. 但三者增大的“速度”很不一样，x^n 增大的速度比 $\ln x$ 快得多，而 $e^{\lambda x}$ 增大的速度又比 x^n 快得多.

二、其他类型的待定型

除$\frac{0}{0}$与$\frac{\infty}{\infty}$外，待定型还有 $0\cdot\infty$、$\infty-\infty$、0^0、∞^0、1^∞ 等类型. 这几种待定型可以先化为$\frac{0}{0}$或$\frac{\infty}{\infty}$型，再应用洛必达法则求极限.

转化的思路如下.

(1) 对于 $0\cdot\infty$ 型，可转化为$\frac{0}{\frac{1}{\infty}}=\frac{0}{0}$型.

(2) 对于$\infty-\infty$型，可以通过通分或有理化，转化为$\frac{0}{0}$或$\frac{\infty}{\infty}$.

(3) 对于 0^0、∞^0、1^∞，可以利用对数恒等式 $x=e^{\ln x}$ 求其极限或通过取对数化为$\frac{0}{0}$或$\frac{\infty}{\infty}$.

【例 4-7】 求下列极限：

(1) $\lim\limits_{x\to 0^+}x\ln x$ ($0\cdot\infty$型).

(2) $\lim\limits_{x\to\frac{\pi}{2}}(\sec x-\tan x)$ ($\infty-\infty$型).

解 (1) $\lim\limits_{x\to0^+}x\ln x=\lim\limits_{x\to0^+}\dfrac{\ln x}{\dfrac{1}{x}}=\lim\limits_{x\to0^+}\dfrac{\dfrac{1}{x}}{-\dfrac{1}{x^2}}=\lim\limits_{x\to0^+}(-x)=0.$

(2) $\lim\limits_{x\to\frac{\pi}{2}}(\sec x-\tan x)=\lim\limits_{x\to\frac{\pi}{2}}\left(\dfrac{1}{\cos x}-\dfrac{\sin x}{\cos x}\right)=\lim\limits_{x\to\frac{\pi}{2}}\dfrac{1-\sin x}{\cos x}=\lim\limits_{x\to\frac{\pi}{2}}\dfrac{-\cos x}{-\sin x}=\lim\limits_{x\to\frac{\pi}{2}}\cot x=0.$

【例 4-8】 求下列极限：

(1) $\lim\limits_{x\to0^+}x^x$ (0^0 型).

(2) $\lim\limits_{x\to0^+}\left(\dfrac{1}{x}\right)^x$ (∞^0 型).

(3) $\lim\limits_{x\to0}(1+x)^{\frac{1}{x}}$ (1^∞型).

(4) $\lim\limits_{x\to1}x^{\frac{1}{x-1}}$ (1^∞型).

解 (1) 因为 $x=e^{\ln x}$，$x^x=(e^{\ln x})^x=e^{x\ln x}$

所以 $$\lim_{x\to0^+}x^x=\lim_{x\to0^+}e^{x\ln x}=\lim_{x\to0^+}e^{\frac{\ln x}{\frac{1}{x}}}=\lim_{x\to0^+}e^{\frac{\frac{1}{x}}{-\frac{1}{x^2}}}=\lim_{x\to0^+}e^{-x}=e^0=1$$

(2) 因为 $\dfrac{1}{x}=e^{\ln\frac{1}{x}}=e^{-\ln x}$，$\left(\dfrac{1}{x}\right)^x=(e^{-\ln x})^x=e^{-x\ln x}$

所以 $$\lim_{x\to0^+}\left(\frac{1}{x}\right)^x=\lim_{x\to0^+}e^{-x\ln x}=\lim_{x\to0^+}e^{-\frac{\ln x}{\frac{1}{x}}}=\lim_{x\to0^+}e^{-\frac{\frac{1}{x}}{-\frac{1}{x^2}}}=\lim_{x\to0^+}e^{x}=e^0=1$$

(3) 因为 $1+x=e^{\ln(1+x)}$，$(1+x)^{\frac{1}{x}}=[e^{\ln(1+x)}]^{\frac{1}{x}}=e^{\frac{\ln(1+x)}{x}}$

所以 $$\lim_{x\to0}(1+x)^{\frac{1}{x}}=\lim_{x\to0}e^{\frac{\ln(1+x)}{x}}=\lim_{x\to0}e^{\frac{\frac{1}{1+x}}{1}}=e^1=e$$

(4) 设 $y=x^{\frac{1}{x-1}}$，取对数得 $\ln y=\dfrac{\ln x}{x-1}$.

因为 $$\lim_{x\to1}\ln y=\lim_{x\to1}\frac{\ln x}{x-1}=\lim_{x\to1}\frac{\frac{1}{x}}{1}=1$$

所以 $$\lim_{x\to1}x^{\frac{1}{x-1}}=\lim_{x\to1}y=\lim_{x\to1}e^{\ln y}=e^{\lim\limits_{x\to1}\ln y}=e^1=e$$

洛必达法则是求待定型极限的有效方法，但有时需要其他方法结合才会使计算简洁.

如求 $\lim\limits_{x\to0}\dfrac{\tan x-x}{x^2\sin x}$，若直接用洛必达法则，则分母导数较繁，但作一个等价无穷小替代，就会简便许多. 运算如下：

$$\lim_{x\to0}\frac{\tan x-x}{x^2\sin x}=\lim_{x\to0}\frac{\tan x-x}{x^3}=\lim_{x\to0}\frac{\sec^2x-1}{3x^2}=\lim_{x\to0}\frac{\tan^2x}{3x^2}=\frac{1}{3}$$

另外，需要注意的是，本节定理给出的是求未定式的一种方法. 当定理条件满足时，所求的极限当然存在（或为∞），但定理条件不满足时，所求极限仍然可能存在.

【例 4-9】 求 $\lim\limits_{x\to+\infty}\dfrac{x+\sin x}{x}$.

解　因为极限 $\lim\limits_{x\to+\infty}\dfrac{(x+\sin x)'}{(x)'}=\lim\limits_{x\to+\infty}\dfrac{1+\cos x}{1}$不存在，所以不能用洛必达法则（不满足法则第三个条件）. 事实上，由已学求极限方法可知

$$\lim_{x\to+\infty}\frac{x+\sin x}{x}=\lim_{x\to+\infty}\left(1+\frac{\sin x}{x}\right)=1$$

此例说明不能因为极限$\lim\limits_{x\to a}\dfrac{f'(x)}{F'(x)}$不存在来断定$\lim\limits_{x\to a}\dfrac{f(x)}{F(x)}$极限也不存在.

习　题　4-2

1. 用洛必达法则计算下列极限.

(1) $\lim\limits_{x\to 0}\dfrac{e^x-e^{-x}}{\sin x}$.

(2) $\lim\limits_{x\to a}\dfrac{\sin x-\sin a}{x-a}$.

(3)（2015）$\lim\limits_{x\to 0}\dfrac{\ln\cos x}{x^2}$.

(4) $\lim\limits_{x\to 0}\dfrac{\arctan x-x}{x^3}$.

(5) $\lim\limits_{x\to 0^+}\dfrac{\ln\tan 7x}{\ln\tan 2x}$.

(6) $\lim\limits_{x\to 0^+}\dfrac{\ln\sin x}{\ln x}$.

(7)（1999）$\lim\limits_{x\to 0}\left(\dfrac{1}{x^2}-\dfrac{1}{x\tan x}\right)$.

(8) $\lim\limits_{x\to 0}\left(\dfrac{1}{x}-\dfrac{1}{e^x-1}\right)$.

(9) $\lim\limits_{x\to+\infty}\dfrac{\ln(x^3-x+1)}{\ln(2x^3+3x-1)}$.

(10) $\lim\limits_{x\to+\infty}\dfrac{\ln x}{\sqrt{x}}$.

(11) $\lim\limits_{x\to+\infty}x(e^{\frac{1}{x}}-1)$.

(12) $\lim\limits_{x\to 0^+}\left(\ln\dfrac{1}{x}\right)^x$.

(13) $\lim\limits_{x\to 0}(1+\sin x)^{\frac{1}{x}}$.

(14) $\lim\limits_{x\to 0^+}x^{\sin x}$.

2. 求下列极限.

(1) $\lim\limits_{x\to 0}\dfrac{\tan x-x}{x\tan^2 x}$.

（2）$\lim\limits_{x\to 0}\dfrac{x^2\cos\dfrac{1}{x}}{\sin x}$.

*第三节　泰　勒　公　式

由于用多项式表示的函数，只要对自变量进行有限次加、减、乘 3 种算术运算，便能求出它的函数值，属于所学过的函数中比较简单的一种，本节主要学习如何构造一个多项式来近似代替复杂函数，如 e^x 等，同时给出近似代替所产生的误差.

在微分的应用中已经知道，当 $|x|$ 很小时，有以下的近似等式，即

$$e^x\approx 1+x,\quad \ln(1+x)\approx x$$

这些都是用一次多项式来近似表达函数的例子．显然，在 $x=0$ 处这些一次多项式及其一阶导数的值，分别等于被近似表达的函数及其导数的相应值.

但是这种近似表达式还存在着不足之处：首先是精确度不高，它所产生的误差仅是关于 x 的高阶无穷小；其次是用它来作近似计算时，不能具体估算出误差大小．因此，对于精确度要求较高且需要估计误差的时候，就必须用高次多项式来近似表达函数，同时给出误差公式.

于是提出以下的问题：设函数 $f(x)$ 在含有 x_0 的开区间内具有直到 $n+1$ 阶导数，试找出一个关于 $x-x_0$ 的 n 次多项式，即

$$p_n(x)=a_0+a_1(x-x_0)+a_2(x-x_0)^2+\cdots+a_n(x-x_0)^n \tag{4-4}$$

来近似表达 $f(x)$，并给出误差 $|f(x)-p_n(x)|$ 的具体表达式.

泰勒在这方面做了大量研究，提出可用多项式，即

$$p_n(x)=f(x_0)+f'(x_0)(x-x_0)+\frac{f''(x_0)}{2!}(x-x_0)^2+\cdots+\frac{f^{(n)}(x_0)}{n!}(x-x_0)^n$$

作为 $f(x)$ 的近似表达式，并给出了误差的具体表达式.

泰勒（Taylor）中值定理　如果函数 $f(x)$ 在含有 x_0 的某个开区间 (a,b) 内具有直到 $n+1$ 阶的导数，则任一 $x\in(a,b)$，有

$$f(x)=f(x_0)+f'(x_0)(x-x_0)+\frac{f''(x_0)}{2!}(x-x_0)^2+\cdots+\frac{f^{(n)}(x_0)}{n!}(x-x_0)^n+R_n(x) \tag{4-5}$$

其中

$$R_n(x)=\frac{f^{(n+1)}(\xi)}{(n+1)!}(x-x_0)^{n+1} \tag{4-6}$$

这里 ξ 是 x_0 与 x 之间的某个值.

证明　因 $R_n(x)=f(x)-p_n(x)$．只需证明

$$R_n(x)=\frac{f^{(n+1)}(\xi)}{(n+1)!}(x-x_0)^{n+1},\quad \xi\text{ 在 }x_0\text{ 与 }x\text{ 之间}$$

由假设可知，$R_n(x)$ 在 (a,b) 内具有直到 $n+1$ 阶导数，且

$$R_n(x_0)=R_n'(x_0)=R_n''(x_0)=\cdots=R_n^{(n)}(x_0)=0$$

对两个函数 $R_n(x)$ 及 $(x-x_0)^{n+1}$，在以 x_0 及 x 为端点的区间上应用柯西中值定理（显然，这两个函数满足柯西中值定理的条件），得

$$\frac{R_n(x)}{(x-x_0)^{n+1}}=\frac{R_n(x)-R_n(x_0)}{(x-x_0)^{n+1}-0}=\frac{R'_n(\xi_1)}{(n+1)(\xi_1-x_0)^n},\quad \xi \text{在} x_0 \text{与} x \text{之间}$$

再对两个函数 $R'_n(x)$ 与 $(n+1)(x-x_0)^n$ 在以 x_0 及 ξ_1 为端点的区间上应用柯西中值定理，得

$$\frac{R'_n(\xi_1)}{(n+1)(\xi_1-x_0)^n}=\frac{R'_n(\xi_1)-R'_n(x_0)}{(n+1)(\xi_1-x_0)^n-0}=\frac{R''_n(\xi_2)}{n(n+1)(\xi_2-x_0)^{n-1}},\quad \xi_2 \text{在} x_0 \text{与} \xi_1 \text{之间}$$

照此方法继续做下去，经过 $n+1$ 次后得

$$\frac{R_n(x)}{(x-x_0)^{n+1}}=\frac{R_n^{(n+1)}(\xi)}{(n+1)!},\quad \xi \text{在} x_0 \text{与} \xi_n \text{之间，因而也在} x_0 \text{与} x \text{之间}$$

注意到 $R_n^{(n+1)}(x)=f^{(n+1)}(x)$，因 $p_n^{(n+1)}(x)=0$，则由上式得

$$R_n(x)=\frac{f^{(n+1)}(\xi)}{(n+1)!}(x-x_0)^{n+1},\quad \xi \text{在} x_0 \text{与} x \text{之间}$$

定理证毕.

式（4-5）称为 $f(x)$ 按 $(x-x_0)$ 的幂展开的带有拉格朗日型余项的 n 阶泰勒公式. 而 $R_n(x)$ 的表达式（4-6）称为拉格朗日型余项.

当 $n=0$ 时，泰勒公式变成拉格朗日中值公式，即

$$f(x)=f(x_0)+f'(\xi)(x-x_0),\quad \xi \text{在} x_0 \text{与} x \text{之间}$$

因此，泰勒中值定理是拉格朗日中值定理的推广.

由泰勒中值定理可知，以多项式 $p_n(x)$ 近似表达函数 $f(x)$ 时，其误差为 $|R_n(x)|$. 如果对于某个固定的 n，当 $x\in(a,b)$ 时，$|f^{(n+1)}(x)|\leqslant M$，则有估计式

$$|R_n(x)|=\left|\frac{f^{(n+1)}(\xi)}{(n+1!)}(x-x_0)^{n+1}\right|\leqslant\frac{M}{(n+1)!}|x-x_0|^{n+1} \tag{4-7}$$

及

$$\lim_{x\to x_0}\frac{R_n(x)}{(x-x_0)^n}=0$$

由此可见，当 $x\to x_0$ 时，误差 $|R_n(x)|$ 是比 $(x-x_0)^n$ 的高阶无穷小，即

$$R_n(x)=o[(x-x_0)^n] \tag{4-8}$$

这样，提出的问题圆满地得到解决.

在不需要余项的精确表达式时，n 阶泰勒公式也可写成

$$f(x)=f(x_0)+f'(x_0)(x-x_0)+\cdots+\frac{f^{(n)}(x_0)}{n!}(x-x_0)^n+o[(x-x_0)^n] \tag{4-9}$$

式（4-8）称为佩亚诺（Peano）型余项，式（4-9）称为 $f(x)$ 按 $x-x_0$ 的幂展开的带有佩亚诺型余项的 n 阶泰勒公式.

在泰勒公式（4-5）中，如果取 $x_0=0$，则 ξ 在 $0\sim x$. 因此可令 $\xi=\theta x(0<\theta<1)$，从而泰勒公式变成较简单的形式，即麦克劳林（Maclauri）公式，即

$$f(x)=f(0)+f'(0)x+\frac{f''(0)}{2!}x^2+\cdots+\frac{f^{(n)}(0)}{n!}x^n+\frac{f^{(n+1)}(\theta x)}{(n+1)!}x^{n+1},\quad 0<\theta<1 \tag{4-10}$$

在泰勒公式（4－9）中，如果取 $x_0=0$，则有带有佩亚诺型余项的麦克劳林公式，即

$$f(x)=f(0)+f'(0)x+\cdots+\frac{f^{(n)}(0)}{n!}x^n+o(x^n) \tag{4-11}$$

由式（4－10）或式（4－11）可得近似公式，即

$$f(x)\approx f(0)+f'(0)x+\cdots+\frac{f^{(n)}(0)}{n!}x^n \tag{4-12}$$

误差估计式（4－7）相应地变成

$$|R_n(x)|\leqslant\frac{M}{(n+1)!}|x|^{n+1} \tag{4-13}$$

【例 4－10】 写出函数 $f(x)=\mathrm{e}^x$ 的带有拉格朗日型余项的 n 阶麦克劳林公式.

解 因为 $$f'(x)=f''(x)=\cdots=f^{(n)}(x)=\mathrm{e}^x$$

所以 $$f(0)=f'(0)=f''(0)=\cdots=f^{(n)}(0)=1$$

把这些值代入式（4－13），并注意到 $f^{(n+1)}(\theta x)=\mathrm{e}^{\theta x}$ 便得

$$\mathrm{e}^x=1+x+\frac{x^2}{2!}+\cdots+\frac{x^n}{n!}+\frac{\mathrm{e}^{\theta x}}{(n+1)!}x^{n+1},\quad 0<\theta<1$$

由这个公式可知，若把 e^x 用它的 n 次近似多项式表达为

$$\mathrm{e}^x\approx1+x+\frac{x^2}{2!}+\cdots+\frac{x^n}{n!}$$

这时所产生的误差为

$$|R_n(x)|=\left|\frac{\mathrm{e}^{\theta x}}{(n+1)!}x^{n+1}\right|<\frac{\mathrm{e}^{|x|}}{(n+1)!}|x|^{n+1},\quad 0<\theta<1$$

如果取 $x=1$，则得无理数 e 的近似式为 $\mathrm{e}\approx1+1+\frac{1}{2!}+\cdots+\frac{1}{n!}$其误差

$$|R_n|<\frac{\mathrm{e}}{(n+1)!}<\frac{3}{(n+1)!}$$

当 $n=10$ 时，可算出 $\mathrm{e}\approx2.718282$，其误差不超过 10^{-6}.

【例 4－11】 求 $f(x)=\sin x$ 的带有拉格朗日型余项的 n 阶麦克劳林公式.

解 因为 $$f'(x)=\cos x,\ f''(x)=-\sin x,\ f'''(x)=-\cos x$$

$$f^{(4)}(x)=\sin x,\cdots,f^{(n)}(x)=\sin\left(x+\frac{n\pi}{2}\right)$$

所以 $f(0)=0$，$f'(0)=1$，$f''(0)=0$，$f'''(0)=-1$，$f^{(4)}(0)=0$ 等. 它们顺序循环地取 4 个数，即 0、1、0、−1，于是按式（4－7）得（令 $n=2m$）

$$\sin x=x-\frac{x^3}{3!}+\frac{x^5}{5!}-\cdots+(-1)^{m-1}\frac{x^{2m-1}}{(2m-1)!}+R_{2m}$$

其中

$$R_{2m}(x)=\frac{\sin\left[\theta x+(2m+1)\frac{\pi}{2}\right]}{(2m+1)!}x^{2m+1},\quad 0<\theta<1$$

如果取 $m=1$，则得近似公式

$$\sin x\approx x$$

这时误差为

$$|R_2|=\left|\frac{\sin\left(\theta x+\frac{3}{2}\pi\right)}{3!}x^3\right|\leqslant\frac{|x|^3}{6},\quad 0<\theta<1$$

如果 m 分别取 2 和 3，则可得 $\sin x$ 的 3 次和 5 次近似多项式为

$$\sin x\approx x-\frac{1}{3!}x^3 \text{ 和 } \sin x\approx x-\frac{1}{3!}x^3+\frac{1}{5!}x^5$$

其误差的绝对值依次不超过$\frac{1}{5!}|x|^5$ 和$\frac{1}{7!}|x|^7$. 以上 3 个近似多项式及正弦函数的图形都画在图 4-4 中，以便于比较.

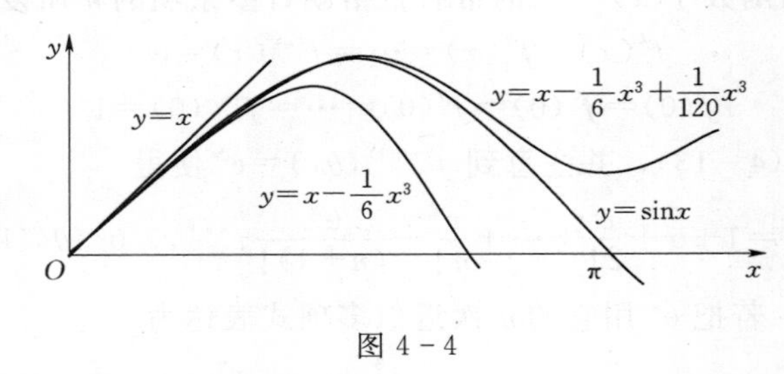

图 4-4

类似地，还可以得到

$$\cos x=1-\frac{1}{2!}x^2+\frac{1}{4!}x^4-\cdots+(-1)^m\frac{1}{(2m)!}x^{2m}+R_{2m+1}(x)$$

其中

$$R_{2m+1}(x)=\frac{\cos[\theta x+(m+1)\pi]}{(2m+2)!}x^{2m+2},\quad 0<\theta<1$$

$$\ln(1+x)=x-\frac{1}{2}x^2+\frac{1}{3}x^3-\cdots+(-1)^{n-1}\frac{1}{n}x^n+R_n(x)$$

其中

$$R_n(x)=\frac{(-1)^n}{(n+1)(1+\theta x)^{n+1}}x^{n+1},\quad 0<\theta<1$$

$$(1+x)^\alpha=1+\alpha x+\frac{\alpha(\alpha-1)}{2!}x^2+\cdots+\frac{\alpha(\alpha-1)\cdots(\alpha-n+1)}{n!}x^n+R_n(x)$$

其中

$$R_n(x)=\frac{\alpha(\alpha-1)\cdots(\alpha-n+1)(\alpha-n)}{(n+1)!}(1+\theta x)^{\alpha-n+1}x^{n+1},\quad 0<\theta<1$$

由以上带有拉格朗日型余项的麦克劳林公式，易知相应的带有佩亚诺型余项的麦克劳林公式.

除了洛必达法则之外，泰勒公式也是计算极限的重要方法.

【例 4-12】 求极限$\lim\limits_{x\to0}\frac{e^{x^2}+2\cos x-3}{x^4}$.

解 由于分式的分母为 x^4，只需将分子中 e^{x^2} 和 $\cos x$ 分别用带有佩亚诺型余项的 4 阶麦克劳林公式表示，即

$$e^{x^2}=1+x^2+\frac{1}{2!}x^4+o(x^4),\quad 2\cos x=2\left[1-\frac{1}{2!}x^2+\frac{1}{4!}x^4+o(x^4)\right]$$

于是
$$e^{x^2}+2\cos x-3=\frac{7}{12}x^4+o(x^4)$$

所以
$$\lim_{x\to 0}\frac{e^{x^2}+2\cos x-3}{x^4}=\lim_{x\to 0}\frac{\frac{7}{12}x^4+o(x^4)}{x^4}=\frac{7}{12}$$

习　题　4－3

1. 写出函数 $f(x)=\sqrt{x}$ 按 $x-1$ 展开的带拉格朗日型余项的 3 阶泰勒公式.
2. 写出函数 $f(x)=\frac{1}{x}$ 按 $x-2$ 展开的带拉格朗日型余项的 n 阶泰勒公式.
3. 写出函数 $f(x)=\arctan x$ 带佩亚诺型余项的 3 阶麦克劳林公式.
4. 写出函数 $f(x)=xe^{-x^2}$ 带佩亚诺型余项的 n 阶麦克劳林公式.
5. 利用泰勒公式求极限.

(1) $\lim\limits_{x\to 0}\frac{\cos x-e^{-\frac{x^2}{2}}}{x^2[x+\ln(1-x)]}$.

(2) $\lim\limits_{x\to 0}\frac{1+\frac{1}{2}x^2-\sqrt{1+x^2}}{(\cos x-e^{x^2})\sin x^2}$.

6. (2000) 已知 $\lim\limits_{x\to 0}\frac{\sin 6x+xf(x)}{x^3}=0$，利用泰勒公式求极限 $\lim\limits_{x\to 0}\frac{6+f(x)}{x^2}$.

第四节　函数单调性与凹凸性

一、函数单调性的判定法

在第一章中，曾经给出了函数在某个区间内单调增加和单调减少的定义，但直接用定义判断函数的单调性有时是不可能的. 现在介绍一种利用导数来判定函数单调性的方法.

由图 4－5 (a) 可以看出，如果函数 $y=f(x)$ 在 $[a,b]$ 上单调增加，那么它的图形是一条沿 x 轴正向而上升的曲线. 这时曲线的各点处的切线的倾斜角为锐角，其斜率是正的，即 $f'(x)>0$；由图 4－5 (b) 可以看出，如果函数 $y=f(x)$ 在 $[a,b]$ 上单调减

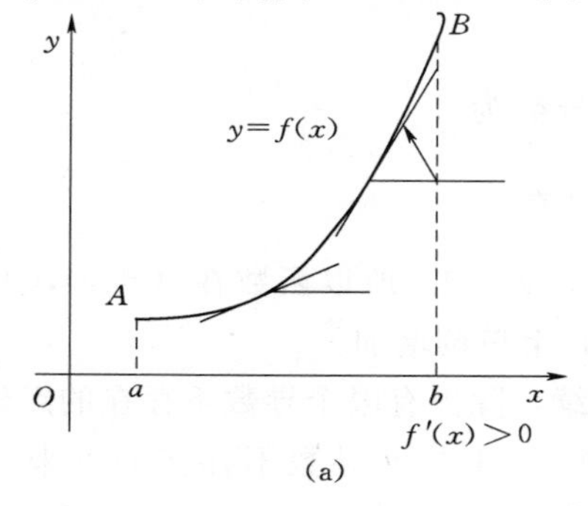

(a)

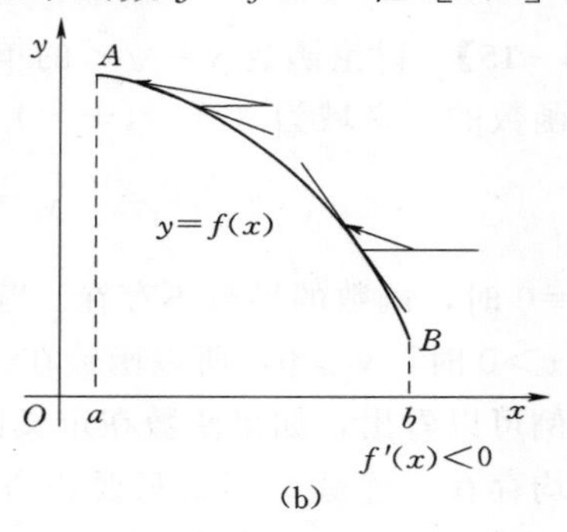

(b)

图 4－5

少，那么它的图形是一条沿 x 轴正向而下降的曲线．这时曲线的各点处的切线的倾斜角为钝角，其斜率是负的，即 $f'(x)<0$.

由此可见，函数的单调性与导数的符号有着密切的关系．这就提出一个问题：如果已知一个函数，能否利用它的导数 $f'(x)$ 的符号来判定函数的单调性呢？这个问题可以应用拉格朗日中值定理来回答．

定理 4－2（函数单调性的判定法） 设函数 $y=f(x)$ 在 $[a,b]$ 上连续、在 (a,b) 内可导．

(1) 如果在 (a,b) 内 $f'(x)>0$，那么函数 $y=f(x)$ 在 $[a,b]$ 上单调增加．

(2) 如果在 (a,b) 内 $f'(x)<0$，那么函数 $y=f(x)$ 在 $[a,b]$ 上单调减少．

证明 只证 (1)，在 $[a,b]$ 上任取两点 x_1、$x_2(x_1<x_2)$，应用拉格朗日中值定理，得到

$$f(x_2)-f(x_1)=f'(\xi)(x_2-x_1), \quad x_1<\xi<x_2$$

由于在上式中 $x_2-x_1>0$，因此如果在 (a,b) 内导数 $f'(x)$ 保持正号，即 $f'(x)>0$，那么也有 $f'(\xi)>0$．于是

$$f(x_2)-f(x_1)=f'(\xi)(x_2-x_1)>0$$

$$f(x_1)<f(x_2)$$

可知函数 $y=f(x)$ 在 $[a,b]$ 上单调增加．

下面对定理作两点说明．①判定法中的闭区间 $[a,b]$ 换成开区间 (a,b) 或无限区间，结论也同样成立．②一般地，如果 $f'(x)$ 在某区间内的有限个点处为零，在其余各点处均为正（或负）时，那么 $y=f(x)$ 在该区间上仍旧是单调增加（或单调减少）的．例如，函数 $y=x^3$ 在 $x=0$ 处的导数为零，但在 $(-\infty,+\infty)$ 内的其他点处的导数均大于零，因此它在区间 $(-\infty,+\infty)$ 内仍是递增的．

【例 4－13】 判定函数 $y=x-\sin x$ 在 $[0,2\pi]$ 上的单调性．

解 因为在 $(0,2\pi)$ 内，$y=1-\cos x>0$，所以由判定法可知，函数 $y=x-\sin x$ 在 $[0,2\pi]$ 上单调增加．

【例 4－14】 讨论函数 $y=e^x-x-1$ 的单调性．

解 函数 $y=e^x-x-1$ 的定义域为 $(-\infty,+\infty)$，且 $y'=e^x-1$.

因为在 $(-\infty,0)$ 内 $y'<0$，所以函数 $y=e^x-x-1$ 在 $(-\infty,0)$ 上单调减少；因为在 $(0,+\infty)$ 内 $y'>0$，所以函数 $y=e^x-x-1$ 在 $[0,+\infty)$ 上单调增加．

【例 4－15】 讨论函数 $y=\sqrt[3]{x^2}$ 的单调性．

解 函数的定义域为 $(-\infty,+\infty)$．函数的导数为

$$y'=\frac{2}{3\sqrt[3]{x}}, \quad x\neq 0$$

当 $x=0$ 时，函数的导数不存在．当 $x<0$ 时，$y'<0$，所以函数在 $(-\infty,0)$ 上单调减少；当 $x>0$ 时，$y'>0$，所以函数在 $(0,+\infty)$ 上单调增加．

由上例可以看出，如果函数在定义区间上连续，除去有限个导数不存在的点外，其余各处导数均存在且连续，那么只要用方程 $f'(x)=0$ 的根及导数不存在的点来划分函数 $y=f(x)$ 的定义区间，就能保证 $f'(x)$ 在各个子区间内保持固定的符号，因而函数 $y=$

$f(x)$ 在每个子区间上单调.

判定某个函数 $f(x)$ 的单调性的一般步骤归纳如下：

(1) 确定函数 $f(x)$ 的定义域.

(2) 求出使 $f'(x)=0$ 和 $f'(x)$ 不存在的点，并以这些点为分界点，将定义域分为若干个子区间.

(3) 确定 $f'(x)$ 在各个子区间内的符号，从而判定出 $f(x)$ 的单调性.

【例 4-16】 确定函数 $f(x)=2x^3-9x^2+12x-3$ 的单调区间.

解 (1) 这个函数的定义域为 $(-\infty,+\infty)$.

(2) 该函数的导数为 $f'(x)=6x^2-18x+12=6(x-1)(x-2)$. 导数为零的点有两个，即 $x_1=1$、$x_2=2$.

(3) 列表分析，见表 4-1.

表 4-1

x	$(-\infty,1)$	1	$(1,2)$	2	$(2,+\infty)$
$f'(x)$	+	0	−	0	+
$f(x)$	↗		↘		↗

函数 $f(x)$ 在区间 $(-\infty,1)$ 和 $[2,+\infty]$ 内单调增加，在区间 $[1,2]$ 上单调减少.

【例 4-17】 证明：当 $x>0$ 时，$\ln(1+x)>x-\frac{1}{2}x^2$.

证明 作辅助函数

$$f(x)=\ln(1+x)-x+\frac{1}{2}x^2$$

因为 $f(x)$ 在 $[0,x]$ 上连续，在 $(0,x)$ 内可导，且

$$f'(x)=\frac{1}{1+x}-1+x=\frac{x^2}{1+x}>0$$

所以 $f(x)$ 在 $[0,x]$ 上递增，又 $f(0)=0$，故当 $x>0$ 时，$f(x)>f(0)=0$，所以

$$\ln(1+x)>x-\frac{1}{2}x^2$$

二、曲线的凹凸性与拐点

研究了函数单调性的判定法. 函数的单调性反映在图形上，就是曲线的上升或下降. 但是曲线在上升或下降的过程中，还有一个弯曲方向的问题. 例如，图 4-6 中有两条曲线弧，虽然它们都是上升的，但图形却有显著的不同：ACB 是向下凸的曲线弧，而 ADB 是向上凹的曲线弧. 它们的凹凸性不同，下面就来研究曲线的凹凸性及其判定法.

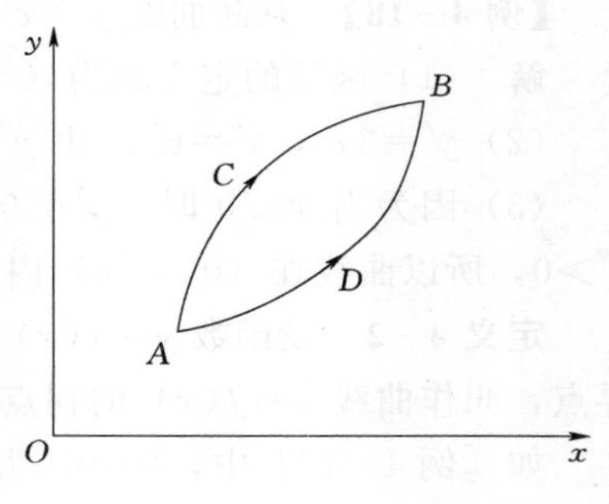

图 4-6

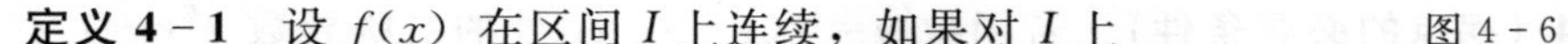

定义 4-1 设 $f(x)$ 在区间 I 上连续，如果对 I 上

任意两点 x_1、x_2，恒有

$$f\left(\frac{x_1+x_2}{2}\right)<\frac{f(x_1)+f(x_2)}{2}$$

那么称 $f(x)$ 在 I 上的图形是（向上）凹的（或凹弧）；如果恒有

$$f\left(\frac{x_1+x_2}{2}\right)>\frac{f(x_1)+f(x_2)}{2}$$

那么称 $f(x)$ 在 I 上的图形是（向上）凸的（或凸弧）.

如果函数 $f(x)$ 在 I 内具有二阶导数，那么可以利用二阶导致的符号来判定曲线的凹凸性，这就是下面的曲线凹凸性的判定定理. 仅就 I 为闭区间的情形来叙述定理，当 I 不是闭区间时，定理依然成立.

定理 4－3（凹凸性的判定定理）　设 $y=f(x)$ 在区间 I 内具有一阶和二阶导数，那么：

（1）若在区间 I 内 $f''(x)>0$，则 $f(x)$ 在 I 上的图形是凹的.

（2）若在区间 I 内 $f''(x)<0$，则 $f(x)$ 在 I 上的图形是凸的.

证明　在情形（1），设 x_1 和 x_2 为 $[a,b]$ 内任意两点，且 $x_1<x_2$，记 $\frac{x_1+x_2}{2}=x_0$，并记 $x_2-x_0=x_0-x_1=h$，则 $x_1=x_0-h$，$x_2=x_0+h$，由拉格朗日中值公式，得

$$f(x_0+h)-f(x_0)=f'(x_0+\theta_1 h)h$$

$$f(x_0)-f(x_0-h)=f'(x_0-\theta_2 h)h$$

其中 $0<\theta_1<1$，$0<\theta_2<1$. 两式相减，即得

$$f(x_0+h)+f(x_0-h)-2f(x_0)=[f'(x_0+\theta_1 h)-f'(x_0-\theta_2 h)]h$$

对 $f'(x)$ 在区间 $[x_0-\theta_2 h,x_0+\theta_1 h]$ 上再利用拉格朗日中值公式，得

$$[f'(x_0+\theta_1 h)-f'(x_0-\theta_2 h)]h=f''(\xi)(\theta_1+\theta_2)h^2$$

其中 $x_0-\theta_2 h<\xi<x_0+\theta_1 h$. 按情形（1）假设，$f''(\xi)>0$，故有

$$f(x_0+h)+f(x_0-h)-2f(x_0)>0$$

即

$$\frac{f(x_0+h)+f(x_0-h)}{2}>f(x_0)$$

亦即

$$\frac{f(x_1)+f(x_2)}{2}>f\left(\frac{x_1+x_2}{2}\right)$$

所以 $f(x)$ 在 $[a,b]$ 上的图形是凹的. 类似地可证明情形（2）.

【例 4－18】　判断曲线 $y=x^3$ 的凹凸性.

解　（1）函数的定义域为 $(-\infty,+\infty)$.

（2）$y'=3x^2$，$y''=6x$. 由 $y''=0$，得 $x=0$.

（3）因为当 $x<0$ 时，$y''<0$，所以曲线在 $(-\infty,0)$ 内为凸的；因为当 $x>0$ 时，$y''>0$，所以曲线在 $(0,+\infty)$ 内为凹的.

定义 4－2　设函数 $y=f(x)$ 在区间 I 内连续，则曲线 $y=f(x)$ 在区间 I 内的凹凸分界点，叫作曲线 $y=f(x)$ 的拐点.

如［例 4－18］中，$(0,0)$ 为曲线的拐点.

定理 4－4（拐点的必要条件）　若函数 $y=f(x)$ 在 x_0 处的二阶导数 $f''(x_0)$ 存在，

且点 $(x_0,f(x_0))$ 为曲线 $y=f(x)$ 的拐点，则 $f''(x_0)=0$.

证明从略.

注　$f''(x_0)=0$ 是点 $(x_0,f(x_0))$ 为拐点的必要条件，而非充分条件. 例如，$y=x^4$，虽然在 $x=0$ 处，$y''(0)=0$，但点 $(0,0)$ 并不是曲线 $y=x^4$ 的拐点，因为点 $(0,0)$ 两侧二阶导数符号同为正号，曲线在点 $(0,0)$ 两侧同是凹的. 此外，当 $f''(x_0)$ 不存在时，$(x_0,f(x_0))$ 仍然有可能是拐点.

确定曲线 $y=f(x)$ 的凹凸区间和拐点的步骤归纳如下：

(1) 确定函数 $y=f(x)$ 的定义域.

(2) 求出二阶导数 $f''(x)$，并求出使二阶导数为 0 的点和使二阶导数不存在的点.

(3) 判断或列表判断，确定出曲线凹凸区间和拐点.

【例 4-19】　求曲线 $y=3x^4-4x^3+1$ 的拐点及凹、凸区间.

解　(1) 函数 $y=3x^4-4x^3+1$ 的定义域为 $(-\infty,+\infty)$.

(2) $y'=12x^3-12x^2$，$y''=36x^2-24x=36x\left(x-\dfrac{2}{3}\right)$.

由 $y''=0$ 得 $x_1=0$，$x_2=\dfrac{2}{3}$；

(3) 列表判断，见表 4-2.

表 4-2

x	$(-\infty,0)$	0	$\left(0,\frac{2}{3}\right)$	$\frac{2}{3}$	$\left(\frac{2}{3},+\infty\right)$
$f''(x)$	$+$	0	$-$	0	$+$
$f(x)$	$\cup$	拐点 $(0,1)$	$\cap$	拐点 $\left(\frac{2}{3},\frac{11}{27}\right)$	$\cup$

【例 4-20】　求曲线 $y=\sqrt[3]{x}$的拐点.

解　(1) 函数的定义域为 $(-\infty,+\infty)$.

(2) $y'=\dfrac{1}{3\sqrt[3]{x^2}}$，$y''=-\dfrac{2}{9x\sqrt[3]{x^2}}$.

无二阶导数为零的点，二阶导数不存在的点为 $x=0$.

(3) 判断：当 $x<0$ 时，$y''>0$；当 $x>0$ 时，$y''<0$. 因此，点 $(0,0)$ 是曲线的拐点.

习　题　4-4

1. 判定函数 $f(x)=\arctan x-x$ 的单调性.

2. 确定下列函数的单调区间.

(1) $y=x^3+2x$.

(2) $y=2x^3-6x^2-18x-7$.

(3) $y=(x-1)(x+1)^3$.

(4) $y=3-2(x-1)^{\frac{1}{3}}$.

(5) $y=2x+\frac{8}{x}(x>0)$.

(6) $y=\frac{10}{4x^3-9x^2+6x}$.

3. 证明下列不等式.

(1) 当 $x>0$ 时，$1+\frac{1}{2}x>\sqrt{1+x}$.

(2) 当 $x\geqslant 0$ 时，$\ln(1+x)-\frac{\arctan x}{1+x}\geqslant 0$.

4. 求下列函数图形的拐点及凹或凸区间.

(1) $y=x^3-5x^2+3x+5$.

(2) $y=xe^{-x}$.

(3) $y=(x+1)^4+e^x$.

(4) $y=\ln(x^2+1)$.

(5) $y=e^{\arctan x}$.

(6) $y=x^4(12\ln x-7)$.

5. 问 a、b 为何值时，点（1,3）为曲线 $y=ax^3+bx^2$ 的拐点？

6. 试确定曲线 $y=ax^3+bx^2+cx+d$ 中的 a、b、c、d，使得 $x=-2$ 处曲线有水平切线，(1,−10) 为拐点且点（−2,44）在曲线上.

第五节　函数的极值与最值

一、函数的极值

极值是函数的一种局部性态，它能帮助我们进一步把握函数的变化情况，为准确描绘函数图形提供不可缺少的信息，它又是研究函数的最大值与最小值问题的关键所在.

下面介绍函数极值的定义及其求法.

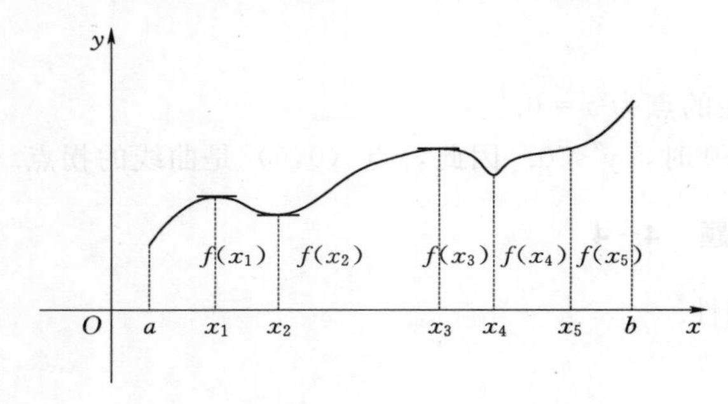

图 4-7

定义 4-3　设 $f(x)$ 在 (a,b) 上有定义，$x_0\in(a,b)$，若存在 $U(x_0,\delta)$，使对任意 $x\in\mathring{U}(x_0,\delta)$，有 $f(x)<f(x_0)$，则称 $f(x_0)$ 为 $f(x)$ 的一个极大值；若有 $f(x)>f(x_0)$，则称 $f(x_0)$ 为 $f(x)$ 的一个极小值. 使 $f(x)$ 取得极大（小）值的点 x_0 称为 $f(x)$ 的极值点.

在图 4-7 中，x_1、x_3 是极大值点，x_2、x_4 是极小值点. 由图 4-7 不难看出，$f(x)$ 的极值点是相对于点的邻域而言，是某邻域的局部性质. 这些极值点或者是导数的零点（如 x_1、x_2、x_3），或者是导数不存在的点（如 x_4）. 导数为 0 是可导极值点的必要

条件，但不是充分条件，即导数为零的点不一定是极值点，如 x_5.

定义 4-3 实际上告诉我们，函数的极大值和极小值概念是局部的，就是说，如果 $f(x_0)$ 是函数 $f(x)$ 的一个极大值，那只是就 x_0 附近的一个范围来说，$f(x_0)$ 是 $f(x)$ 的一个最大值；如果就 $f(x)$ 的整个定义域来说，$f(x_0)$ 不一定是最大值. 关于极小值也类似.

定理 4-5（极值的必要条件） 设函数 $f(x)$ 在点 x_0 处可导，且在点 x_0 处取得极值，则 $f'(x_0)=0$.

定理 4-5 的几何意义是：可导函数在极值点处的切线是水平的. 但曲线上有水平切线的地方，函数不一定取得极值，所以定理 4-5 是可导函数取极值的必要条件，也就是说，可导函数 $f(x)$ 的极值点必定是函数的驻点. 但函数 $f(x)$ 的驻点却不一定是极值点. 例如，$x=0$ 是函数 $f(x)=x^3$ 的驻点，但并不是它的极值点.

需要注意，连续但不可导的点也可能是极值点. 例如，函数 $y=|x|$ 在 $x=0$ 处连续但不可导，但 $x=0$ 是该函数的极小值点（图 4-8）.

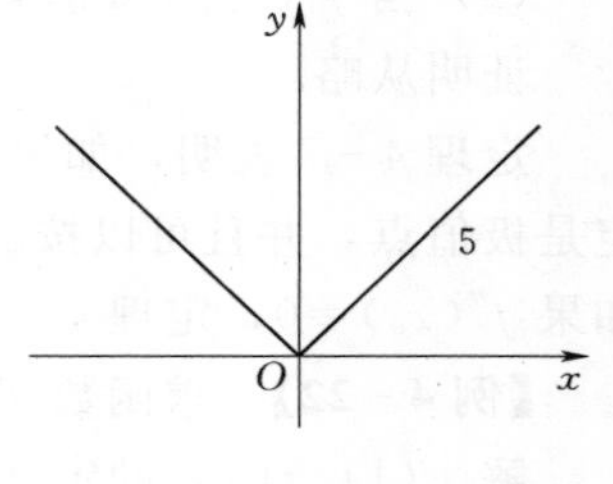

图 4-8

定理 4-6（极值的第一充分条件） 设函数 $f(x)$ 在点 x_0 处连续，且在 x_0 的某去心邻域 $\mathring{U}(x_0,\delta)$ 内可导.

（1）如果当 $x\in(x_0-\delta,x_0)$ 时，$f'(x)>0$；当 $x\in(x_0,x_0+\delta)$ 时，$f'(x)<0$，那么函数 $f(x)$ 在 x_0 处取得极大值.

（2）如果当 $x\in(x_0-\delta,x_0)$ 时，$f'(x)<0$；当 $x\in(x_0,x_0+\delta)$ 时，$f'(x)>0$，那么函数 $f(x)$ 在 x_0 处取得极小值.

（3）如果当 $x\in\mathring{U}(x_0,\delta)$ 时，$f'(x)$ 的符号保持不变，那么 $f(x)$ 在 x_0 处没有极值.

根据定理 4-6，可以按下列步骤来求函数的极值点和极值.

（1）求出函数的定义域.

（2）求出导数 $f'(x)$.

（3）求出 $f(x)$ 的全部驻点和不可导点.

（4）列表判断. 以步骤（3）所求点为分界点，将函数的定义域分为若干子区间，考察在每个子区间内 $f'(x)$ 的符号情况，按定理 4-6 中的（3）确定该点是否是极值点，如果是极值点，确定是极大值点还是极小值点.

（5）求出函数的所有极值点的函数值，得到极值.

【例 4-21】 求函数 $f(x)=(x-4)\sqrt[3]{(x+1)^2}$ 的极值.

解 （1）$f(x)$ 的定义域为 $(-\infty,+\infty)$.

（2）$f'(x)=\dfrac{5(x-1)}{3\sqrt[3]{x+1}}$.

（3）令 $f'(x)=0$，得驻点 $x=1$，$x=-1$ 为 $f(x)$ 的不可导点.

（4）列表判断，见表 4-3.

表 4-3

x	$(-\infty,-1)$	-1	$(-1,1)$	1	$(1,+\infty)$
$f'(x)$	$+$	不可导	$-$	0	$+$
$f(x)$	↗	0	↘	$-3\sqrt[3]{4}$	↗

(5) 极大值为 $f(-1)=0$，极小值为 $f(1)=-3\sqrt[3]{4}$.

定理 4-7(极值的第二充分条件) 设函数 $f(x)$在点 x_0 处具有二阶导数且 $f'(x_0)=0$，$f''(x_0)\neq 0$，那么：

(1) 当 $f''(x_0)<0$ 时，函数 $f(x)$ 在 x_0 处取得极大值.

(2) 当 $f''(x_0)>0$ 时，函数 $f(x)$ 在 x_0 处取得极小值.

证明从略.

定理 4-7 表明，如果函数 $f(x)$ 在驻点 x_0 处的二阶导数 $f''(x_0)\neq 0$，那么该点 x_0 一定是极值点，并且可以按二阶导数 $f''(x_0)$ 的符号来判定 $f(x_0)$ 是极大值还是极小值. 但如果 $f''(x_0)=0$，定理 4-7 就不能应用.

【例 4-22】 求函数 $f(x)=-x^4+2x^2$ 的极值.

解 (1) $f(x)$ 的定义域为 $(-\infty,+\infty)$.

(2) $f'(x)=-4x^3+4x$.

(3) 令 $f'(x)=0$，求得驻点 $x_1=-1$、$x_2=0$、$x_3=1$.

(4) $f''(x)=-12x^2+4$.

(5) 因 $f''(0)=4>0$，所以 $f(x)$ 在 $x=0$ 处取得极小值，极小值为 $f(0)=0$.

因 $f''(-1)=f''(1)=-8<0$，所以 $f(x)$ 在 $x=\pm 1$ 处取得极大值，极大值为 $f(\pm 1)=1$.

二、函数的最值

在实际生活中经常会遇到这样一些问题，怎样才能使“产品最多”“成本最低”“用料最省”“效率最高”等. 这些可归结为求函数的最大值或最小值的问题，简称最值问题.

$f(x)$ 的最值相对于区间 $[a,b]$ 而言，是 $f(x)$ 的全局性质. 我们知道，若 $f(x)$ 在 $[a,b]$ 连续，则 $f(x)$ 在 $[a,b]$ 必定取得最大值 M 和最小值 m. 此最值或在 (a,b) 内，或在端点 $x=a$ 与 $x=b$. 若最值点在 (a,b) 内，则该点或为导数的零点 $x_1,x_2,\cdots,x_k$，或为导数不存在点 $x_{k+1},x_{k+2},\cdots,x_n$. 求出 $f(x_1),\cdots,f(x_k),f(x_{k+1}),\cdots,f(x_n)$，再与 $f(a)$、$f(b)$ 比较，最大的是 M，最小的是 m，即

$$M=\max\{f(x_1),f(x_2),\cdots,f(x_k),f(x_{k+1}),\cdots,f(x_n),f(a),f(b)\}$$

$$m=\min\{f(x_1),f(x_2),\cdots,f(x_k),f(x_{k+1}),\cdots,f(x_n),f(a),f(b)\}$$

【例 4-23】 求 $f(x)=2x^3+3x^2$ 在 $[-2,1]$ 上的最大值和最小值.

解 $f'(x)=6x^2+6x=6x(x+1)$，令 $f'(x)=0$ 得 $x_1=-1$，$x_2=0$

$$f(0)=0,\quad f(-1)=1,\quad f(-2)=-4,\quad f(1)=5$$

所以 $$M=\max\{0,1,-4,5\}=5,\quad m=\min\{0,1,-4,5\}=-4$$

【例 4-24】 用边长为 48cm 的正方形铁皮做一个无盖的铁盒时，在铁皮的四角各截去

一个面积相等的小正方形［图 4－9（a）］，然后把四边折起，就能焊成铁盒［图 4－9（b）］. 问在四角截去多大的正方形方能使做成的铁盒容积最大？

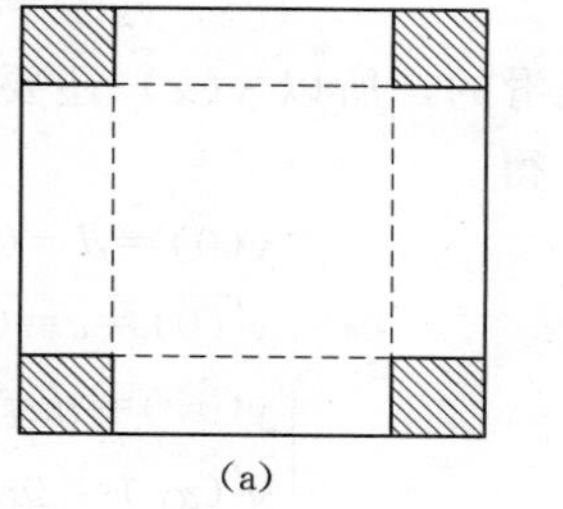
(a)

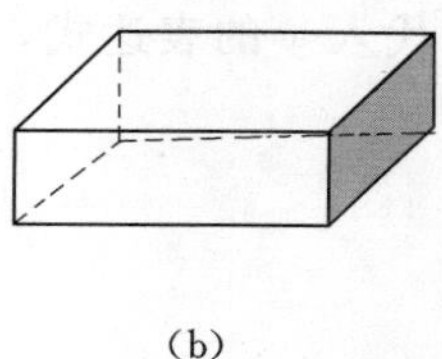
(b)

图 4－9

解　设截去的小正方形的边长为 $x$cm，铁盒的容积为 $V\text{cm}^3$. 根据题意，则有

$$V=x(48-2x)^2,\quad 0<x<24$$

问题归结为：求 x 为何值时，目标函数 V 在区间 $(0,24)$ 内取得最大值.

求导数：
$$V'=(48-2x)^2+x\cdot 2(48-2x)(-2)$$
$$=12(24-x)(8-x)$$

令 $V'=0$，求得在 $(0,24)$ 内函数的驻点为 $x=8$.

由于铁盒必然存在最大容积，而现在函数在 $(0,24)$ 内只有一个驻点，因此，当 $x=8$ 时，函数 V 取得最大值. 即所截去的正方形边长为 8cm 时，铁盒的容积为最大.

【例 4－25】　厂商的收益函数和成本函数分别为

$$R=30q-3q^2,\quad C=q^2-2q+2$$

厂商追求最大利润. 求最大利润及价格.

解　利润函数为

$$L(q)=R(q)-C(q)=30q-3q^2-q^2+2q-2$$

对价格 q 求导，得

$$L'(q)=30-6q-2q+2$$

故得唯一驻点，即
$$q=4$$
$$L''(q)=-8<0$$

有极大值为

$$L(4)=62$$

【例 4－26】　飞机的降落曲线模型.

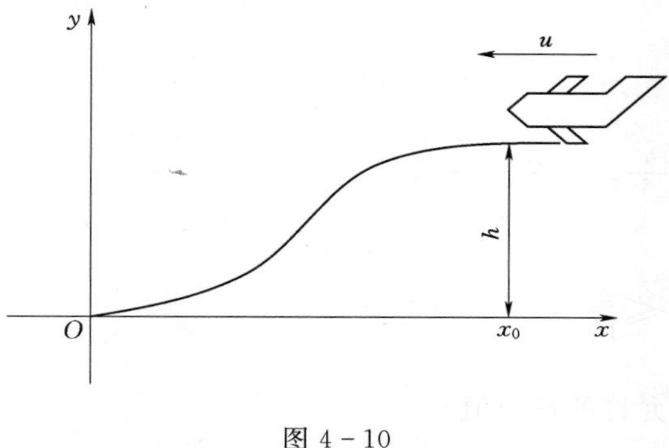

图 4－10

根据经验，一架水平飞行的飞机，其降落曲线是一条 3 次抛物线（图 4－10）. 在整个降落过程中，飞机的水平速度保持为常数 u，出于安全考虑，飞机垂直加速度的最大绝对值不得超过 $g/10$（这里 g 是重力加速度）. 已知飞机飞行高度 h（飞临机场上空时），要在跑道上 O 点着陆，应找出开始下降点 x_0 所能允许的最小值.

解　1. 确定飞机降落曲线的方程

设飞机的降落曲线为

$$y=ax^3+bx^2+cx+d$$

由题设有
$$y(0)=0,\quad y(x_0)=h$$

由于曲线是光滑的，所以 $y(x)$ 还要满足 $y'(0)=0$、$y'(x_0)=0$. 将上述的 4 个条件代入 y 的表达式，得

$$\begin{cases}y(0)=d=0\\ y'(0)=c=0\\ y(x_0)=ax_0^{\ 3}+bx_0^{\ 2}+cx_0+d=h\\ y'(x_0)=3ax_0^{\ 2}+2bx_0+c=0\end{cases}$$

得
$$a=-\frac{2h}{x_0^{\ 3}},\quad b=\frac{3h}{x_0^{\ 2}},\quad c=0,\quad d=0$$

飞机的降落曲线为

$$y=-\frac{h}{x_0^{\ 2}}\left(\frac{2}{x_0}x^3-3x^2\right)$$

2. 找出最佳着陆点

飞机的垂直速度是 y 关于时间 t 的导数，故

$$\frac{\mathrm{d}y}{\mathrm{d}t}=-\frac{h}{x_0^{\ 2}}\left(\frac{6}{x_0}x^2-6x\right)\frac{\mathrm{d}x}{\mathrm{d}t}$$

其中$\frac{\mathrm{d}x}{\mathrm{d}t}$是飞机的水平速度，$\frac{\mathrm{d}x}{\mathrm{d}t}=u$，因此

$$\frac{\mathrm{d}y}{\mathrm{d}t}=-\frac{6hu}{x_0^{\ 2}}\left(\frac{x^2}{x_0}-x\right)$$

垂直加速度为

$$\frac{\mathrm{d}^2y}{\mathrm{d}t^2}=-\frac{6hu}{x_0^{\ 2}}\left(\frac{2x}{x_0}-1\right)\frac{\mathrm{d}x}{\mathrm{d}t}=-\frac{6hu^2}{x_0^{\ 2}}\left(\frac{2x}{x_0}-1\right)$$

记

$$a(x)=\frac{\mathrm{d}^2y}{\mathrm{d}t^2}$$

则

$$|a(x)|=\frac{6hu^2}{x_0^{\ 2}}\left|\frac{2x}{x_0}-1\right|,\quad x\in[0,x_0]$$

因此，垂直加速度的最大绝对值为

$$\max|a(x)|=\frac{6hu^2}{x_0^{\ 2}},\quad x\in[0,x_0]$$

设计要求

$$\frac{6hu^2}{x_0^{\ 2}}\leqslant\frac{g}{10}$$

所以
$$x_0\geqslant u\sqrt{\frac{60h}{g}}\text{（允许的最小值）}$$

例如，$u=540\mathrm{km/h}$，$h=1000\mathrm{m}$，则 x_0 应满足

$$x_0\geqslant\frac{540\times1000}{3600}\times\sqrt{\frac{60\times1000}{9.8}}=11737(\mathrm{m})$$

即飞机所需的降落距离不得小于 11737m.

习　题　4 - 5

1. 求下列函数的极值.

(1) $y=x^3-3x^2+7$.

(2) $y=x^3-6x^2-15x+4$.

(3) $y=\dfrac{3x^2+4x+4}{x^2+x+1}$.

(4) $y=x+\dfrac{1}{x}$.

(5) $y=2e^x+e^{-x}$.

(6) $y=\dfrac{e^x}{1+x}$.

2. 求下列函数的最大值、最小值.

(1) $y=2x^3-3x^2$，$-1\leqslant x\leqslant 4$.

(2) $y=x^4-8x^2+2$，$-1\leqslant x\leqslant 3$.

(3) $y=x+\sqrt{1-x}$，$-5\leqslant x\leqslant 1$.

3. 问函数 $y=x^2-\dfrac{54}{x}(x<0)$ 在何处取得最小值？

4. 问函数 $y=\dfrac{x}{x^2+1}(x\geqslant 0)$ 在何处取得最大值？

5. 某车间靠墙壁要盖一间长方形小屋，现有存砖只够砌 20m 长的墙壁，问应围成怎样的长方形才能使这间小屋的面积最大？

6. 要造一圆柱形油罐，体积为 V，问底半径与高的比是多少时才能使表面积最小？

7. 某建筑物的截面拟建成矩形加半圆（图 4 - 11），截面的面积为 5m^2，问底宽 x 为多少时才能使截面的周长最小，从而使建造时所用的材料最省？

8. 从一块半径为 R 的圆铁片上挖去一个扇形做成一漏斗（图 4 - 12），问留下扇形的中心角 φ 取多大时，做成的漏斗的容积最大？

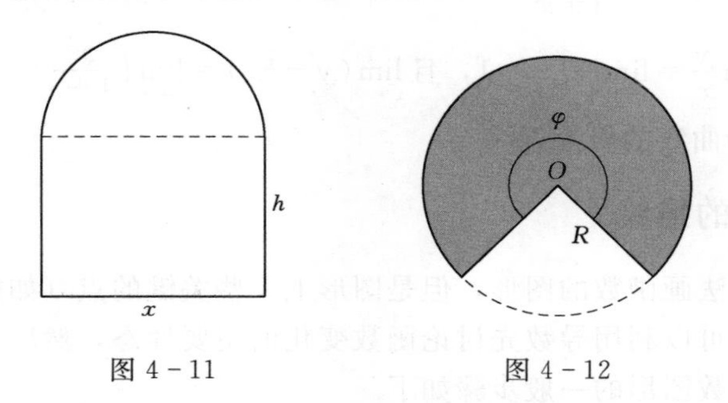

图 4 - 11　　　　图 4 - 12

9. 一房地产公司有 50 套公寓要出租. 当月租金定为 1000 元时，公寓会全部租出去. 当月租金每增加 50 元时（假定租金是 50 的倍数），就会多一套公寓租不出去，而租出去的公寓每月需花费 100 元的维修费. 试问房租定为多少可获最大收入？

第六节　函数图形的描绘

前面利用导数研究了函数的单调性与极值、曲线的凹凸性与拐点，从而对函数的变化性态有了一个整体的了解．在这里，先介绍曲线的渐近线，然后综合本章已学知识完成函数图形的描绘．

一、渐近线

先看下面的例子．

(1) 当 $x\to+\infty$ 时，曲线 $y=\arctan x$ 无限接近于直线 $y=\frac{\pi}{2}$；当 $x\to-\infty$ 时，曲线 $y=\arctan x$ 无限接近于直线 $y=-\frac{\pi}{2}$．

(2) 当 $x\to0^+$ 时，曲线 $y=\ln x$ 无限接近于直线 $x=0$．

一般地，对于具有上述特性的直线，给出下面的定义．

定义 4-4　如果 $\lim\limits_{x\to-\infty}f(x)=b$ [或 $\lim\limits_{x\to+\infty}f(x)=b$]，则称直线 $y=b$ 为曲线 $y=f(x)$ 的水平渐近线．

例如，因为 $\lim\limits_{x\to-\infty}\arctan x=-\frac{\pi}{2}$，$\lim\limits_{x\to+\infty}\arctan x=\frac{\pi}{2}$，所以直线 $y=-\frac{\pi}{2}$ 和 $y=\frac{\pi}{2}$ 是曲线 $y=\arctan x$ 的两条水平渐近线．

定义 4-5　如果 $\lim\limits_{x\to x_0^+}f(x)=\infty$ 或 $\lim\limits_{x\to x_0^-}f(x)=\infty$ 或 $\lim\limits_{x\to x_0}f(x)=\infty$，则称直线 $x=x_0$ 为曲线 $y=f(x)$ 的垂直渐近线．

因为 $\lim\limits_{x\to0^+}\ln x=-\infty$，所以直线 $x=0$ 是曲线 $y=\ln x$ 的垂直渐近线．

定义 4-6　如果 $\lim\limits_{x\to\infty}\frac{f(x)}{x}=k\neq0$，且 $\lim\limits_{x\to\infty}[f(x)-kx]=b$，则称直线 $y=kx+b$ 为曲线 $y=f(x)$ 的斜渐近线．

【例 4-27】　求曲线 $y=\frac{x^2}{1+x}$ 的斜渐近线．

解　因为 $k=\lim\limits_{x\to\infty}\frac{y}{x}=\lim\limits_{x\to\infty}\frac{x}{1+x}=1$，且 $\lim\limits_{x\to\infty}(y-kx)=\lim\limits_{x\to\infty}\left(\frac{x^2}{1+x}-x\right)=\lim\limits_{x\to\infty}\frac{-x}{1+x}=-1$，所以直线 $y=x-1$ 为曲线的斜渐近线．

二、函数图形的描绘

过去曾应用描点法画函数的图形，但是图形上一些关键的点（如极值点和拐点）却往往得不到反映，现在可以利用导数先讨论函数变化的主要性态，然后再作出函数的图形．

利用导数描绘函数图形的一般步骤如下．

(1) 确定函数的定义域，并讨论其奇偶性．

(2) 求出函数的一阶导数 $f'(x)$ 和二阶导数 $f''(x)$，解出方程 $f'(x)=0$ 和 $f''(x)=0$ 在函数定义域内的点，并求出一阶、二阶导数不存在的点，以上述点为分界点将函数的定

义域分为若干子区间.

(3) 列表确定曲线在每个子区间内的单调性和凹凸性.

(4) 确定曲线的水平渐近线和垂直渐近线、斜渐近线.

(5) 在坐标系上描出曲线上的极值点、拐点、与坐标轴的交点、其他特殊点.

(6) 连接这些点画出函数的图形.

【例 4-28】 画出 $f(x)=\dfrac{4(x+1)}{x^2}-2$ 的图形.

解 (1) $D_f=(-\infty,0)\cup(0,+\infty)$.

(2) $f'(x)=-\dfrac{4(x+2)}{x^3}$，$f''(x)=\dfrac{8(x+3)}{x^4}$.

令 $f'(x)=0$，得驻点 $x_1=-2$，$f'(x)$ 不存在点 $x_2=0$；令 $f(x)=0$，得 $x_3=-3$.

(3) 列表，见表 4-4.

表 4-4

x	$(-\infty,-3)$	-3	$(-3,-2)$	-2	$(-2,0)$	0	$(0,+\infty)$
$f'(x)$	$-$		$-$	0	$+$		$-$
$f''(x)$	$-$		$+$		$+$		$+$
$f(x)$	凸↘	$-\frac{26}{9}$ 拐点	凹↘	-3 极小值	凹↗	间断	凹↘

(4) $x\to\infty$时，$f(x)\to-2$，所以 $y=-2$ 是水平渐近线.

$x\to0$ 时，$f(x)\to\infty$，所以 $x=0$ 是垂直渐近线.

(5) $f(-1)=-2$，$f(1)=6$，$f(2)=1$，$f(3)=-\dfrac{2}{9}$，画出的图形如图 4-13 所示.

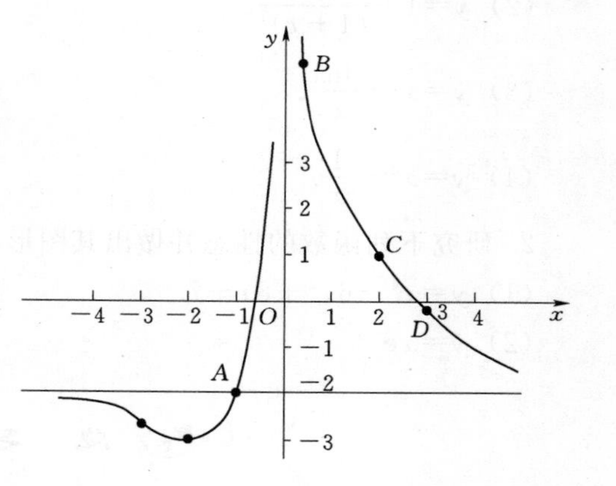

图 4-13

【例 4-29】 画出 $f(x)=\dfrac{1}{\sqrt{2\pi}}\mathrm{e}^{-\frac{1}{2}x^2}$ 的图形.

解 (1) $D_f=(-\infty,+\infty)$，$f(x)$ 关于 y 轴对称，只需讨论 $[0,+\infty]$ 的图形.

(2) $f'(x)=(-x)\dfrac{1}{\sqrt{2\pi}}\mathrm{e}^{-\frac{1}{2}x^2}$，$f''(x)=\dfrac{(x^2-1)}{\sqrt{2\pi}}\mathrm{e}^{-\frac{1}{2}x^2}$.

令 $f'(x)=0$，得 $x_1=0$；令 $f''(x)=0$，得 $x_2=1$.

(3) 列表，见表 4-5.

(4) $x\to\infty$时，$f(x)\to0$，所以 $y=0$ 是水平渐近线.

(5) $f(0)=\dfrac{1}{\sqrt{2\pi}}$，$f(1)=\dfrac{1}{\sqrt{2\pi\mathrm{e}}}$.

表 4-5

x	0	(0,1)	1	$(1,+\infty)$
$f'(x)$	0	$-$	$-$	$-$
$f''(x)$	$-$	$-$	0	$+$
$f(x)$	极大	凸↘	拐点	凹↘

画出的图形如图 4-14 所示.

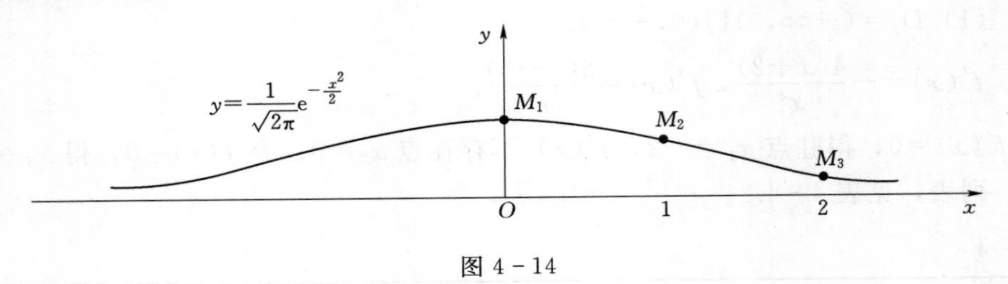

图 4-14

习 题 4-6

1. 求下列曲线的渐近线.

(1) $y=\frac{1}{1-x^2}$.

(2) $y=1+\frac{36x}{(1+x)^2}$.

(3) $y=x+\frac{\sin x}{x}$.

(4) $y=x^2+\frac{1}{x}$.

2. 研究下列函数的性态并做出其图形.

(1) $y=x^4-6x^2+8x+7$.

(2) $y=xe^{-x^2}$.

总 习 题 四

1. 选择题

(1) 设 $f(x)$ 存在二阶导数，下述结论正确的是（ ）.

A. 若 $f(x)$ 只有两个零点，则 $f'(x)$ 必定只有一个零点

B. 若 $f''(x)$ 至少有一个零点，则 $f(x)$ 必至少有三个零点

C. 若 $f(x)$ 没有零点，则 $f'(x)$ 至多有一个零点

D. 若 $f''(x)$ 没有零点，则 $f(x)$ 至多有两个零点

(2) 设 $f(x)$ 在有限区间 (a,b) 上可导，下列命题正确的是（ ）.

A. 若 $f(x)$ 在 (a,b) 上有界，则 $f'(x)$ 在 (a,b) 上有界

B. 若 $f'(x)$ 在 (a,b) 上有界，则 $f(x)$ 在 (a,b) 上有界

C. 若 $f(x)$ 在 (a,b) 上有界，则 $f'(x)$ 在 (a,b) 上无界

D. 若 $f'(x)$ 在 (a,b) 上有界，则 $f(x)$ 在 (a,b) 上无界

(3) 设 $f(x)$ 在 $[a,b]$ 上连续，则下列结论中正确的是（　　）.

A. 如果 x_0 是 $f(x)$ 的极值点，则 $f'(x_0)=0$

B. 如果 $(x_0,f(x_0))$ 是曲线 $f(x)$ 的拐点，则 $f''(x_0)=0$

C. 如果 x_0 是 $f(x)$ 的极值点，则 $(x_0,f(x_0))$ 一定不是曲线 $f(x)$ 的拐点

D. 如果 $f(x)$ 在 $[a,b]$ 上可导，且 $f'(a)\cdot f'(b)<0$，则至少存在 $x_0\in(a,b)$ 使 $f'(x_0)=0$

(4) 已知 $f(x)$ 在 $x=0$ 的某个邻域内连续，且 $f(0)=0,\lim\limits_{x\to 0}\dfrac{f(x)}{1-\cos x}=2$，则在点 $x=0$ 处 $f(x)$（　　）.

A. 不可导　　B. 可导，且 $f'(0)\neq 0$

C. 取得极大值　　D. 取得极小值

(5) (2007) 曲线 $y=\dfrac{1}{x}+\ln(1+\mathrm{e}^x)$ 的渐近线的条数为（　　）.

A. 1　　B. 2　　C. 3　　D. 4.

2. 填空题

(1) 已知 $y=x^3+ax^2+bx+c$ 有拐点 $(1,-1)$，且在 $x=0$ 处有极大值，则 $a=$________，$b=$________，$c=$________.

(2) 设 $y=y(x)$ 是由方程 $2y^3-2y^2+2xy-x^2=1$ 确定的，则 $y=y(x)$ 的极值点是________.

(3) 设 $\lim\limits_{x\to\infty}f'(x)=k$，则 $\lim\limits_{x\to\infty}[f(x+a)-f(x)]=$____________.

(4) 数列 $\{\sqrt[n]{n}\}$ 的最大项为第____________项.

3. 解答题

(1) 求下列极限.

1) $\lim\limits_{x\to 1}\dfrac{x-x^x}{1-x+\ln x}$.

2) $\lim\limits_{x\to 0}\left[\dfrac{1}{\ln(1+x)}-\dfrac{1}{x}\right]$.

3) $\lim\limits_{x\to+\infty}\left(\dfrac{2}{\pi}\arctan x\right)^x$.

4) (2009) $\lim\limits_{x\to 0}\dfrac{(1-\cos x)[x-\ln(1+\tan x)]}{\sin^4 x}$.

(2) 证明下列不等式.

1) 当 $0<x<\dfrac{\pi}{2}$ 时，$\sin x+\tan x>2x$.

2) 当 $x\geqslant 0$ 时，$\ln(x+\sqrt{1+x^2})\geqslant\arctan x$.

3) (1993) 设 $b>a>\mathrm{e}$，证明：$a^b>b^a$.

（3）求内接于椭圆$\frac{x^2}{a^2}+\frac{y^2}{b^2}=1$而面积最大的矩形的边长.

（4）设函数 $f(x)$ 在区间 $[a,b]$ 上连续，在 (a,b) 内可导，$0<a<b$. 试证存在 η、$\xi\in(a,b)$，使得 $f'(\xi)=\frac{a+b}{2\eta}f'(\eta)$.

（5）已知 $f''(x)<0$，$f(0)=0$. 试证：对任意 $x_2\geqslant x_1>0$，恒有

$$f(x_1+x_2)<f(x_1)+f(x_2)$$

（6）设 $f(x)$，$g(x)$ 都是可导函数，且 $|f'(x)|<g'(x)$，证明：当 $x>a$ 时，有

$$|f(x)-f(a)|<g(x)-g(a)$$

第五章　不　定　积　分

微分学的基本问题是：已知一个函数，求它的导数或微分．但在很多实际领域会遇到与此相反的问题：即找一个函数，使其导数等于给定的函数，由此产生了积分学．积分学分两部分，即不定积分和定积分．本章将研究不定积分的概念、性质及基本积分法．

第一节　不定积分的概念与性质

一、原函数与不定积分

1．定义

定义 5－1　设函数 $f(x)$ 与 $F(x)$ 在区间 I 上有定义，如果任取 $x\in I$，有

$$F'(x)=f(x)\quad 或\quad \mathrm{d}F(x)=f(x)\mathrm{d}x$$

称 $F(x)$ 为 $f(x)$ 在区间 I 上的一个原函数．

例如，在 $(-\infty,+\infty)$ 内有 $(x^3)'=3x^2$，所以 x^3 为 $3x^2$ 的一个原函数．同时 $(x^3+1)'=3x^2$，所以 x^3+1 也为 $3x^2$ 的一个原函数．事实上，对任意的常数 C，均有 $(x^3+C)'=3x^2$，因而 x^3+C 为 $3x^2$ 的所有原函数．

同理，做直线运动的质点，其位移函数 $s(t)$ 为速度函数 $v(t)$ 的原函数．

又如，$(\ln|x|)'=\dfrac{1}{x}$，$(\ln|x|+C)'=\dfrac{1}{x}$（C 为任意常数），所以 $\ln|x|$、$\ln|x|+C$ 均为 $\dfrac{1}{x}$ 的原函数．

从而若函数存在原函数，则函数必存在无数多个原函数．什么样的函数必存在原函数呢？

2．原函数存在定理

若 $f(x)$ 为某区间上的连续函数，则 $f(x)$ 在此区间上必存在原函数，即连续函数必存在原函数．此定理将在下一章给予证明．

原函数性质：

(1) 若 $F(x)$ 为 $f(x)$ 在某区间上的一个函数，则对任意常数 C，函数簇 $F(x)+C$ 都为 $f(x)$ 的原函数．

(2) 若 $F(x)$ 及 $G(x)$ 都为 $f(x)$ 的原函数，则 $G(x)-F(x)=$ 常数，即同一函数的不同原函数之间只相差某个常数．

事实上，根据原函数定义，$G'(x)=f(x)$ 且 $F'(x)=f(x)$，则

$$[G(x)-F(x)]'=G'(x)-F'(x)=f(x)-f(x)=0$$

由微分中值定理中的相关结论得 $G(x)-F(x)=$常数. 下面介绍不定积分定义.

定义 5-2　若 $F(x)$ 为 $f(x)$ 在某区间上的一个原函数，称 $f(x)$ 原函数的全体 $F(x)+C$（C 为任意常数）为 $f(x)$ 在该区间上的不定积分，记为 $\int f(x)\mathrm{d}x$，即

$$\int f(x)\mathrm{d}x = F(x)+C$$

其中"$\int$"为积分号，$f(x)$ 为被积函数，$f(x)\mathrm{d}x$ 为被积表达式，x 称为积分变量.

根据不定积分的定义，求函数 $f(x)$ 的不定积分，即找出 $f(x)$ 的一个原函数 $F(x)$，然后再加上任意常数 C.

【例 5-1】　求下列不定积分：

(1) $\int 2x\mathrm{d}x$.

(2) $\int \sin x\mathrm{d}x$.

(3) $\int \frac{1}{1+x^2}\mathrm{d}x$.

(4) $\int \frac{1}{x}\mathrm{d}x$.

解　(1) 因为$(x^2)'=2x$，即 x^2 为 $2x$ 的一个原函数，所以 $\int 2x\mathrm{d}x = x^2+C$.

(2) 因为 $(-\cos x)'=\sin x$，即 $-\cos x$ 为 $\sin x$ 的一个原函数，所以 $\int \sin x\mathrm{d}x=-\cos x+C$.

(3) 因为 $(\arctan x)'=\frac{1}{1+x^2}$，所以 $\int \frac{1}{1+x^2}\mathrm{d}x = \arctan x + C$.

(4) 因为 $(\ln|x|)'=\frac{1}{x}(x\neq 0)$，所以 $\int \frac{1}{x}\mathrm{d}x = \ln|x|+C$.

应特别注意，由于不定积分为全体原函数的一般表达式，所以在找出被积函数的一个原函数后不要忘记加积分常数 C.

【例 5-2】　已知某质点做直线运动，其速度函数为 $v=10+9.8t$，且初始位置为 0. 求其位移函数 $s(t)$.

解　根据微分学中位移和速度的关系 $s'(t)=v(t)$，即

$$s(t)=\int v(t)\mathrm{d}t=\int(10+9.8t)\mathrm{d}t=10t+4.9t^2+C$$

又 $s(0)=0$，所以 $C=0$，所以位移函数 $s(t)=10t-4.9t^2$.

根据不定积分定义可知，求不定积分与求导数（或微分）是两种互逆的运算，因而：

(1) $\left[\int f(x)\mathrm{d}x\right]'=f(x)$ 或 $\mathrm{d}\left[\int f(x)\mathrm{d}x\right]=f(x)\mathrm{d}x$.

(2) $\int \mathrm{d}f(x)=\int f'(x)\mathrm{d}x=f(x)+C$.

3．不定积分的几何意义

设函数 $F(x)$ 为 $f(x)$ 的一个原函数，从几何上看，如图 5－1 所示，$F(x)$ 表示平面上一条曲线，称为积分曲线．

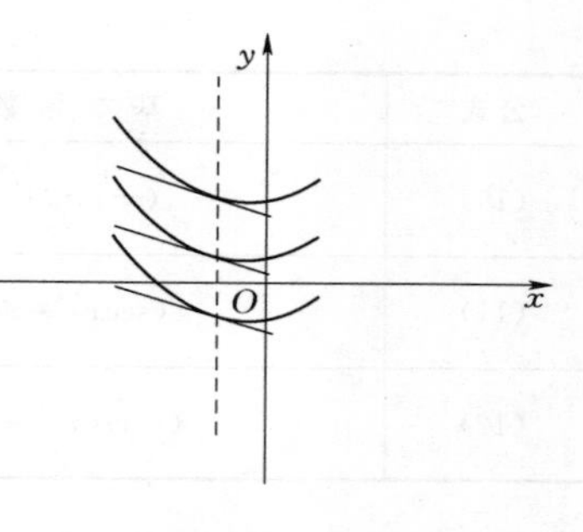

图 5－1

不定积分 $\int f(x)\mathrm{d}x = F(x)+C$ 在几何上表示一簇积分曲线．那么对应于自变量为 x_0 积分曲线簇的点作切线，由导数的几何意义知，过积分曲线簇上对应于自变量为 x_0 的点作切线应是互相平行的，也即积分曲线簇 $y=F(x)+C$ 可由积分曲线 $y=F(x)$ 上下平行移动而得到．

【例 5－3】 求过点（1，－2），且其切线的斜率为 $2x$ 的曲线方程．

解　由 $\int 2x\mathrm{d}x = x^2+C$，得曲线簇为

$$y=x^2+C$$

将 $x=1$，$y=-2$ 代入，得 $C=-3$，所以

$$y=x^2-3$$

为所求曲线．

二、基本积分公式

根据基本导数公式可得相应基本积分公式，见表 5－1．

表 5－1

公式	基本导数公式	基本积分公式
(1)	$(kx)'=k$	$\int k\mathrm{d}x = kx+C$，k 为常数
(2)	$\left(\frac{1}{\mu+1}x^{\mu+1}\right)'=x^{\mu}$	$\int x^{\mu}\mathrm{d}x = \frac{1}{\mu+1}x^{\mu+1}+C,\mu\neq -1$
(3)	$(\ln\lvert x\rvert)'=\frac{1}{x}$	$\int \frac{1}{x}\mathrm{d}x = \ln\lvert x\rvert+C$
(4)	$(\arcsin x)'=(-\arccos x)'=\frac{1}{\sqrt{1-x^2}}$	$\int \frac{1}{\sqrt{1-x^2}}\mathrm{d}x = \arcsin x+C=-\arccos x+C$
(5)	$(\arctan x)'=(-\mathrm{arccot}\,x)'=\frac{1}{1+x^2}$	$\int \frac{1}{1+x^2}\mathrm{d}x = \arctan x+C=-\mathrm{arccot}\,x+C$
(6)	$\left(\frac{a^x}{\ln a}\right)'=a^x$	$\int a^x\mathrm{d}x = \frac{a^x}{\ln a}+C$
	$(\mathrm{e}^x)'=\mathrm{e}^x$	$\int \mathrm{e}^x\mathrm{d}x = \mathrm{e}^x+C$
(7)	$(-\cos x)'=\sin x$	$\int \sin x\mathrm{d}x = -\cos x+C$
(8)	$(\sin x)'=\cos x$	$\int \cos x\mathrm{d}x = \sin x+C$
(9)	$(\tan x)'=\sec^2 x$	$\int \sec^2 x\mathrm{d}x = \tan x+C$

续表

公式	基本导数公式	基本积分公式
(10)	$(-\cot x)'=\csc^2 x$	$\int\csc^2 x\mathrm{d}x=-\cot x+C$
(11)	$(\sec x)'=\sec x\tan x$	$\int\sec x\tan x\mathrm{d}x=\sec x+C$
(12)	$(-\csc x)'=\csc x\cot x$	$\int\csc x\cot x\mathrm{d}x=-\csc x+C$

思考：式（4）、式（5）与原函数性质（2）是否矛盾？

【例 5－4】 求不定积分

(1) $\int x^6\mathrm{d}x$.

(2) $\int\frac{1}{x^2}\mathrm{d}x$.

(3) $\int\frac{1}{\sqrt{x}}\mathrm{d}x$.

(4) $\int 2^x\mathrm{e}^x\mathrm{d}x$.

解 (1) $\int x^6\mathrm{d}x=\frac{1}{1+6}x^{1+6}+C=\frac{1}{7}x^7+C$.

(2) $\int\frac{1}{x^2}\mathrm{d}x=\int x^{-2}\mathrm{d}x=\frac{1}{1+(-2)}x^{1+(-2)}+C=-\frac{1}{x}+C$.

(3) $\int\frac{1}{\sqrt{x}}\mathrm{d}x=\int x^{-\frac{1}{2}}\mathrm{d}x=\frac{1}{1-\frac{1}{2}}x^{1-\frac{1}{2}}+C=2\sqrt{x}+C$.

(4) $\int 2^x\mathrm{e}^x\mathrm{d}x=\int(2\mathrm{e})^x\mathrm{d}x=\frac{(2\mathrm{e})^x}{\ln(2\mathrm{e})}+C=\frac{(2\mathrm{e})^x}{1+\ln 2}+C$.

幂函数的积分特点：积分后指数增加 1，系数为积分后指数的倒数.

三、不定积分基本性质

性质 1 两个函数和（差）的不定积分等于不定积分的和（差），即

$$\int[f(x)\pm g(x)]\mathrm{d}x=\int f(x)\mathrm{d}x\pm\int g(x)\mathrm{d}x$$

性质 2 不为零的常数与函数乘积的不定积分可把常数提到积分号外，即

$$\int kf(x)\mathrm{d}x=k\int f(x)\mathrm{d}x,\quad k\neq 0$$

四、直接积分法

下面借助基本积分公式及不定积分基本性质介绍第一种积分方法：直接积分法，基本积分表中没有这种类型的积分，可以先把被积函数变形，化为表中所列类型的积分之后，再逐项求积分.

【例 5－5】 求下列不定积分：

(1) $\int \sqrt{x}(x^2-5)\mathrm{d}x$.

(2) $\int \frac{(x-1)^3}{x^2}\mathrm{d}x$.

(3) $\int \frac{2x^4+x^2+3}{x^2+1}\mathrm{d}x$.

解 (1) $\int \sqrt{x}(x^2-5)\mathrm{d}x=\int (x^{\frac{5}{2}}-5x^{\frac{1}{2}})\mathrm{d}x=\frac{2}{7}x^{\frac{7}{2}}-\frac{10}{3}x^{\frac{3}{2}}+C=\frac{2}{7}x^3\sqrt{x}-\frac{10}{3}x\sqrt{x}+C.$

(2) $\int \frac{(x-1)^3}{x^2}\mathrm{d}x=\int \frac{x^3-3x^2+3x-1}{x^2}\mathrm{d}x=\int\left(x-3+\frac{3}{x}-\frac{1}{x^2}\right)\mathrm{d}x=\frac{1}{2}x^2-3x+$ $3\ln|x|+\frac{1}{x}+C.$

(3) $\int \frac{2x^4+x^2+3}{x^2+1}\mathrm{d}x=\int\left(2x^2-1+\frac{4}{x^2+1}\right)\mathrm{d}x=\frac{2}{3}x^3-x+4\arctan x+C.$

注 检验积分结果是否正确，只要对结果求导，看其导数是否等于被积函数．如［例5－5］(1) 中，由于

$$\left(\frac{2}{7}x^3\sqrt{x}-\frac{10}{3}x\sqrt{x}+C\right)'=\left(\frac{2}{7}x^{\frac{7}{2}}-\frac{10}{3}x^{\frac{3}{2}}\right)'=x^{\frac{5}{2}}-5x^{\frac{1}{2}}=x^2\sqrt{x}-5\sqrt{x}$$
$$=\sqrt{x}(x^2-5)$$

所以结果正确．

【例 5－6】 求下列积分：

(1) $\int \tan^2 x\mathrm{d}x$.

(2) $\int \sin^2\frac{x}{2}\mathrm{d}x$.

(3) $\int \frac{1}{\sin^2\frac{x}{2}\cos^2\frac{x}{2}}\mathrm{d}x$.

解 (1) $\int \tan^2 x\mathrm{d}x=\int(\sec^2 x-1)\mathrm{d}x=\int\sec^2 x\mathrm{d}x-\int 1\mathrm{d}x=\tan x-x+C.$

(2) $\int \sin^2\frac{x}{2}\mathrm{d}x=\int\frac{1-\cos x}{2}\mathrm{d}x=\frac{1}{2}\left(\int 1\mathrm{d}x-\int\cos x\mathrm{d}x\right)=\frac{1}{2}(x-\sin x)+C.$

(3) $\int \frac{1}{\sin^2\frac{x}{2}\cos^2\frac{x}{2}}\mathrm{d}x=\int\frac{4}{\sin^2 x}\mathrm{d}x=4\int\csc^2 x\mathrm{d}x=-4\cot x+C.$

涉及三角函数积分问题一般要用到一些基本三角公式对被积表达式进行变形．

注 初等函数在其定义区间上存在原函数，但其原函数却不一定都是初等函数，如

$\int e^{-x^2}dx$、$\int \frac{\sin x}{x}dx$、$\int \frac{dx}{\ln x}$、$\int \sin x^2 dx$ 等积分结果就不能用初等函数表示出来.

习 题 5-1

1. 利用求导运算验证下列等式.

(1) $\int \frac{1}{\sqrt{x^2+a^2}}dx = \ln(x+\sqrt{x^2+a^2})+C$.

(2) $\int \frac{1}{x^2\sqrt{x^2-1}}dx = \frac{\sqrt{x^2-1}}{x}+C$.

(3) $\int \sec x dx = \ln|\tan x+\sec x|+C$.

(4) $\int \ln x dx = x\ln x - x + C$.

(5) $\int x\sin x dx = -x\cos x + \sin x + C$.

(6) $\int e^{2x}\cos x dx = \frac{1}{5}e^{2x}(2\cos x+\sin x)+C$.

2. 求下列不定积分.

(1) $\int x\sqrt{x}dx$　　(2) $\int 3^x e^x dx$

(3) $\int x^2\sqrt[3]{x}dx$　　(4) $\int \frac{x^4}{1+x^2}dx$

(5) $\int \frac{(1-x)^2}{\sqrt{x}}dx$　　(6) $\int \left(\frac{3}{1+x^2}-\frac{2}{\sqrt{1-x^2}}\right)dx$

(7) $\int \sec x(\sec x-\tan x)dx$　　(8) $\int \cos^2\frac{x}{2}dx$

(9) $\int \frac{dx}{1+\cos 2x}$　　(10) $\int \frac{\cos 2x}{\cos^2 x\sin^2 x}dx$

(11) $\int \cot^2 x dx$　　(12) $\int \frac{e^{2x}-4}{e^x-2}dx$

3. 设 $\int xf(x)dx = \arccos x + C$，求 $f(x)$.

4. 一曲线通过点 $(e^2,3)$，且曲线上任一点处的切线斜率等于该点横坐标的倒数，求曲线方程.

第二节 换 元 积 分 法

本章第一节介绍了不定积分的定义、性质及基本积分公式，利用这些公式及性质求出的不定积分是非常有限的，为了求得更多的积分，还需学习一些基本积分方法. 本节将介绍换元积分法.

一、第一换元积分法

设函数 $f(u)$ 的原函数为 $F(u)$，即

$$F'(u)=f(u) \quad \text{或} \quad \int f(u)\mathrm{d}u=F(u)+C$$

若 $u=\varphi(x)$，且 $\varphi(x)$ 可微，则根据复合函数微分法，有

$$\mathrm{d}F(u)=f(u)\mathrm{d}u=f[\varphi(x)]\mathrm{d}\varphi(x)=f[\varphi(x)]\varphi'(x)\mathrm{d}x$$

根据不定积分的定义

$$\int f[\varphi(x)]\varphi'(x)\mathrm{d}x=\int f[\varphi(x)]\mathrm{d}\varphi(x)=[\int f(u)\mathrm{d}u]_{u=\varphi(x)}$$
$$=[F(u)+C]_{u=\varphi(x)}=F[\varphi(x)]+C$$

于是有下述定理.

定理 5-1　设 $f(u)$ 具有原函数，$u=\varphi(x)$ 可导，则有换元公式

$$\int f[\varphi(x)]\varphi'(x)\mathrm{d}x=\int f[\varphi(x)]\mathrm{d}\varphi(x)=[\int f(u)\mathrm{d}u]_{u=\varphi(x)}$$

公式的使用方法：假设要求积分 $\int g(x)\mathrm{d}x$.

(1) 确定被积函数中的复合函数，设为 $f[\varphi(x)]$.

(2) 凑微分：把被积表达式凑成为复合函数与其中间变量导数的乘积形式，即

$$g(x)\mathrm{d}x=kf[\varphi(x)]\varphi'(x)\mathrm{d}x=kf[\varphi(x)]\mathrm{d}\varphi(x), \quad k \text{ 为常数}$$

(3) 变量代换：$\int g(x)\mathrm{d}x=k\int f[\varphi(x)]\mathrm{d}\varphi(x)=k[\int f(u)\mathrm{d}u]_{u=\varphi(x)}$.

这个结论说明，不定积分中的记号 $\mathrm{d}x$ 不仅仅是形式的记号，而且可以看作是变量 x 的微分，由此，不管积分变量是自变量还是自变量的可微函数，只要被积表达式与某积分公式中的被积表达式有相同形状，就可以使用该公式，这样一来，基本积分公式的使用范围就随之扩大了.

1. $\int f(ax+b)\mathrm{d}x=\frac{1}{a}\int f(ax+b)\mathrm{d}(ax+b)$

【例 5-7】　求 $\int \cos 2x\mathrm{d}x$.

解　显然被积函数中的复合函数为 $\cos 2x$，中间变量为 $u=2x$. 先凑微分

$$\cos 2x\mathrm{d}x=\frac{1}{2}\cos 2x(2x)'\mathrm{d}x=\frac{1}{2}\cos 2x\mathrm{d}2x$$

所以 $\int \cos 2x\mathrm{d}x=\frac{1}{2}\int \cos 2x\mathrm{d}2x\xlongequal{令 u=2x}\frac{1}{2}\int \cos u\mathrm{d}u=\left[\frac{1}{2}\sin u+C\right]_{u=2x}=\frac{1}{2}\sin 2x+C$

【例 5-8】　求 $\int (2x+1)^{10}\mathrm{d}x$.

解　显然被积函数中的复合函数为 $(2x+1)^{10}$，中间变量为 $u=2x+1$. 先凑微分

$$(2x+1)^{10}\mathrm{d}x=\frac{1}{2}(2x+1)^{10}(2x+1)'\mathrm{d}x=\frac{1}{2}(2x+1)^{10}\mathrm{d}(2x+1)$$

所以

$$\int(2x+1)^{10}\mathrm{d}x = \frac{1}{2}\int(2x+1)^{10}\mathrm{d}(2x+1) \xlongequal{\text{令 } u=2x+1} \frac{1}{2}\int u^{10}\mathrm{d}u = \left[\frac{1}{22}u^{11}+C\right]_{u=2x+1}$$

$$= \frac{1}{22}(2x+1)^{11}+C$$

【例 5-9】 求 $\int\frac{1}{3-2x}\mathrm{d}x$.

解 显然被积函数中的复合函数为$\frac{1}{3-2x}$，中间变量为 $u=3-2x$. 先凑微分

$$\frac{1}{3-2x}\mathrm{d}x=-\frac{1}{2}\times\frac{1}{3-2x}\mathrm{d}(3-2x)$$

所以

$$\int\frac{1}{3-2x}\mathrm{d}x = -\frac{1}{2}\int\frac{1}{3-2x}\mathrm{d}(3-2x) \xlongequal{\text{令 } u=3-2x} -\frac{1}{2}\int\frac{1}{u}\mathrm{d}u = \left[-\frac{1}{2}\ln|u|+C\right]_{u=3-2x}$$

$$= -\frac{1}{2}\ln|3-2x|+C$$

从以上例题看出，使用第一换元公式关键找出被积函数中的复合函数，下面再看几个例题.

2. $\int xf(ax^2+b)\mathrm{d}x = \frac{1}{2a}\int f(ax^2+b)\mathrm{d}(ax^2+b)$

【例 5-10】 求下列积分：

(1) $\int x\mathrm{e}^{-x^2}\mathrm{d}x$.

(2) $\int x\sqrt{1-2x^2}\mathrm{d}x$.

解 (1) 被积函数中的复合函数为 e^{-x^2}，中间变量为 $u=-x^2$，因而

$$\int x\mathrm{e}^{-x^2}\mathrm{d}x = -\frac{1}{2}\int\mathrm{e}^{-x^2}\mathrm{d}(-x^2) = -\frac{1}{2}\mathrm{e}^{-x^2}+C$$

(2) 被积函数中的复合函数为$\sqrt{1-2x^2}$，中间变量为 $u=1-2x^2$，因而

$$\int x\sqrt{1-2x^2}\mathrm{d}x = -\frac{1}{4}\int(1-2x^2)^{\frac{1}{2}}\mathrm{d}(1-2x^2) = -\frac{1}{6}(1-2x^2)\sqrt{1-2x^2}+C$$

说明：当公式使用比较熟练时，可省去凑微分过程及变量代换过程. 为验证结果的正确性可对所求的结果求导，看其导数是否与被积函数一致，对于初学者这一点很重要.

以下几个积分公式以后经常用到，应把它当作基本积分公式牢记，在以下公式中 $a\neq0$.

公式 (13)：

$$\int\frac{1}{x^2-a^2}\mathrm{d}x = \frac{1}{2a}\int\left(\frac{1}{x-a}-\frac{1}{x+a}\right)\mathrm{d}x = \frac{1}{2a}(\ln|x-a|-\ln|x+a|)+C = \frac{1}{2a}\ln\left|\frac{x-a}{x+a}\right|+C$$

公式 (14)：

$$\int\frac{1}{x^2+a^2}\mathrm{d}x = \frac{1}{a^2}\int\frac{1}{1+\left(\frac{x}{a}\right)^2}\mathrm{d}x = \frac{1}{a}\int\frac{1}{1+\left(\frac{x}{a}\right)^2}\mathrm{d}\frac{x}{a} = \frac{1}{a}\arctan\frac{x}{a}+C$$

公式 (15)：

$$\int \frac{1}{\sqrt{a^2-x^2}}\mathrm{d}x(a>0)=\frac{1}{a}\int \frac{1}{\sqrt{1-\left(\frac{x}{a}\right)^2}}\mathrm{d}x=\int \frac{1}{\sqrt{1-\left(\frac{x}{a}\right)^2}}\mathrm{d}\,\frac{x}{a}=\arcsin\frac{x}{a}+C$$

3. $\int \frac{1}{x}f(\ln x)\mathrm{d}x=\int f(\ln x)\mathrm{d}\ln x$

【例 5-11】 求 $\int \frac{\mathrm{d}x}{x(1+2\ln x)}$.

解 此题被积函数中的复合函数具有一定隐蔽性，通过观察，可得

$$\int \frac{\mathrm{d}x}{x(1+2\ln x)}=\frac{1}{2}\int \frac{1}{1+2\ln x}\mathrm{d}(1+2\ln x)=\frac{1}{2}\ln|1+2\ln x|+C$$

下面看些三角函数类的积分问题.

4. $\int f(\sin x)\cos x\mathrm{d}x=\int f(\sin x)\mathrm{d}\sin x$ 或 $\int f(\cos x)\sin x\mathrm{d}x=-\int f(\cos x)\mathrm{d}\cos x$

【例 5-12】 求下列积分：

(1) $\int \cos^3 x\mathrm{d}x$.

(2) $\int \sin^2 x\cos^3 x\mathrm{d}x$.

解 (1) $\int \cos^3 x\mathrm{d}x=\int \cos^2 x\cos x\mathrm{d}x=\int (1-\sin^2 x)\mathrm{d}\sin x=\sin x-\frac{1}{3}\sin^3 x+C$.

(2) $\int \sin^2 x\cos^3 x\mathrm{d}x=\int \sin^2 x\cos^2 x\cos x\mathrm{d}x=\int \sin^2 x(1-\sin^2 x)\mathrm{d}\sin x$

$$=\int (\sin^2 x-\sin^4 x)\mathrm{d}\sin x=\frac{1}{3}\sin^3 x-\frac{1}{5}\sin^5 x+C.$$

【例 5-13】 求下列积分：

(1) $\int \cos^2 x\mathrm{d}x$.

(2) $\int \sin^2 x\cos^4 x\mathrm{d}x$.

解 (1) $\int \cos^2 x\mathrm{d}x=\int \frac{1+\cos 2x}{2}\mathrm{d}x=\frac{1}{2}\left(\int 1\mathrm{d}x+\frac{1}{2}\int \cos 2x\mathrm{d}2x\right)=\frac{1}{2}\left(x+\frac{1}{2}\sin 2x\right)+C$.

(2) $\int \sin^2 x\cos^4 x\mathrm{d}x=\int \frac{1-\cos 2x}{2}\left(\frac{1+\cos 2x}{2}\right)^2\mathrm{d}x=\frac{1}{8}\int (1+\cos 2x-\cos^2 2x-\cos^3 2x)\mathrm{d}x$

$$=\frac{1}{8}\int (\cos 2x-\cos^3 2x)\mathrm{d}x+\frac{1}{8}\int (1-\cos^2 2x)\mathrm{d}x$$

$$=\frac{1}{16}\int \sin^2 2x\mathrm{d}\sin 2x+\frac{1}{16}\int (1-\cos 4x)\mathrm{d}x$$

$$=\frac{1}{48}\sin^3 2x+\frac{1}{16}x-\frac{1}{64}\sin 4x+C.$$

从上面例题可见，对 $\int \sin^m x\cos^n x\,\mathrm{d}x$（$m$、$n$ 为正整数）型的积分，当 m、n 中有一个为奇数时，如 m 为奇数，则令 $u=\cos x$，利用凑微分法计算；当 m、n 均为偶数时，用三角公式中余弦的倍角公式，先将被积函数的幂次降低.

【例 5-14】 求下列积分：

(1) $\int \sec^6 x \mathrm{d}x$.

(2) $\int \tan^5 x \sec^3 x \mathrm{d}x$.

解 (1) $\int \sec^6 x \mathrm{d}x = \int \sec^4 x \sec^2 x \mathrm{d}x = \int (1+\tan^2 x)^2 \mathrm{d}\tan x$

$$= \int (1+2\tan^2 x+\tan^4 x)\mathrm{d}\tan x$$

$$= \tan x + \frac{2}{3}\tan^3 x + \frac{1}{5}\tan^5 x + C.$$

(2) $\int \tan^5 x \sec^3 x \mathrm{d}x = \int \tan^4 x \sec^2 x \sec x \tan x \mathrm{d}x = \int (\sec^2 x - 1)^2 \sec^2 x \mathrm{d}\sec x$

$$= \int (\sec^6 x - 2\sec^4 x + \sec^2 x)\mathrm{d}\sec x$$

$$= \frac{1}{7}\sec^7 x - \frac{2}{5}\sec^5 x + \frac{1}{3}\sec^3 x + C.$$

一般地，对于积分 $\int \tan^n x \sec^{2k} x \mathrm{d}x$ 或 $\int \tan^{2k-1} x \sec^n x \mathrm{d}x$，总可通过公式 $\sec^2 x = \tan^2 x + 1$ 及凑微分转化为 $\int f(\tan x)\mathrm{d}\tan x$ 或 $\int f(\sec x)\mathrm{d}\sec x$ 型.

【例 5-15】 求 $\int \sin 5x \cos 2x \mathrm{d}x$.

解 $\int \sin 5x \cos 2x \mathrm{d}x = \int \frac{1}{2}(\sin 7x + \sin 3x)\mathrm{d}x = -\frac{1}{14}\cos 7x - \frac{1}{6}\cos 3x + C.$

前面给出了正弦、余弦函数的积分. 下面利用第一换元法推导其余三角函数的积分.

公式（16）：

$$\int \tan x \mathrm{d}x = \int \frac{\sin x}{\cos x}\mathrm{d}x = -\int \frac{\mathrm{d}\cos x}{\cos x} = -\ln|\cos x| + C$$

余切积分公式请读者自行推导.

公式（17）：

$$\int \csc x \mathrm{d}x = \int \frac{1}{\sin x}\mathrm{d}x = \int \frac{\sin^2 \frac{x}{2} + \cos^2 \frac{x}{2}}{2\sin\frac{x}{2}\cos\frac{x}{2}}\mathrm{d}x = \int \left(\tan\frac{x}{2} + \cot\frac{x}{2}\right)\mathrm{d}\frac{x}{2}$$

$$= -\ln\left|\cos\frac{x}{2}\right| + \ln\left|\sin\frac{x}{2}\right| + C = \ln\left|\tan\frac{x}{2}\right| + C = \ln|\csc x - \cot x| + C$$

公式（18）：

$$\int \sec x \mathrm{d}x = \int \csc\left(x+\frac{\pi}{2}\right)\mathrm{d}\left(x+\frac{\pi}{2}\right) = \ln\left|\csc\left(x+\frac{\pi}{2}\right) - \cot\left(x+\frac{\pi}{2}\right)\right| + C$$

$$= \ln|\sec x + \tan x| + C$$

5. $\int \mathrm{e}^x f(\mathrm{e}^x)\mathrm{d}x = \int f(\mathrm{e}^x)\mathrm{d}(\mathrm{e}^x)$

【例 5-16】　求 $\int \frac{e^x}{\sqrt{e^x+1}}dx$.

解　$\int \frac{e^x}{\sqrt{e^x+1}}dx = \int \frac{1}{\sqrt{e^x+1}}d(e^x+1) = 2\sqrt{e^x+1}+C.$

【例 5-17】　求 $\int \frac{e^x}{1+e^{2x}}dx$.

解　$\int \frac{e^x}{1+e^{2x}}dx = \int \frac{1}{1+(e^x)^2}d(e^x) = \arctan e^x + C.$

6. $\int \frac{1}{x^2}f\left(\frac{1}{x}\right)dx = -\int f\left(\frac{1}{x}\right)d\left(\frac{1}{x}\right)$

【例 5-18】　$\int \frac{1}{x^2}\cos\frac{1}{x}dx$.

解　$\int \frac{1}{x^2}\cos\frac{1}{x}dx = -\int \cos\frac{1}{x}d\left(\frac{1}{x}\right) = -\sin\frac{1}{x}+C.$

7. $\int \frac{1}{\sqrt{x}}f(\sqrt{x})dx = 2\int f(\sqrt{x})d(\sqrt{x})$

【例 5-19】　求 $\int \frac{e^{\sqrt{x}}}{\sqrt{x}}dx$.

解　$\int \frac{e^{\sqrt{x}}}{\sqrt{x}}dx = 2\int e^{\sqrt{x}}d(\sqrt{x}) = 2e^{\sqrt{x}}+C.$

【例 5-20】　求 $\int \frac{dx}{\sqrt{x-x^2}}$.

解法Ⅰ　$$\int \frac{dx}{\sqrt{x-x^2}} = \int \frac{dx}{\sqrt{\frac{1}{4}-\left(x-\frac{1}{2}\right)^2}} = \int \frac{2dx}{\sqrt{1-(2x-1)^2}}$$

$$= \int \frac{d(2x-1)}{\sqrt{1-(2x-1)^2}} = \arcsin(2x-1)+C$$

解法Ⅱ　因为 $\frac{1}{\sqrt{x}}dx = 2d\sqrt{x}$，所以

$$\int \frac{dx}{\sqrt{x-x^2}} = \int \frac{dx}{\sqrt{x(1-x)}} = 2\int \frac{d\sqrt{x}}{\sqrt{1-(\sqrt{x})^2}} = 2\arcsin\sqrt{x}+C$$

第一换元积分公式是求不定积分的一种非常重要的方法，该公式本质上与复合函数求导公式是互逆的，但在使用过程中该公式要比复合函数求导公式难得多，找出被积函数中的复合函数是解决问题的关键，但往往复合函数有一定的隐蔽性. 这要求掌握一些典型的例子并做大量的练习，同时还要具备“微分敏感度”，比如当看到被积函数中出现 $\frac{1}{x}dx$ 时就应该想到 $\frac{1}{x}dx = d\ln x$. 请读者认真完成习题 5-1 中的第 1 题，相信对第一换元积分法的使用会有所帮助.

下面介绍第二种换元积分法.

二、第二换元积分

上面介绍的第一换元积分法是通过变量代换 $u=\varphi(x)$，化积分 $\int f[\varphi(x)]\varphi'(x)\mathrm{d}x$ 为 $\int f(u)\mathrm{d}u$.

下面将介绍的第二换元积分是：选择合适的变量 $x=\phi(t)$，化积分 $\int f(x)\mathrm{d}x$ 为 $\int f[\phi(t)]\phi'(t)\mathrm{d}t$.

定理 5-2 设 $x=\phi(t)$ 在某区间上单调可导，并且 $\phi'(t)\neq 0$. 又 $f[\phi(t)]\phi'(t)$ 具有原函数，则有换元积分式

$$\int f(x)\mathrm{d}x = \left\{\int f[\phi(t)]\phi'(t)\mathrm{d}t\right\}_{t=\phi^{-1}(x)}$$

其中 $t=\phi^{-1}(x)$ 为 $x=\phi(t)$ 的反函数.

证明从略.

第二类换元积分法关键是选择合适的 $x=\varphi(t)$，这个有一定规律可循. 一般步骤如下.

(1) 做适当的变量换元 $x=\varphi(t)$，则

$$\int f(x)\mathrm{d}x = \int f[\varphi(t)]\varphi'(t)\mathrm{d}t$$

(2) 求出 $f[\varphi(t)]\varphi'(t)$ 的原函数 $\Phi(t)$，即

$$\int[\varphi(t)]\varphi'(t)\mathrm{d}t = \Phi(t)+C$$

(3) 将变量还原 $t=\varphi^{-1}(x)$，即

$$\Phi(t)+C=\Phi[\varphi^{-1}(x)]+C$$

1. 简单根式代换

【例 5-21】 求积分 $\int \frac{\sqrt{x-1}}{x}\mathrm{d}x$.

解 为了去掉被积函数中的无理式，令 $\sqrt{x-1}=t$，则 $x=t^2+1$，$\mathrm{d}x=2t\mathrm{d}t$，于是

$$\int\frac{\sqrt{x-1}}{x}\mathrm{d}x = \int\frac{t}{t^2+1}2t\mathrm{d}t = 2\int\frac{t^2+1-1}{t^2+1}\mathrm{d}t$$

$$= 2\int\left(1-\frac{1}{t^2+1}\right)\mathrm{d}t = 2t-2\arctan t+C$$

$$= 2\sqrt{x-1}-2\arctan\sqrt{x-1}+C$$

【例 5－22】 求积分 $\int \frac{1}{\sqrt{x}+\sqrt[3]{x}}\mathrm{d}x$.

解　为了去掉被积函数中的无理式，令 $x=t^6$，则 $\mathrm{d}x=6t^5\mathrm{d}t$，于是

$$\begin{aligned}\int \frac{1}{\sqrt{x}+\sqrt[3]{x}}\mathrm{d}x &= \int \frac{1}{t^3+t^2}6t^5\mathrm{d}t = 6\int \frac{t^3+1-1}{t+1}\mathrm{d}t \\ &= 6\int\left(t^2-t+1-\frac{1}{t+1}\right)\mathrm{d}t \\ &= 6\left(\frac{1}{3}t^3-\frac{1}{2}t^2+t-\ln|t+1|\right)+C \\ &= 2\sqrt{x}-3\sqrt[3]{x}+6\sqrt[6]{x}-6\ln|\sqrt[6]{x}+1|+C\end{aligned}$$

一般地，当被积函数中含 $\sqrt[n]{ax+b}$ 或 $\sqrt[n]{\frac{ax+b}{cx+d}}$ 型表达式时，可令无理式为 u 达到有理化的目的.

2. 三角代换

【例 5－23】 求 $\int \sqrt{a^2-x^2}\mathrm{d}x(a>0)$.

解　被积函数中有二次根式，不能直接有理化，宜采用三角代换. 令 $x=a\sin t$ $\left(-\frac{\pi}{2}\leqslant t\leqslant\frac{\pi}{2}\right)$，则 $\mathrm{d}x=a\cos t\mathrm{d}t$，于是

$$\begin{aligned}\int \sqrt{a^2-x^2}\mathrm{d}x &= \int a\cos t(a\cos t)\mathrm{d}t = \frac{a^2}{2}\int(1+\cos 2t)\mathrm{d}t \\ &= \frac{a^2}{2}\left(t+\frac{1}{2}\sin 2t\right)+C \\ &= \frac{a^2}{2}\arcsin\frac{x}{a}+\frac{1}{2}x\sqrt{a^2-x^2}+C\end{aligned}$$

说明：由于 $\sin t=\frac{x}{a}$，所以 $\cos t=\frac{\sqrt{a^2-x^2}}{a}$. 回代过程可借助辅助三角形，见图 5－2.

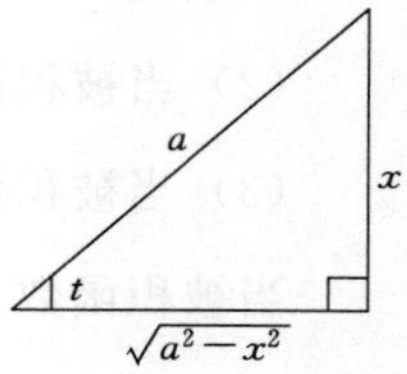

图 5－2

【例 5－24】 求 $\int \frac{\mathrm{d}x}{\sqrt{x^2+a^2}}(a>0)$.

解　为了去掉被积函数中的无理式，可令 $x=a\tan t\left(-\frac{\pi}{2}<t<\frac{\pi}{2}\right)$，则 $\mathrm{d}x=a\sec^2t\mathrm{d}t$，于是

$$\int \frac{\mathrm{d}x}{\sqrt{x^2+a^2}} = \int \frac{a\sec^2t\mathrm{d}t}{a\sec t} = \int \sec t\mathrm{d}t = \ln|\sec t+\tan t|+C_1$$

作辅助三角形，如图 5－3 所示，根据 $\tan t=\frac{x}{a}$，得 $\sec t=\frac{\sqrt{x^2+a^2}}{a}$，于是有以下公式.

公式（19）：

$$\int \frac{\mathrm{d}x}{\sqrt{x^2+a^2}} = \ln|\sec t+\tan t|+C_1 = \ln\left|\frac{x}{a}+\frac{\sqrt{x^2+a^2}}{a}\right|+C_1$$

$$= \ln|x+\sqrt{x^2+a^2}|+C(C=C_1-\ln a)$$

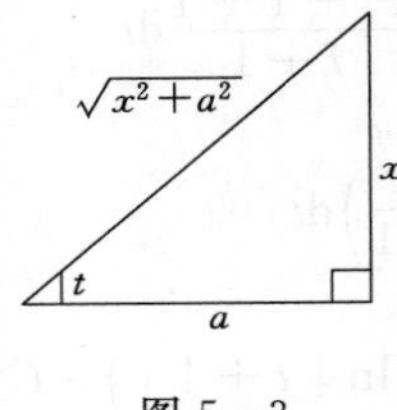

图 5-3

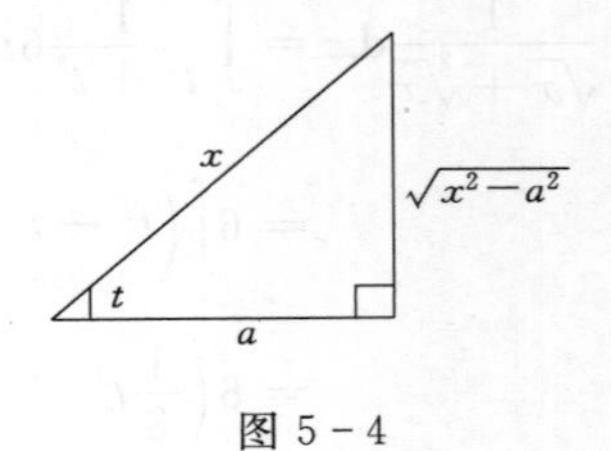

图 5-4

【例 5-25】 求 $\int \frac{\mathrm{d}x}{\sqrt{x^2-a^2}}(a>0)$.

解 为了去掉被积函数中的无理式，可令 $x=a\sec t(0<t<\frac{\pi}{2})$，则 $\mathrm{d}x=a\sec t\tan t\mathrm{d}t$，于是

$$\int \frac{\mathrm{d}x}{\sqrt{x^2-a^2}} = \int \frac{a\sec t\tan t\mathrm{d}t}{a\tan t} = \int \sec t\mathrm{d}t = \ln|\sec t+\tan t|+C_1$$

作辅助三角形，如图 5-4 所示，根据 $\sec t=\frac{x}{a}$，得 $\sec t=\frac{\sqrt{x^2-a^2}}{a}$，于是有以下公式.

公式（20）：

$$\int \frac{\mathrm{d}x}{\sqrt{x^2-a^2}} = \ln|\sec t+\tan t|+C_1 = \ln\left|\frac{x}{a}+\frac{\sqrt{x^2-a^2}}{a}\right|+C_1$$

$$= \ln|x+\sqrt{x^2-a^2}|+C(C=C_1-\ln a)$$

一般地，（1）当被积函数中含 $\sqrt{a^2-x^2}$ 时，可令 $x=a\sin t$.

（2）当被积函数中含 $\sqrt{a^2+x^2}$ 时，可令 $x=a\tan t$.

（3）当被积函数中含 $\sqrt{x^2-a^2}$ 时，可令 $x=a\sec t$.

当被积函数含 $\sqrt{ax^2+bx+c}$ 时，可先对 ax^2+bx+c 配方，然后再用换元积分法.

【例 5-26】 求 $\int \frac{\mathrm{d}x}{\sqrt{1+x-x^2}}$.

解

$$\int \frac{\mathrm{d}x}{\sqrt{1+x-x^2}} = \int \frac{\mathrm{d}\left(x-\frac{1}{2}\right)}{\sqrt{\left(\frac{\sqrt{5}}{2}\right)^2-\left(x-\frac{1}{2}\right)^2}} \xlongequal{\text{公式(15)}} \arcsin\frac{2\left(x-\frac{1}{2}\right)}{\sqrt{5}}+C$$

$$=\arcsin\frac{2x-1}{\sqrt{5}}+C$$

习　题　5－2

1. 在下列各式横线处填入适当的数或函数，使等式成立.

如：$d(4x+7)=\underline{4}\ dx$.　$x dx=\underline{-\frac{1}{6}}d(2-3x^2)$.

(1) $x dx=$________ $d(1-2x^2)$.

(2) $dx=$________ $d(4-5x)$.

(3) $d(2-3\ln x)=$________ dx.

(4) $d(3x^4-2)=$________ dx.

(5) $e^{2x}dx=$________ $d(e^{2x})$.

(6) $\frac{1}{\sqrt{1-x^2}}dx=$________ $d(1-2\arcsin x)$.

(7) $\frac{1}{\sqrt{x}}dx=$________ $d(\sqrt{x})$.

(8) $\frac{x}{\sqrt{1-x^2}}dx=d($________$)$.

2. 求下列积分.

(1) $\int e^{-3x}dx$.

(2) $\int (3-2x)^3 dx$.

(3) $\int \frac{1}{3-2x}dx$.

(4) $\int \frac{1}{\sqrt[3]{2-3x}}dx$.

(5) $\int x\cos x^2 dx$.

(6) $\int x^2 e^{-x^3}dx$.

(7) $\int \frac{\sin\sqrt{x}}{\sqrt{x}}dx$.

(8) $\int \frac{x}{\sqrt{2-3x^2}}dx$.

(9) $\int \frac{1}{\sqrt{4-x^2}}dx$.

(10) $\int \frac{1}{x^2+5}dx$.

(11) $\int \frac{dx}{x^2-4}$.

(12) $\int \frac{2x+1}{x^2+x-3}dx$.

(13) $\int \sin^3 x \mathrm{d}x$.

(14) $\int \cos^2 x \sin^3 x \mathrm{d}x$.

(15) $\int \sin^4 x \mathrm{d}x$.

(16) $\int \sin^4 x \cos^2 x \mathrm{d}x$.

(17) $\int \csc^6 x \mathrm{d}x$.

(18) $\int \cot^5 x \csc^3 x \mathrm{d}x$.

(19) $\int \tan \sqrt{1+x^2} \cdot \frac{x}{\sqrt{1+x^2}} \mathrm{d}x$.

(20) $\int \frac{\arctan \sqrt{x}}{\sqrt{x}(1+x)} \mathrm{d}x$.

(21) $\int \sin 2x \cos 3x \mathrm{d}x$.

(22) $\int \frac{1}{\mathrm{e}^x + \mathrm{e}^{-x}} \mathrm{d}x$.

3. 求下列不定积分.

(1) $\int \frac{\mathrm{d}x}{x \sqrt{x^2-1}}$.

(2) $\int \frac{\mathrm{d}x}{\sqrt{9x^2-4}}$.

(3) $\int \frac{x^2}{\sqrt{1-x^2}} \mathrm{d}x$.

(4) $\int x^2 \sqrt{4-x^2} \mathrm{d}x$.

(5) $\int \frac{\mathrm{d}x}{\sqrt{4x^2+9}}$.

(6) $\int \frac{\sqrt{x^2-2}}{x} \mathrm{d}x$.

(7) $\int \frac{\mathrm{d}x}{\sqrt{(x^2+1)^3}}$.

(8) $\int \frac{1}{x^2 \sqrt{1+x^2}} \mathrm{d}x$.

(9) $\int \frac{\sqrt{x^2-9}}{x} \mathrm{d}x$.

(10) $\int \frac{\mathrm{d}x}{\sqrt{1+x-x^2}}$.

第三节　分 部 积 分 法

前面在复合函数求导法则的基础上，得到了换元积分法．本节将介绍另一种重要的积分方法，即分部积分法．

设函数 $u=u(x)$ 及 $v=v(x)$ 具有连续导数，则

$$(uv)'=u'v+uv'$$

移项后得

$$uv'=(uv)'-u'v$$

对上式两边求积分得

$$\int uv'\mathrm{d}x=uv-\int u'v\mathrm{d}x$$

考虑到 $v'\mathrm{d}x=\mathrm{d}v$，$u'\mathrm{d}x=\mathrm{d}u$，公式也可简记为

$$\int u\mathrm{d}v=uv-\int v\mathrm{d}u$$

这就是分部积分公式．分部积分法的特点是将左边的积分 $\int uv'\mathrm{d}x$ 换成了积分 $\int u'v\mathrm{d}x$．因此，若求 $\int uv'\mathrm{d}x$ 比较困难，求 $\int u'v\mathrm{d}x$ 比较容易时，可考虑用分部积分法，分部积分法是乘积微分公式的逆运算，通常用于被积函数是两种不同类型函数乘积的积分中，其关键是恰当选取 u 和 v'，现举例如下．

【例 5-27】 求 $\int x\cos x\mathrm{d}x$．

解 一般来说，分部积分公式不能直接使用，首先需要选取适当的 u 及 $\mathrm{d}v$．如何选取呢？

本题可选 $u=x$，$\mathrm{d}v=\cos x\mathrm{d}x=\mathrm{d}\sin x$，代入分部积分公式，得

$$\int x\cos x\mathrm{d}x=\int x\mathrm{d}\sin x=x\sin x-\int\sin x\mathrm{d}x$$
$$=x\sin x+\cos x+C$$

在本题中，如果选 $u=\cos x$，$\mathrm{d}v=x\mathrm{d}x=\mathrm{d}\left(\frac{x^2}{2}\right)$，则

$$\int x\cos x\mathrm{d}x=\int\cos x\mathrm{d}\left(\frac{x^2}{2}\right)=\frac{x^2}{2}\cos x-\int\frac{x^2}{2}\mathrm{d}\cos x$$
$$=\frac{x^2}{2}\cos x+\int\frac{x^2}{2}\sin x\mathrm{d}x$$

显然 $\int\frac{x^2}{2}\sin x\mathrm{d}x$ 比原积分更难求，没达到求积分目的．

一般来说，u 及 $\mathrm{d}v$ 的选择要考虑两点：①v 要容易求得；② $\int v\mathrm{d}u$ 要比 $\int u\mathrm{d}v$ 容易

积出.

为此可总结出以下规律.

(1) 若被积函数为幂函数（指数为正整数）和正（余）弦函数或指数函数的乘积，一般可用分部积分法，并设幂函数为 u，余下的与 dx 凑成 dv.

(2) 若被积函数为幂函数（指数为正整数）和反三角函数或对数函数的乘积，一般也可用分部积分法，并设反三角函数或对数函数为 u，余下的与 dx 凑成 dv.

【例 5 - 28】 求下列积分.

(1) $\int x\mathrm{e}^x\mathrm{d}x$.

(2) $\int x^2\mathrm{e}^x\mathrm{d}x$.

解 (1) 根据被积函数特点，有

$$\int x\mathrm{e}^x\mathrm{d}x=\int x\mathrm{d}\mathrm{e}^x=x\mathrm{e}^x-\int\mathrm{e}^x\mathrm{d}x=x\mathrm{e}^x-\mathrm{e}^x+C$$

(2) $\int x^2\mathrm{e}^x\mathrm{d}x=\int x^2\mathrm{d}\mathrm{e}^x=x^2\mathrm{e}^x-2\int\mathrm{e}^x x\mathrm{d}x=x^2\mathrm{e}^x-2\int x\mathrm{d}\mathrm{e}^x$

$$=x^2\mathrm{e}^x-2x\mathrm{e}^x+2\mathrm{e}^x+C.$$

【例 5 - 29】 求 $\int x^2\cos2x\mathrm{d}x$.

解 根据被积函数特点，有

$$\int x^2\cos2x\mathrm{d}x=\frac{1}{2}\int x^2\mathrm{d}\sin2x=\frac{1}{2}\left(x^2\sin2x-\int2x\sin2x\mathrm{d}x\right)=\frac{1}{2}x^2\sin2x+\frac{1}{2}\int x\mathrm{d}\cos2x$$

$$=\frac{1}{2}x^2\sin2x+\frac{1}{2}\left(x\cos2x-\int\cos2x\mathrm{d}x\right)$$

$$=\frac{1}{2}x^2\sin2x+\frac{1}{2}x\cos2x-\frac{1}{4}\sin2x+C$$

对于形如 $\int x^n\mathrm{e}^{\beta x}\mathrm{d}x$ 或 $\int x^n\sin\alpha x\mathrm{d}x$（这里正弦也可换成余弦）形式的积分，其中 n 为正整数，可采用下列方法求解.

(1) 先凑微分 $\int x^n\mathrm{e}^{\beta x}\mathrm{d}x=\frac{1}{\beta}\int x^n\mathrm{d}\mathrm{e}^{\beta x}$.

(2) $$\begin{cases}x^n\xrightarrow{\text{求导}}nx^{n-1}\xrightarrow{\text{求导}}n\ (n-1)\ x^{n-2}\xrightarrow{\text{求导}}\cdots\xrightarrow{\text{求导}}n!\\ \mathrm{e}^{\beta x}\xrightarrow{\text{积分}}\frac{1}{\beta}\mathrm{e}^{\beta x}\xrightarrow{\text{积分}}\frac{1}{\beta^2}\mathrm{e}^{\beta x}\xrightarrow{\text{积分}}\cdots\xrightarrow{\text{积分}}\frac{1}{\beta^n}\mathrm{e}^{\beta x}\end{cases}$$

最后，$\int x^n\mathrm{e}^{\beta x}\mathrm{d}x=\frac{1}{\beta}\left[x^n\mathrm{e}^{\beta x}-nx^{n-1}\frac{1}{\beta}\mathrm{e}^{\beta x}+n(n-1)x^{n-2}\frac{1}{\beta^2}\mathrm{e}^{\beta x}-\cdots+(-1)^n n!\frac{1}{\beta^n}\mathrm{e}^{\beta x}\right]$.

对于 $\int x^n\sin\alpha x\mathrm{d}x$ 型积分可采用同样方法求，如 $\int x^2\cos2x\mathrm{d}x$.

(1) $\int x^2\cos2x\mathrm{d}x=\frac{1}{2}\int x^2\mathrm{d}\sin2x$.

(2) 考虑 $$\begin{cases}x^2\xrightarrow{\text{求导}}2x\xrightarrow{\text{求导}}2\\ \sin2x\xrightarrow{\text{积分}}-\frac{1}{2}\cos2x\xrightarrow{\text{积分}}-\frac{1}{4}\sin2x.\end{cases}$$

所以 $\int x^2\cos 2x\mathrm{d}x=\frac{1}{2}\left[x^2\sin 2x-2x\left(-\frac{1}{2}\cos 2x\right)+2\left(-\frac{1}{4}\sin 2x\right)\right]+C$，与［例 5－29］结果一致.

【例 5－30】 求下列积分：

(1) $\int x\ln x\mathrm{d}x$.

(2) $\int x\arctan x\mathrm{d}x$.

解 (1) $\int x\ln x\mathrm{d}x=\int \ln x\mathrm{d}\left(\frac{1}{2}x^2\right)=\frac{1}{2}x^2\ln x-\int\frac{1}{2}x^2\frac{1}{x}\mathrm{d}x=\frac{1}{2}x^2\ln x-\frac{1}{4}x^2+C.$

(2) $$\begin{aligned}\int x\arctan x\mathrm{d}x&=\int\arctan x\mathrm{d}\left(\frac{1}{2}x^2\right)=\frac{1}{2}x^2\arctan x-\int\frac{1}{2}x^2\frac{1}{1+x^2}\mathrm{d}x\\&=\frac{1}{2}x^2\arctan x-\frac{1}{2}\int\left(1-\frac{1}{1+x^2}\right)\mathrm{d}x=\frac{1}{2}x^2\arctan x-\frac{1}{2}x+\frac{1}{2}\arctan x+C.\end{aligned}$$

当被积函数中只有一类函数时，若采用分部积分法，公式可直接使用而不需凑微分.

【例 5－31】 求下列积分.

(1) $\int\ln x\mathrm{d}x$.

(2) $\int\arcsin x\mathrm{d}x$.

解 (1) $\int\ln x\mathrm{d}x=x\ln x-\int x\frac{1}{x}\mathrm{d}x=x\ln x-x+C.$

(2) $\int\arcsin x\mathrm{d}x=x\arcsin x-\int\frac{x}{\sqrt{1-x^2}}\mathrm{d}x=x\arcsin x+\sqrt{1-x^2}+C.$

最后介绍两个比较经典例子.

【例 5－32】 求 $\int \mathrm{e}^x\cos x\mathrm{d}x$.

解
$$\begin{aligned}\int\mathrm{e}^x\cos x\mathrm{d}x&=\int\mathrm{e}^x\mathrm{d}\sin x=\mathrm{e}^x\sin x-\int\sin x\mathrm{e}^x\mathrm{d}x\\&=\mathrm{e}^x\sin x+\int\mathrm{e}^x\mathrm{d}\cos x\\&=\mathrm{e}^x\sin x+\mathrm{e}^x\cos x-\int\mathrm{e}^x\cos x\mathrm{d}x\end{aligned}$$

所以
$$\int\mathrm{e}^x\cos x\mathrm{d}x=\frac{1}{2}\mathrm{e}^x(\cos x+\sin x)+C$$

一般地，$\int\mathrm{e}^{\alpha x}\cos\beta x\mathrm{d}x=\frac{\mathrm{e}^{\alpha x}}{\alpha^2+\beta^2}(\alpha\cos\beta x+\beta\sin\beta x)+C$. 对于 $\int\mathrm{e}^{\alpha x}\sin\beta x\mathrm{d}x$ 型积分公式可自行推导.

【例 5－33】 求 $\int\sec^3x\mathrm{d}x$.

解
$$\int\sec^3x\mathrm{d}x=\int\sec^2x\sec x\mathrm{d}x=\int\sec x\mathrm{d}\tan x$$

$$= \sec x\tan x - \int \tan x\sec x\tan x\mathrm{d}x$$

$$= \sec x\tan x - \int (\sec^2 x - 1)\sec x\mathrm{d}x$$

$$= \sec x\tan x - \int \sec^3 x\mathrm{d}x + \int \sec x\mathrm{d}x$$

$$= \sec x\tan x - \int \sec^3 x\mathrm{d}x + \ln|\sec x + \tan x|$$

所以 $$\int \sec^3 x\mathrm{d}x = \frac{1}{2}(\sec x\tan x + \ln|\sec x + \tan x|) + C$$

有些题目可能要兼用换元法、分部法.

【例 5-34】 求 $\int \mathrm{e}^{\sqrt{x}}\mathrm{d}x$.

解 令$\sqrt{x}=t$，则 $x=t^2$，$\mathrm{d}x=2t\mathrm{d}t$，于是

$$\int \mathrm{e}^{\sqrt{x}}\mathrm{d}x = 2\int t\mathrm{e}^t\mathrm{d}t = 2(t\mathrm{e}^t - \mathrm{e}^t) + C = 2(\sqrt{x}\mathrm{e}^{\sqrt{x}} - \mathrm{e}^{\sqrt{x}}) + C$$

习 题 5-3

1. 求下列积分.

(1) $\int x\sin x\mathrm{d}x$.

(2) $\int x\mathrm{e}^{-3x}\mathrm{d}x$.

(3) $\int x^2\sin 3x\mathrm{d}x$.

(4) $\int x^2\mathrm{e}^{2x}\mathrm{d}x$.

(5) $\int \arctan x\mathrm{d}x$.

(6) $\int (\arcsin x)^2\mathrm{d}x$.

(7) $\int \mathrm{e}^{2x}\sin\frac{x}{2}\mathrm{d}x$.

(8) $\int x\tan^2 x\mathrm{d}x$.

(9) $\int \frac{\ln^3 x}{x^2}\mathrm{d}x$.

(10) $\int \sin(\ln x)\mathrm{d}x$.

(11) $\int \mathrm{e}^{\sqrt[3]{x}}\mathrm{d}x$.

(12) $\int \mathrm{e}^{\sqrt{3x+9}}\mathrm{d}x$.

2. 已知 $f(x)$ 的一个原函数为$\dfrac{\sin x}{x}$，求$\int xf'(x)\mathrm{d}x$.

第四节　有 理 函 数 积 分

前面已经介绍了两种积分方法——换元法和分部法，下面介绍有理函数积分.

两个多项式的商$\dfrac{P(x)}{Q(x)}$称为有理函数或有理分式，即

$$R(x)=\frac{P(x)}{Q(x)}=\frac{a_nx^n+a_{n-1}x^{n-1}+\cdots+a_1x+a_0}{b_mx^m+b_{m-1}x^{m-1}+\cdots+b_1x+b_0}$$

其中 m、n 是非负整数，$P(x)$与$Q(x)$互质. 当$m>n$时，称为真分式；当$m\leqslant n$时，称为假分式. 现举例如下：

考虑到有理假分式总可以通过多项式的除法转化为有理真分式及多项式的和，而多项式的积分已经解决. 因此，本节主要讨论有理真分式的积分. 不加证明地给出以下两个重要结论.

结论 1　任意一个次数大于 2 的多项式在实数范围内必可分解为若干个一次多项式和二次多项式的积.

如 $x^4+1=(x^2-\sqrt{2}x+1)(x^2+\sqrt{2}x+1)$.

结论 2　任意一个有理真分式$\dfrac{P(x)}{Q(x)}$的分解式只有 4 种形式，即$\dfrac{A_1}{x-a}$、$\dfrac{A_k}{(x-a)^k}$、$\dfrac{M_1x+N_1}{x^2+px+q}$、$\dfrac{M_lx+N_l}{(x^2+px+q)^l}$（其中 $p^2-4q<0$），其中分子中的系数可通过待定系数法求得.

如$\dfrac{x-3}{(x-1)^2(x^2+x+1)^2}$，可分解为$\dfrac{A_1}{x-1}+\dfrac{A_2}{(x-1)^2}+\dfrac{M_1x+N_1}{x^2+x+x}+\dfrac{M_2x+N_2}{(x^2+x+x)^2}$.

对于$\dfrac{A_1}{x-a}$、$\dfrac{A_k}{(x-a)^k}$的积分利用前面换元法可以解决，下面通过例子介绍$\displaystyle\int\frac{M_1x+N_1}{x^2+px+q}\mathrm{d}x$及$\displaystyle\int\frac{M_lx+N_l}{(x^2+px+q)^l}\mathrm{d}x$的求法（其中 $p^2-4q<0$）.

【例 5-35】 求$\displaystyle\int\frac{x+2}{x^2+x+1}\mathrm{d}x$.

解

$$\begin{aligned}\int\frac{x+2}{x^2+x+1}\mathrm{d}x&=\int\frac{\frac{1}{2}(x^2+x+1)'+\frac{3}{2}}{x^2+x+1}\mathrm{d}x\\&=\frac{1}{2}\int\frac{\mathrm{d}(x^2+x+1)}{x^2+x+1}+\frac{3}{2}\int\frac{\mathrm{d}\left(x+\frac{1}{2}\right)}{\left(x+\frac{1}{2}\right)^2+\left(\frac{\sqrt{3}}{2}\right)^2}\\&=\frac{1}{2}\ln(x^2+x+1)+\frac{3}{2}\times\frac{2}{\sqrt{3}}\arctan\frac{2}{\sqrt{3}}\left(x+\frac{1}{2}\right)+C\\&=\frac{1}{2}\ln(x^2+x+1)+\sqrt{3}\arctan\frac{2x+1}{\sqrt{3}}+C.\end{aligned}$$

此题也可对分母配方后直接正切代换.

【例 5－36】 求 $\int \frac{x}{(x^2-2x+2)^2}\mathrm{d}x$.

解

$$\int \frac{x}{(x^2-2x+2)^2}\mathrm{d}x=\int \frac{\frac{1}{2}(x^2-2x+2)'+1}{(x^2-2x+2)^2}\mathrm{d}x=\frac{1}{2}\int \frac{\mathrm{d}(x^2-2x+2)}{(x^2-2x+2)^2}+\int \frac{\mathrm{d}x}{(x^2-2x+2)^2}$$

$$=-\frac{1}{2}\frac{1}{(x^2-2x+2)}+\int \frac{\mathrm{d}x}{(x^2-2x+2)^2}$$

考虑 $\int \frac{\mathrm{d}x}{(x^2-2x+2)^2}=\int \frac{\mathrm{d}x}{[(x-1)^2+1]^2}$，令 $x-1=\tan t$，即 $x=1+\tan t$，$\mathrm{d}x=\sec^2 t\mathrm{d}t$，于是，有

$$\int \frac{\mathrm{d}x}{(x^2-2x+2)^2}=\int \frac{\mathrm{d}x}{[(x-1)^2+1]^2}=\int \frac{\sec^2 t\mathrm{d}t}{\sec^4 t}=\int \cos^2 t\mathrm{d}t$$

$$=\int \frac{1+\cos 2t}{2}\mathrm{d}t=\frac{1}{2}t+\frac{1}{4}\sin 2t+C$$

考虑到 $\tan t=x-1$，作辅助三角形，得 $\sin t=\frac{x-1}{\sqrt{x^2-2x+2}}$、$\cos t=\frac{1}{\sqrt{x^2-2x+2}}$.

所以 $\int \frac{x}{(x^2-2x+2)^2}\mathrm{d}x=\left(-\frac{1}{2}\right)\frac{1}{x^2-2x+2}+\int \frac{\mathrm{d}x}{(x^2-2x+2)^2}$

$$=\left(-\frac{1}{2}\right)\frac{1}{x^2-2x+2}+\int \frac{\mathrm{d}x}{[(x-1)^2+1]^2}$$

$$=-\frac{1}{2(x^2-2x+2)}+\frac{1}{2}\arctan(x-1)+\frac{x-1}{2(x^2-2x+2)}+C$$

此题也可对分母配方后直接正切代换. 类似［例 5－35］、［例 5－36］的积分问题都可采用相同方法解决，这样理论上可以把所有有理函数的积分求出来.

【例 5－37】 求 $\int \frac{x-3}{(x-1)(x^2-1)}\mathrm{d}x$.

解　先确定被积函数分解式：

$$\frac{x-3}{(x-1)(x^2-1)}=\frac{x-3}{(x-1)^2(x+1)}=\frac{A}{x-1}+\frac{B}{(x-1)^2}+\frac{C}{x+1}$$

得方程组 $\begin{cases}A+C=0\\B-2C=1\\B+C-A=-3\end{cases}$，解得 $\begin{cases}A=1\\B=-1\\C=-1\end{cases}$，因此

$$\frac{x-3}{(x-1)(x^2-1)}=\frac{1}{x-1}+\frac{-1}{(x-1)^2}+\frac{-1}{x+1}$$

于是

$$\int \frac{x-3}{(x-1)(x^2-1)}\mathrm{d}x=\int \left[\frac{1}{x-1}+\frac{-1}{(x-1)^2}+\frac{-1}{x+1}\right]\mathrm{d}x$$

$$=\ln|x-1|+\frac{1}{x-1}-\ln|x+1|+C$$

【例 5-38】 求 $\int \frac{\mathrm{d}x}{(x^2+1)(x^2+x+1)}$.

解 $\frac{1}{(x^2+1)(x^2+x+1)}=\frac{Ax+B}{x^2+1}+\frac{Cx+D}{x^2+x+1}$.

得方程组 $\begin{cases}A+C=0\\A+B+D=0\\A+B+C=0\\B+D=1\end{cases}$，解得 $\begin{cases}A=-1\\B=0\\C=1\\D=1\end{cases}$，因此

$$\frac{1}{(x^2+1)(x^2+x+1)}=\frac{-x}{x^2+1}+\frac{x+1}{x^2+x+1}$$

于是 $\int \frac{\mathrm{d}x}{(x^2+1)(x^2+x+1)}=\int \frac{-x}{x^2+1}\mathrm{d}x+\int \frac{x+1}{x^2+x+1}\mathrm{d}x$

$$=-\frac{1}{2}\int \frac{\mathrm{d}(x^2+1)}{x^2+1}+\frac{1}{2}\int \frac{\mathrm{d}(x^2+x+1)}{x^2+x+1}+\frac{1}{2}\int \frac{1}{x^2+x+1}\mathrm{d}x$$

$$=-\frac{1}{2}\ln(x^2+1)+\frac{1}{2}\ln(x^2+x+1)+\frac{1}{2}\int \frac{\mathrm{d}x}{\left(x+\frac{1}{2}\right)^2+\left(\frac{\sqrt{3}}{2}\right)^2}$$

$$=-\frac{1}{2}\ln(x^2+1)+\frac{1}{2}\ln(x^2+x+1)+\frac{1}{\sqrt{3}}\arctan\frac{2}{\sqrt{3}}\left(x+\frac{1}{2}\right)+C$$

习 题 5-4

1. 求下列积分.

(1) $\int \frac{x^3}{x+3}\mathrm{d}x$.

(2) $\int \frac{2x+1}{x^2+x-6}\mathrm{d}x$.

(3) $\int \frac{x+1}{x^2-2x+5}\mathrm{d}x$.

(4) $\int \frac{3}{x^3+1}\mathrm{d}x$.

(5) $\int \frac{x^2+1}{(x+1)^2(x-1)}\mathrm{d}x$.

(6) $\int \frac{\mathrm{d}x}{(x^2+1)(x^2+x)}$.

(7) $\int \frac{\mathrm{d}x}{(x^2+2x+3)^2}$.

(8) $\int \frac{\mathrm{d}x}{x^4-1}$.

(9) $\int \frac{\mathrm{d}x}{3+\cos x}$.

(10) $\int \frac{dx}{1+\sin x+\cos x}$（提示：利用万能公式，令 $\tan\frac{x}{2}=u$ 换元）.

总　习　题　五

1. 选择题

(1) $\left(\int \frac{\sin x}{x}dx\right)' = $ (　　).

A. $\frac{\cos x}{1}$　　B. $\frac{\sin x}{x}$　　C. $\frac{\sin x}{x}+C$　　D. 无法运算

(2) $\int\left(\frac{1}{\sin^2 x}+1\right)d\sin x = $ (　　).

A. $-\cot x+x+C$　　B. $-\cot x+\sin x+C$

C. $\frac{-1}{\sin x}+\sin x+C$　　D. $\frac{-1}{\sin x}+x+C$

(3) 若 $\int f(x)dx = F(x)+C$，则 $\int \sin x f(\cos x)dx = $ (　　).

A. $F(\sin x)+C$　　B. $-F(\sin x)+C$　　C. $F(\cos x)+C$　　D. $-F(\cos x)+C$

(4) 若 $\int f(x)e^{-\frac{1}{x}}dx = -e^{-\frac{1}{x}}+C$，则 $f(x)=$ (　　).

A. 1　　B. $\frac{1}{x}$　　C. $\frac{1}{x^2}$　　D. $-\frac{1}{x^2}$

(5) 已知 $f(x)$ 的一个原函数为 e^{-x^2}，则 $\int f'(x)dx = $ (　　).

A. $-2xe^{-x^2}$　　B. e^{-x^2}　　C. $e^{-x^2}+C$　　D. $-2xe^{-x^2}+C$

2. 填空题

(1) $\int \frac{1}{\sqrt{x}}e^{\sqrt{x}}dx = $________________.

(2) $\int \sin^3 x dx = $________________.

(3) $\int x\ln x dx = $________________.

(4) 已知 $\int f(x)dx = F(x)+C$，则 $\int \frac{f(\ln x)}{x}dx = $________________.

(5) $\int f(x)dx = \arcsin 2x + C$，则 $f(x)=$________________.

3. 计算题

(1) 求 $\int \frac{\sin x\cos x}{1+\sin^4 x}dx$.

(2) 求 $\int \tan^4 x dx$.

(3) 求 $\int \frac{dx}{\sqrt{(1+x^2)^3}}$.

(4) $\int \frac{\sqrt{x^2-9}}{x}\mathrm{d}x$.

(5) $\int (\arcsin x)^2 \mathrm{d}x$.

(6) $\int \frac{x+2}{(2x+1)(x^2+x+1)}\mathrm{d}x$.

4. 设 $f(x)$ 的一个原函数为$\frac{\mathrm{e}^x}{x}$，计算 $\int xf'(2x)\mathrm{d}x$.

*5. (2000) 设 $f(\ln x)=\frac{\ln(1+x)}{x}$，计算 $\int f(x)\mathrm{d}x$.

第六章　定　积　分

本章将讨论一元函数积分学的另一个基本问题——定积分问题．定积分概念的产生是从许多实际问题中抽象概括出来的，它是一种特殊类型的极限．首先从求平面图形的面积和变速直线运动的路程问题出发引出定积分的定义，然后讨论它的性质与计算方法．

第一节　定积分的概念

一、引例

1．*曲边梯形的面积*

在实际问题中往往要计算各种平面图形的面积，多边形和圆面积的计算在初等数学中已经解决，但由任意曲线所围成的平面图形，如何计算它的面积呢？

任意曲线所围成的平面图形的面积的计算依赖于曲边梯形面积的计算，所以首先讨论曲边梯形的面积．曲边梯形是指由一连续曲线 $y=f(x)$，直线 $x=a$，$x=b$ 和 $y=0$ 所围成的图形，如图 6－1 所示．

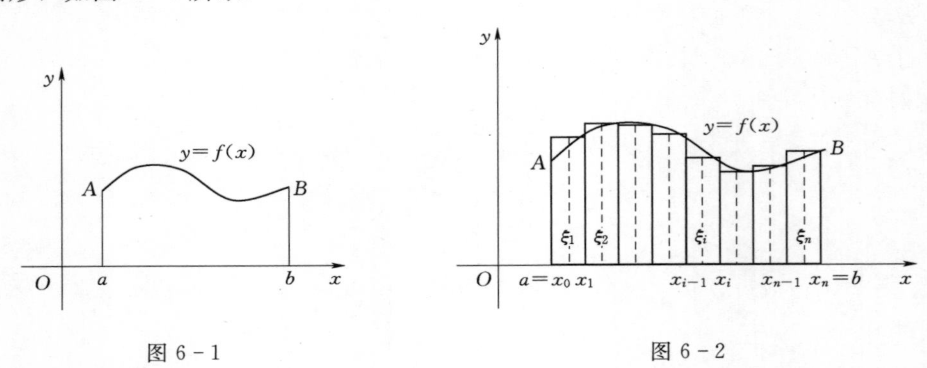

图 6－1　　　　图 6－2

下面就来讨论曲边梯形面积的计算问题．

现假定 $f(x)\geqslant 0$，$x\in[a,b]$，要求此曲边梯形的面积．可以先将曲边梯形分割成有限个细长条，如图 6－2 所示，每个细长条可以近似地看成一个小矩形，那么所有小矩形面积的和就是曲边梯形面积的一个近似值，长条分割得越细，这个近似值就越接近于曲边梯形面积的真实值．于是，只需要再取极限，就可以得到面积的精确值．下面叙述其具体步骤．

（1）分割．将区间 $[a,b]$ 任意分成 n 个小区间，其分点是 $x_0=a$，x_1，$x_2\cdots x_{n-1}$，$x_n=b$，即

$$a=x_0<x_1<x_2<\cdots<x_{n-1}<x_n=b$$

每个小区间可表示为 $[x_{i-1},x_i](i=1,2,\cdots,n)$，则小区间长度可记为 $\Delta x_i=x_i-x_{i-1}$.

(2) 近似. 在每个小区间 $[x_{i-1},\ x_i]$ 上任取一点 $\xi_i(x_{i-1}\leqslant\xi_i\leqslant x_i)$，那么以小区间长度 Δx_i 为底边、$f(\xi_i)$ 为高的小矩形面积就是 $f(\xi_i)\Delta x_i$ 小曲边梯形的面积为 $\Delta S_i(i=1,2,\cdots,n)$，则

$$\Delta S_i\approx f(\xi_i)\Delta x_i,\quad i=1,2,\cdots,n$$

(3) 求和. 将 n 个小矩形面积加起来得到

$$S_n=f(\xi_1)\Delta x_1+f(\xi_2)\Delta x_2+\cdots+f(\xi_i)\Delta x_i+\cdots+f(\xi_n)\Delta x_n$$
$$=\sum_{i=1}^{n}f(\xi_i)\Delta x_i$$

显然，这个和就是所求曲边梯形面积的近似值.

(4)取极限. 如果分点的数目无限增多，且小区间最大长度 $\lambda(\lambda=\max\limits_{1\leqslant i\leqslant n}\{\Delta x_i\})$ 趋于零时，和式 $\sum\limits_{i=1}^{n}f(\xi_i)\Delta x_i$ 的极限就是所求曲边梯形的面积 S，即

$$S=\lim_{\lambda\to 0}\sum_{i=1}^{n}f(\xi_i)\Delta x_i$$

这样，计算曲边梯形面积问题，就归结为求"和式 $\sum\limits_{i=1}^{n}f(\xi_i)\Delta x_i$ 的极限"问题.

2. 变力做功

众所周知，如果物体在常力作用下沿直线运动，则所做的功 W 就是力 F 在位移方向的分力与位移的乘积. 但如果作用在物体上的力不是一个常数，而是随着位置的不同而变化，即力 F 是位移 x 的函数 $F=F(x)$ 时，如何求这种变力做功的问题呢？

现假定物体在变力 F 作用下沿 x 轴由 a 移动到 $b(b>a)$，如图 6-3 所示. 而力 F 的方向与物体运动方向始终保持一致，只是其大小随位移 x 而变化，且可表示为 x 的连续函数 $F=F(x)$. 与前面的方法相同，用分点

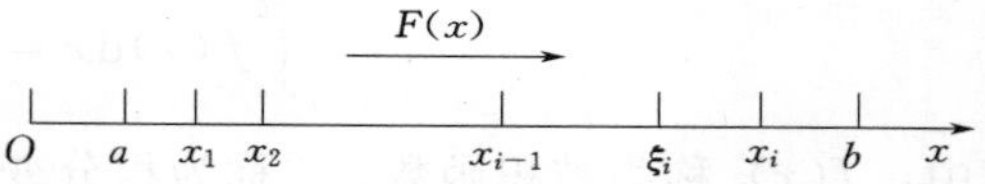

图 6-3

$$a=x_0<x_1<x_2<\cdots<x_{n-1}<x_n=b$$

把区间 $[a,b]$ 任意分成 n 个小区间，记这些小区间的长度是 Δx_i，并在小区间 $[x_{i-1},x_i]$ 上任取一点 $\xi_i(x_{i-1}\leqslant\xi_i\leqslant x_i)$.

如果区间很小，则变力在 $[x_{i-1},x_i]$ 内变化不大，可近似地看作常力. 就把 $F(\xi_i)$ 作为该区间上每一点的力，于是，变力在区间 Δx_i 上所做的功 ΔW_i 就可近似地表示为

$$\Delta W_i\approx F(\xi_i)\Delta x_i,\quad i=1,2,\cdots,n$$

变力在整个区间 $[a,b]$ 上所做的功 W 近似地表示为

$$W\approx\sum_{i=1}^{n}F(\xi_i)\Delta x_i$$

显然，这种分割越细，近似值越接近于精确值. 如果记 $\lambda=\max\limits_{1\leqslant i\leqslant n}\{\Delta x_i\}$，当 $\lambda\to 0$ 时，

则上式的极限就是变力在区间 $[a,b]$ 上所做的功，即

$$W=\lim_{\lambda\to 0}\sum_{i=1}^{n}F(\xi_i)\Delta x_i$$

由此，计算变力做功问题，就归结为求“和式 $\sum\limits_{i=1}^{n}F(\xi_i)\Delta x_i$ 的极限”问题.

二、定积分的定义

以上所讨论的两个问题，即曲边梯形的面积及变力做功的实际意义虽然不同，但解决的方法却完全一样，最后都归结为计算具有相同结构的一种特定和式的极限：$\lim\limits_{\lambda\to 0}\sum\limits_{i=1}^{n}f(\xi_i)\Delta x_i$，在实际生活中，还有很多实际问题也可以如此处理. 因此略去问题的实际意义，将其数学模型抽象出来进行深入研究，显然是极有现实意义的，由此可以得到定积分的概念.

定义 6-1　设函数 $f(x)$ 在区间 $[a,b]$ 上有界，在 $[a,b]$ 中任意插入 $n-1$ 个分点：

$$a=x_0<x_1<x_2<\cdots<x_{n-1}<x_n=b$$

把区间 $[a,b]$ 分成 n 个小区间 $[x_0,x_1]$，$[x_1,x_2]$，…，$[x_{n-1},x_n]$，各个小区间的长度记作 $\Delta x_i=x_i-x_{i-1}$，在每个小区间上任取一点 $\xi_i\,(x_{i-1}\leqslant\xi_i\leqslant x_i)$，作和式 $\sum\limits_{i=1}^{n}f(\xi_i)\Delta x_i$，记 $\lambda=\max\limits_{1\leqslant i\leqslant n}\{\Delta x_i\}$，当 $\lambda\to 0$ 时，和式 $\sum\limits_{i=1}^{n}f(\xi_i)\Delta x_i$ 极限总存在，并且这个极限值与 $[a,b]$ 的分法及 ξ_i 的取法无关，那么称 $f(x)$ 在 $[a,b]$ 上可积，并称这个极限值为函数 $f(x)$ 在 $[a,b]$ 上的定积分，记作 $\int_a^b f(x)\mathrm{d}x$，即

$$\int_a^b f(x)\mathrm{d}x=\lim_{\lambda\to 0}\sum_{i=1}^{n}f(\xi_i)\Delta x_i$$

其中，$f(x)$ 称为被积函数，x 称为积分变量，$f(x)\mathrm{d}x$ 称为被积表达式，$[a,b]$ 称为被积区间，a 称为积分下限，b 称为积分上限，“$\int$”称为积分号，$\sum\limits_{i=1}^{n}f(\xi_i)\Delta x_i$ 称为 $f(x)$ 在 $[a,b]$ 上的积分和.

由定义可以看出以下几点.

(1) 定积分的数值与被积函数 $f(x)$ 及积分区间有关.

(2) 定积分的数值与区间 $[a,b]$ 的分法和点 ξ_i 的取法无关.

(3) 定积分的数值与积分变量用什么字母无关，所以

$$\int_a^b f(x)\mathrm{d}x=\int_a^b f(t)\mathrm{d}t=\int_a^b f(u)\mathrm{d}u$$

根据定积分的定义，前面两个实际问题可记为以下两个量.

曲边梯形的面积，即

$$S=\int_a^b f(x)\mathrm{d}x$$

变力所做的功，即

$$W=\int_a^b F(x)\mathrm{d}x$$

对于定积分，有这样一个重要问题：函数 $y=f(x)$ 在什么条件下可积呢？关于这个问题不作深入探讨，只给出以下定理.

定理 6-1　如果函数 $f(x)$ 在 $[a,b]$ 上连续，则 $f(x)$ 在 $[a,b]$ 上可积.

定理 6-2　如果函数 $f(x)$ 在 $[a,b]$ 上有界，且只有有限个间断点，则 $f(x)$ 在 $[a,b]$ 上可积.

三、定积分的几何意义

由前面的引例可知，如果在区间 $[a,b]$ 上 $f(x)\geqslant 0$，则定积分 $\int_a^b f(x)\mathrm{d}x$ 在几何上表示由曲线 $y=f(x)$、直线 $x=a$、$x=b$ 及 x 轴所围成的曲边梯形的面积 A.

如果在区间 $[a,b]$ 上 $f(x)\leqslant 0$，则此时由曲线 $y=f(x)$、直线 $x=a$、$x=b$ 及 x 轴所围成的曲边梯形位于 x 轴的下方，则定积分 $\int_a^b f(x)\mathrm{d}x$ 表示曲边梯形的面积 A 的相反数，即 $A=-\int_a^b f(x)\mathrm{d}x$，如图 6-4 所示.

如果在区间 $[a,b]$ 上 $f(x)$ 既可取正值又可取负值，则定积分 $\int_a^b f(x)\mathrm{d}x$ 在几何上表示介于曲线 $y=f(x)$、直线 $x=a$、$x=b$ 及 x 轴之间的各部分面积的代数和，其中位于 x 轴上方的面积前加正号，位于 x 轴下方的面积前加负号，如图 6-5 所示.

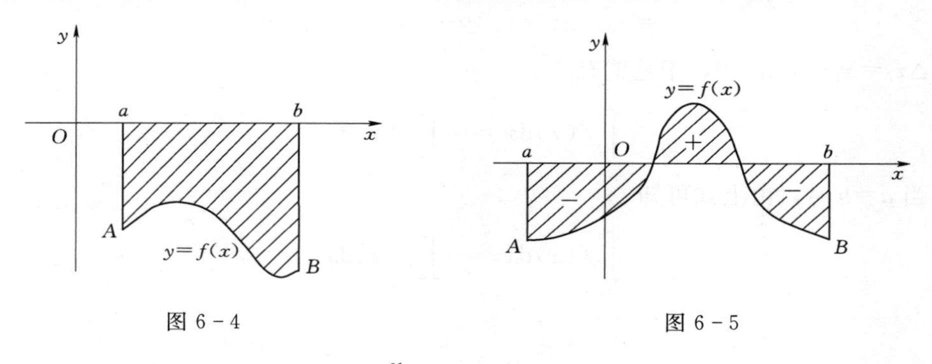

图 6-4　　　　图 6-5

【例 6-1】　利用定义计算定积分 $\int_0^1 x^2\mathrm{d}x$.

解　因为被积函数 $f(x)=x^2$ 在积分区间 $[0,1]$ 上连续，而连续函数是可积的，所以积分与区间 $[0,1]$ 的分法及点 ξ_i 的取法无关. 因此，为了便于计算，不妨把区间 $[0,1]$ 分成 n 等份，分点为

$$x_0=0,x_1=\frac{1}{n},x_2=\frac{2}{n},\cdots,x_i=\frac{i}{n},\cdots,x_n=1$$

这样，每个子区间 $[x_{i-1},x_i]$ 的长度 $\Delta x_i=\frac{1}{n}(i=1,2,\cdots,n)$，并取 $\xi_i=x_i(i=1,2,\cdots,n)$.

于是得和式

$$\sum_{i=1}^{n} f(\xi_i)\Delta x_i = \sum_{i=1}^{n} \xi_i^2 \Delta x_i = \sum_{i=1}^{n} x_i^2 \Delta x_i$$

$$= \sum_{i=1}^{n}\left(\frac{i}{n}\right)^2 \cdot \frac{1}{n} = \frac{1}{n^3}\sum_{i=1}^{n} i^2$$

$$= \frac{1}{n^3}\cdot\frac{1}{6}n(n+1)(2n+1)$$

$$= \frac{1}{6}\left(1+\frac{1}{n}\right)\left(2+\frac{1}{n}\right)$$

当 $n\to\infty$ 时，$\lambda=\max\limits_{1\leqslant i\leqslant n}\{\Delta x_i\}=\frac{1}{n}\to 0$，于是有

$$\int_0^1 x^2\,\mathrm{d}x = \lim_{\lambda\to 0}\sum_{i=1}^{n} f(\xi_i)\Delta x_i = \lim_{n\to\infty}\frac{1}{6}\left(1+\frac{1}{n}\right)\left(2+\frac{1}{n}\right) = \frac{1}{3}$$

从这道简单的例子可以看出，用求极限的方法计算定积分太困难了，还需要找出更为简便的方法，这将在下一节给出.

四、定积分的性质

下面介绍定积分的基本性质.

首先要指出，前面介绍定积分时，只考虑了 $a<b$，即下限小于上限的情况，当 $a>b$ 时，规定分点的大小顺序为

$$a=x_0>x_1>x_2>\cdots>x_{n-1}>x_n=b$$

这时，$\Delta x_i=x_i-x_{i-1}<0$，于是就有

$$\int_a^b f(x)\,\mathrm{d}x = -\int_b^a f(x)\,\mathrm{d}x$$

此外，当 $a=b$ 时，由上式可知

$$\int_a^a f(x)\,\mathrm{d}x = -\int_a^a f(x)\,\mathrm{d}x$$

故有

$$\int_a^a f(x)\,\mathrm{d}x = 0$$

在几何上，曲边梯形的底边缩成了一点，其面积显然为零.

下面根据定积分的定义，即

$$\int_a^b f(x)\,\mathrm{d}x = \lim_{\lambda\to 0}\sum_{i=1}^{n} f(\xi_i)\Delta x_i$$

以及极限的运算法则与性质，就可得到定积分的几个简单性质.

下面所涉及的函数 $f(x)$ 和 $g(x)$ 在区间 $[a,b]$ 上均假定为连续，以保证它们在 $[a,b]$ 上可积.

性质 6-1 若 $f(x)$ 和 $g(x)$ 在 $[a,b]$ 上可积，则 $f(x)\pm g(x)$ 在 $[a,b]$ 上也可

积，且

$$\int_a^b [f(x) \pm g(x)]\mathrm{d}x = \int_a^b f(x)\mathrm{d}x \pm \int_a^b g(x)\mathrm{d}x$$

性质 6-2 若 $f(x)$ 在 $[a,b]$ 上可积，k 为任意常数，则 $kf(x)$ 在 $[a,b]$ 上也可积，且

$$\int_a^b kf(x)\mathrm{d}x = k\int_a^b f(x)\mathrm{d}x$$

由性质 6-1、性质 6-2 可得

$$\int_a^b [k_1 f(x) \pm k_2 g(x)]\mathrm{d}x = k_1\int_a^b f(x)\mathrm{d}x \pm k_2\int_a^b g(x)\mathrm{d}x，k_1、k_2 \text{ 为任意常数}$$

性质 6-3 如果在区间 $[a,b]$ 上，函数 $f(x)=1$，则

$$\int_a^b f(x)\mathrm{d}x = \int_a^b \mathrm{d}x = b-a$$

性质 6-4 设 $f(x)$ 在 $[a,c]$、$[c,b]$ 及 $[a,b]$ 上都是可积的，则有

$$\int_a^b f(x)\mathrm{d}x = \int_a^c f(x)\mathrm{d}x + \int_c^b f(x)\mathrm{d}x$$

其中，c 可以在 $[a,b]$ 内，也可以在 $[a,b]$ 之外.

性质 6-5 若 $f(x)$ 在区间 $[a,b]$ 上可积，且 $f(x)\geqslant 0$，则

$$\int_a^b f(x)\mathrm{d}x \geqslant 0$$

推论 6-1 若 $f(x)$ 和 $g(x)$ 在区间 $[a,b]$ 上可积，且 $f(x)\geqslant g(x)$，则

$$\int_a^b f(x)\mathrm{d}x \geqslant \int_a^b g(x)\mathrm{d}x$$

证明 因为 $f(x)\geqslant g(x)$，故有 $f(x)-g(x)\geqslant 0$

则由性质 6-5 得

$$\int_a^b [f(x)-g(x)]\mathrm{d}x \geqslant 0$$

从而由性质 6-1 可知

$$\int_a^b f(x)\mathrm{d}x \geqslant \int_a^b g(x)\mathrm{d}x$$

推论 6-2 若 $f(x)$ 在区间 $[a,b]$ 上可积，则

$$\left|\int_a^b f(x)\mathrm{d}x\right| \leqslant \int_a^b |f(x)|\mathrm{d}x$$

性质 6-6（估值定理） 设 M 和 m 分别是函数 $f(x)$ 在区间 $[a,b]$ 上的最大值和最小值，则

$$m(b-a) \leqslant \int_a^b f(x)\mathrm{d}x \leqslant M(b-a)$$

注 性质 6-6 有明显的几何意义，即以 $[a,b]$ 为底、$y=f(x)$ 为曲边梯形的面积 $\int_a^b f(x)\mathrm{d}x$ 介于同一底而高分别是 m 与 M 的两个矩形面积 $m(b-a)$ 和 $M(b-a)$ 之间，如

图 6-6 所示.

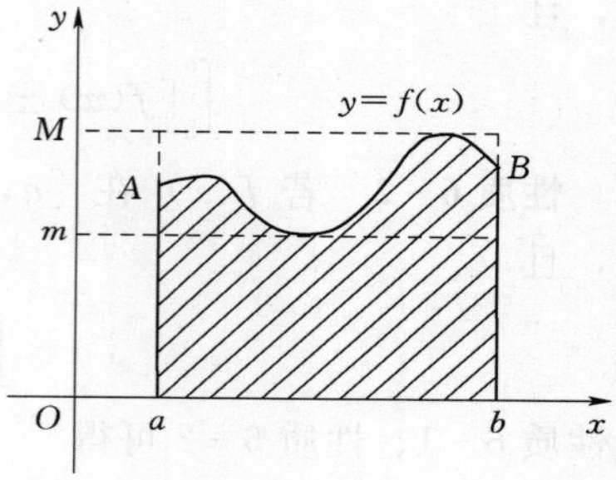

【例 6-2】 试估计定积分 $\int_{-1}^{1} e^{-x^2} dx$ 的值.

解 先求函数 $f(x)=e^{-x^2}$ 在区间 $[-1,1]$ 上的最大值和最小值. $f'(x)=-2xe^{-x^2}$，令 $f'(x)=0$，则驻点为 $x=0$. 比较 $f(x)$ 在驻点 $x=0$ 及区间端点 $x=\pm 1$ 的函数值

$$f(0)=1, \quad f(1)=f(-1)=e^{-1}$$

所以 $f(x)$ 在区间 $[-1,1]$ 上的最大值 $M=1$，最小值 $m=e^{-1}$. 由定积分估值定理可知

$$2e^{-1} \leqslant \int_{-1}^{1} e^{-x^2} dx \leqslant 2$$

图 6-6

性质 6-7（定积分中值定理） 若函数 $f(x)$ 在区间 $[a,b]$ 上连续，则在 $[a,b]$ 上至少存在一点 ξ，使下式成立

$$\int_a^b f(x)dx = f(\xi)(b-a)$$

证明 因为 $f(x)$ 在区间 $[a,b]$ 上连续，根据闭区间上连续函数的最大值和最小值定理，$f(x)$ 在 $[a,b]$ 上一定有最大值 M 和最小值 m. 由定积分的性质 6-6，有

$$m(b-a) \leqslant \int_a^b f(x)dx \leqslant M(b-a)$$

即

$$m \leqslant \frac{1}{b-a}\int_a^b f(x)dx \leqslant M$$

由闭区间上连续函数的介值定理，在 $[a,b]$ 上至少存在一点 ζ，使得

$$f(\xi) = \frac{1}{b-a}\int_a^b f(x)dx$$

于是有

$$\int_a^b f(x)dx = f(\xi)(b-a)(a \leqslant \xi \leqslant b) \quad (6-1)$$

当 $b<a$ 时，式（6-1）仍成立. 式（6-1）称为积分中值公式.

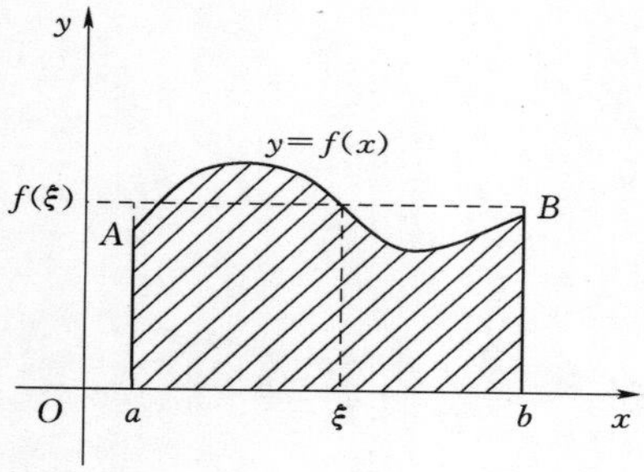

图 6-7

性质 6-7 的几何意义是：连续曲线 $y=f(x)$ 在 $[a,b]$ 上的曲边梯形的面积等于以区间长 $b-a$ 为底，$[a,b]$ 中一点 ξ 的函数值为高的矩形面积，如图 6-7 所示.

习 题 6-1

1. 定积分 $\int_a^b f(x)dx$ 的几何意义可否解释为：介于曲线 $y=f(x)$、x 轴与 $x=a$、$x=b$ 之间的曲边梯形的面积？

2. 利用定积分的几何意义计算下列定积分.

(1) $\int_{-1}^{1} 4\mathrm{d}x$.

(2) $\int_{0}^{1} \sqrt{1-x^2}\mathrm{d}x$.

(3) $\int_{1}^{2} 2x\mathrm{d}x$.

(4) $\int_{0}^{2\pi} \sin x\mathrm{d}x$.

3. 若$[a,b]\supset[c,d]$，是否必有$\int_{a}^{b} f(x)\mathrm{d}x \geqslant \int_{c}^{d} f(x)\mathrm{d}x$？

4. 若 $f(x)$ 在 $[a,b]$ 上可积，是否一定存在一点 $\xi\in[a,b]$，使得 $\int_{a}^{b} f(x)\mathrm{d}x = f(\xi)(b-a)$？

5. 根据定积分的性质，比较下列各组定积分的大小.

(1) $\int_{0}^{1} x^2\mathrm{d}x$ 与 $\int_{0}^{1} x^3\mathrm{d}x$.

(2) $\int_{1}^{2} x^2\mathrm{d}x$ 与 $\int_{1}^{2} x^3\mathrm{d}x$.

(3) $\int_{1}^{2} \ln x\mathrm{d}x$ 与 $\int_{1}^{2} (\ln x)^2\mathrm{d}x$.

(4) $\int_{-2}^{-1} \left(\frac{1}{2}\right)^x\mathrm{d}x$ 与 $\int_{-2}^{-1} \left(\frac{1}{3}\right)^x\mathrm{d}x$.

6. 估计下列各定积分的值.

(1) $\int_{1}^{4} (x^2+1)\mathrm{d}x$.

(2) $\int_{\frac{\pi}{4}}^{\frac{5\pi}{4}} (1+\sin^2 x)\mathrm{d}x$.

第二节　定积分的计算——牛顿—莱布尼茨公式

在本章第一节中看到，如果直接用定积分的定义去计算定积分，一般来说是很复杂的，有些甚至是不可能的，因此必须寻求一种简便且有效的方法来计算定积分. 本节介绍的微积分基本定理指出了定积分的计算归结为计算原函数的函数值，从而揭示了定积分与不定积分之间的关系.

一、变上限定积分

设函数 $f(x)$ 在区间 $[a,b]$ 上可积，则对于任意的 $x\in[a,b]$，$f(x)$ 在 $[a,x]$ 上也可积. 于是积分 $\int_{a}^{x} f(x)\mathrm{d}x$ 存在，称此积分为变上限定积分. 对于每一个给定的 x ($x\in[a,b]$)，都有一个积分值与之对应，所以该积分是上限 x 的函数，记为 $\Phi(x)$，因积分上限和积分变量都是用 x 来表示的，但它们有着不同的含义，为了区别，将积分变量改用 t 来表

示，即

$$\Phi(x)=\int_a^x f(x)\mathrm{d}x=\int_a^x f(t)\mathrm{d}t \quad x\in[a,b]$$

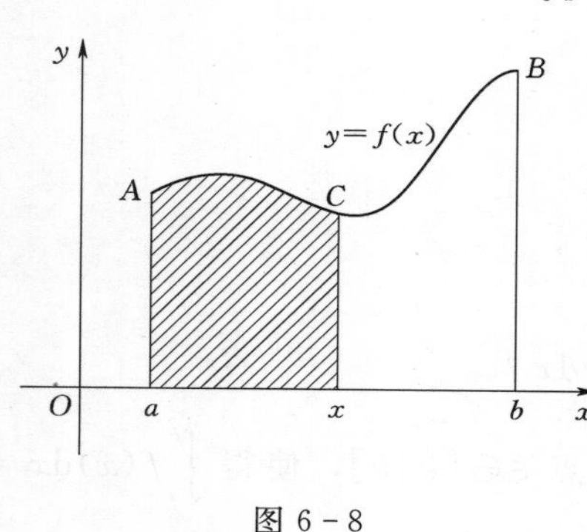

图 6-8

函数 $\Phi(x)$ 的几何意义如图 6-8 所示，为右侧直边可平行移动的曲边梯形面积，这个曲边梯形面积随 x 的变化而变化，当 x 给定时，面积 $\Phi(x)$ 也随之固定.

定理 6-3（连续函数原函数存在定理） 若函数 $f(x)$ 在区间 $[a,b]$ 上连续，则函数 $\Phi(x)=\int_a^x f(t)\mathrm{d}t$ 在区间 $[a,b]$ 上可导，且 $\Phi'(x)=f(x)$，$x\in[a,b]$，即函数 $\Phi(x)$ 是函数 $f(x)$ 在区间 $[a,b]$ 上的一个原函数.

证明　当上限 x 获得增量 Δx 时，即上限为 $x+\Delta x$，则

$$\Phi(x+\Delta x)=\int_a^{x+\Delta x} f(t)\mathrm{d}t=\int_a^x f(t)\mathrm{d}t+\int_x^{\Delta x} f(t)\mathrm{d}t$$

由此得函数增量

$$\Delta\Phi=\Phi(x+\Delta x)-\Phi(x)=\int_x^{\Delta x} f(t)\mathrm{d}t$$

则在区间 $[x,x+\Delta x]$ 上，由定积分中值定理可知，至少存在一点 $\xi\in[x,x+\Delta x]$，使得

$$\Delta\Phi=\Phi(x+\Delta x)-\Phi(x)=f(\xi)\Delta x$$

则

$$\frac{\Delta\Phi}{\Delta x}=f(\xi)$$

当 $\Delta x\to 0$ 时，$x+\Delta x\to x$，从而 $\xi\to x$，由 $f(x)$ 的连续性可得

$$\lim_{\Delta x\to 0}\frac{\Delta\Phi}{\Delta x}=\lim_{\Delta x\to 0}f(\xi)=\lim_{\xi\to x}f(\xi)=f(x)$$

这就证明了

$$\Phi'(x)=f(x)$$

定理 6-3 告诉我们，只要 $f(x)$ 是连续的，它就一定存在原函数 $\Phi(x)$，且这个原函数正是 $f(x)$ 的变上限的定积分 $\Phi(x)$.

定理 6-3 的结论还可表示为

$$\frac{\mathrm{d}}{\mathrm{d}x}\left[\int_a^x f(t)\mathrm{d}t\right]=f(x)$$

【例 6-3】 求 $\frac{\mathrm{d}}{\mathrm{d}x}\left[\int_0^x \cos^2 t\mathrm{d}t\right]$.

解　由定理 6-3，即得

$$\frac{\mathrm{d}}{\mathrm{d}x}\left[\int_0^x \cos^2 t\mathrm{d}t\right]=\cos^2 x$$

【例 6-4】 求 $\frac{\mathrm{d}}{\mathrm{d}x}\left[\int_x^1 \sin^2 t\mathrm{d}t\right]$.

解
$$\frac{\mathrm{d}}{\mathrm{d}x}\left[\int_x^1 \sin^2 t\mathrm{d}t\right]=\frac{\mathrm{d}}{\mathrm{d}x}\left[-\int_1^x \sin^2 t\mathrm{d}t\right]$$
$$=-\sin^2 t\mid_{t=x}=-\sin^2 x$$

【例 6-5】 求 $\frac{\mathrm{d}}{\mathrm{d}x}\left[\int_1^{x^2}\mathrm{e}^{t^2}\mathrm{d}t\right]$.

解 因 $\int_1^{x^2}\mathrm{e}^{t^2}\mathrm{d}t$ 是 x^2 的函数，因而是 x 的复合函数，令 $x^2=u$，则

$$\Phi(u)=\int_1^u \mathrm{e}^{t^2}\mathrm{d}t,\quad u=x^2,\quad \frac{\mathrm{d}u}{\mathrm{d}x}=2x$$

由定理 6-3 及复合函数求导公式可得

$$\frac{\mathrm{d}}{\mathrm{d}x}\left[\int_1^{x^2}\mathrm{e}^{t^2}\mathrm{d}t\right]=\frac{\mathrm{d}}{\mathrm{d}u}\left[\int_1^u \mathrm{e}^{t^2}\mathrm{d}t\right]\cdot\frac{\mathrm{d}u}{\mathrm{d}x}=\mathrm{e}^{u^2}2x=2x\mathrm{e}^{x^4}$$

由 $\Phi'(x)=\frac{\mathrm{d}}{\mathrm{d}x}\left[\int_a^x f(t)\mathrm{d}t\right]=f(x)$ 进一步推广可得以下公式，即

(1) $\frac{\mathrm{d}}{\mathrm{d}x}\left[\int_a^{\varphi(x)} f(t)\mathrm{d}t\right]=f[\varphi(x)]\varphi'(x)$.

(2) $\frac{\mathrm{d}}{\mathrm{d}x}\left[\int_{\psi(x)}^{\varphi(x)} f(t)\mathrm{d}t\right]=f[\varphi(x)]\varphi'(x)-f[\psi(x)]\psi'(x)$.

【例 6-6】 计算极限 $\lim\limits_{x\to 0}\frac{\int_0^x(1-\cos t)\mathrm{d}t}{x^3}$.

解 观察可知该极限为$\frac{0}{0}$型的未定式极限，故由洛必达法则可得

$$\lim_{x\to 0}\frac{\int_0^x(1-\cos t)\mathrm{d}t}{x^3}=\lim_{x\to 0}\frac{1-\cos x}{3x^2}=\lim_{x\to 0}\frac{\sin x}{6x}=\frac{1}{6}$$

二、微积分基本定理（牛顿—莱布尼茨公式）

定理 6-4（牛顿—莱布尼茨公式） 设函数 $f(x)$ 在区间 $[a,b]$ 上连续，函数 $F(x)$ 是函数 $f(x)$ 的任一原函数，即 $F'(x)=f(x)$，则有

$$\int_a^b f(x)\mathrm{d}x=F(x)\mid_a^b=F(b)-F(a)$$

证明 已知 $F(x)$ 是 $f(x)$ 的一个原函数，而由定理 6-3 可知

$$\Phi(x)=\int_a^x f(t)\mathrm{d}t$$

也是 $f(x)$ 的一个原函数，则 $F(x)$ 与 $\Phi(x)$ 之间只差一个常数 C，即

$$F(x)=\Phi(x)+C=\int_a^x f(t)\mathrm{d}t+C$$

令 $x=a$，则 $\int_a^a f(t)\mathrm{d}t=0$，由上式可得

$$C=F(a)$$

再代入上式即得

$$F(x)=\int_a^x f(t)\mathrm{d}t+F(a)$$

当 $x=b$ 时，有

$$F(b)=\int_a^b f(t)\mathrm{d}t+f(a)$$

$$\int_a^b f(t)\mathrm{d}t=F(b)-F(a)$$

将积分变量改用 x 表示，即得

$$\int_a^b f(x)\mathrm{d}x=F(b)-F(a)$$

定理 6-4 的结论称为牛顿—莱布尼茨公式，也称为微积分基本公式，它给出了定积分与原函数之间的关系，从而简化了定积分的计算问题，通过求被积函数的原函数来解决函数的定积分计算问题.

【例 6-7】 求 $\int_0^1 x^2\mathrm{d}x$.

解　因 $\frac{x^3}{3}$ 是 x^2 的一个原函数，则由定理 6-4 可得

$$\int_0^1 x^2\mathrm{d}x=\frac{x^3}{3}\bigg|_0^1=\frac{1}{3}$$

【例 6-8】 求 $\int_0^\pi \sin x\mathrm{d}x$.

解

$$\begin{aligned}\int_0^\pi \sin x\mathrm{d}x&=-\cos x\big|_0^\pi\\&=-\cos\pi-(-\cos 0)=2\end{aligned}$$

由定积分的几何意义可知，该积分为函数 $y=\sin x$ 与 x 轴所围成图形的面积.

【例 6-9】 求 $\int_0^1 \frac{x^2}{1+x^2}\mathrm{d}x$.

解

$$\begin{aligned}\int_0^1 \frac{x^2}{1+x^2}\mathrm{d}x&=\int_0^1\left(1-\frac{1}{1+x^2}\right)\mathrm{d}x\\&=\int_0^1\mathrm{d}x-\int_0^1\frac{1}{1+x^2}\mathrm{d}x\\&=x\big|_0^1-\arctan x\big|_0^1\\&=1-\frac{\pi}{4}\end{aligned}$$

【例 6-10】 计算定积分 $\int_0^{\frac{\pi}{2}}|\sin x-\cos x|\mathrm{d}x$.

解　$|\sin x-\cos x|=\begin{cases}-(\sin x-\cos x), & 0\leqslant x\leqslant\frac{\pi}{4}\\ \sin x-\cos x, & \frac{\pi}{4}\leqslant x\leqslant\frac{\pi}{2}\end{cases}$，由积分区间的可加性，有

$$\int_0^{\frac{\pi}{2}} |\sin x - \cos x| \mathrm{d}x = \int_0^{\frac{\pi}{4}} (\cos x - \sin x)\mathrm{d}x + \int_{\frac{\pi}{4}}^{\frac{\pi}{2}} (\sin x - \cos x)\mathrm{d}x$$

$$= (\sin x + \cos x)\Big|_0^{\frac{\pi}{4}} + (-\cos x - \sin x)\Big|_{\frac{\pi}{4}}^{\frac{\pi}{2}}$$

$$= 2(\sqrt{2} - 1)$$

习　题　6 - 2

1. 试求函数 $y = \int_0^x \sin t\mathrm{d}t$ 当 $x=0$ 及 $x=\frac{\pi}{4}$ 时的导数.

2. 计算下列各导数.

(1) $\frac{\mathrm{d}}{\mathrm{d}x}\int_1^x \frac{\sin t}{t}\mathrm{d}t$.

(2) $\frac{\mathrm{d}}{\mathrm{d}y}\int_y^0 \sqrt{1+x^4}\mathrm{d}x$.

3. 计算下列定积分.

(1) $\int_1^3 x^3\mathrm{d}x$.

(2) $\int_4^9 \sqrt{x}(1+\sqrt{x})\mathrm{d}x$.

(3) $\int_{-\frac{1}{2}}^{\frac{1}{2}} \frac{\mathrm{d}x}{\sqrt{1-x^2}}$.

(4) $\int_{\frac{1}{\sqrt{3}}}^{\sqrt{3}} \frac{\mathrm{d}x}{1+x^2}$.

(5) $\int_0^1 \mathrm{e}^{-x}\mathrm{d}x$.

(6) $\int_0^{\frac{\pi}{4}} \tan^2 x\mathrm{d}x$.

(7) $\int_0^{2\pi} |\sin x| \mathrm{d}x$.

(8) $\int_0^{\frac{\pi}{2}} (2\cos x - 2\sin x)\mathrm{d}x$.

4. 设 $f(x)=\begin{cases} x+1 & x\leqslant 1 \\ \frac{1}{2}x^2 & x>1 \end{cases}$，求 $\int_{-2}^2 f(x)\mathrm{d}x$.

第三节　换元积分法与分部积分法

由微积分基本定理可知，计算定积分 $\int_a^b f(x)\mathrm{d}x$ 可先转化为求不定积分．而求不定积分有换元积分法和分部积分法．因此，求定积分也有换元积分法和分部积分法．

一、定积分的换元积分法

定理 6－5　设函数 $f(x)$ 在区间 $[a,b]$ 上连续，作变换 $x=\varphi(t)$，$\varphi(t)$ 满足以下条件.

(1) $\varphi(t)$ 在区间 $[\alpha,\beta]$ 上有连续导函数 $\varphi'(t)$.

(2) $\varphi(\alpha)=a$，$\varphi(\beta)=b$，当 t 在 $[\alpha,\beta]$ 上变化时，$x=\varphi(t)$ 的值在 $[a,b]$ 上变化，且不超出区间 $[a,b]$.

则有定积分换元公式，即

$$\int_a^b f(x)\mathrm{d}x=\int_\alpha^\beta f[\varphi(t)]\varphi'(t)\mathrm{d}t$$

证明　已知 $f(x)$ 在区间 $[a,b]$ 上连续，则在 $[a,b]$ 上可积，根据原函数存在定理，$f(x)$ 必有原函数存在，设为 $F(x)$，由牛顿—莱布尼茨公式得

$$\int_a^b f(x)\mathrm{d}x=F(b)-F(a)$$

同时，$\Phi(t)=F[\varphi(t)]$ 可以看成是 $\Phi=F(x)$ 与 $x=\varphi(t)$ 的一个复合函数，由复合函数的求导法则即得

$$\Phi'(t)=\frac{\mathrm{d}F}{\mathrm{d}x}\frac{\mathrm{d}x}{\mathrm{d}t}=f(x)\varphi'(t)=f[\varphi(t)]\varphi'(t)$$

即 $\Phi(t)$ 是 $f[\varphi(t)]\varphi'(t)$的一个原函数，由牛顿—莱布尼茨公式得

$$\int_\alpha^\beta f[\varphi(t)]\varphi'(t)\mathrm{d}t=\Phi(\beta)-\Phi(\alpha)$$

又由 $\Phi(t)=F[\varphi(t)]$ 及 $\varphi(\alpha)=a$，$\varphi(\beta)=b$ 可知

$$\Phi(\beta)-\Phi(\alpha)=F[\varphi(\beta)]-F[\varphi(\alpha)]=F(b)-F(a)$$

由此可得

$$\int_\alpha^\beta f[\varphi(t)]\varphi'(t)\mathrm{d}t=\Phi(\beta)-\Phi(\alpha)=F(b)-F(a)=\int_a^b f(x)\mathrm{d}x$$

即

$$\int_a^b f(x)\mathrm{d}x=\int_\alpha^\beta f[\varphi(t)]\varphi'(t)\mathrm{d}t$$

定积分的换元公式与不定积分换元公式相类似，但在计算时要注意以下几点.

(1) 因为积分区间是积分变量的变化范围，故定积分在作换元计算时，其积分上、下限应根据变量的变化做相应的改变，即：换元要换限，且(原)上限对(新)上限，(原)下限对(新)下限.

(2) 求出原函数后，不用再回代原来变量，直接把改变后的积分上、下限代入相减即可，而不定积分换元，最终结果是要还原成原来的变量的.

(3) 当被积函数的原函数可用第一换元积分法求出时，则不需要换元过程，故积分上、下限可不必改变，直接用牛顿—莱布尼茨公式求出定积分的值即可.

【例 6－11】　求 $\int_1^4 \frac{\mathrm{d}x}{1+\sqrt{x}}$.

解　设$\sqrt{x}=t$，则 $\mathrm{d}x=2t\mathrm{d}t$，当 $x=1$ 时 $t=1$，$x=4$ 时 $t=2$，由定积分换元法即得

$$\int_1^4 \frac{dx}{1+\sqrt{x}} = \int_1^2 \frac{2tdt}{1+t} = 2\int_1^2 \left[1-\frac{1}{1+t}\right]dt = 2\left[\int_1^2 dt - \int_1^2 \frac{dt}{1+t}\right]$$

$$= 2\left[t\,\Big|_1^2 - \ln(1+t)\,\Big|_1^2\right] = 2\left(1+\ln\frac{2}{3}\right)$$

【例 6-12】 计算 $\int_0^a \sqrt{a^2-x^2}\,dx\ (a>0)$.

解　设 $x=a\sin t$，则 $dx=a\cos t dt$，当 $x=0$ 时 $t=0$，$x=a$ 时 $t=\frac{\pi}{2}$，由定积分换元法即得

$$\int_0^a \sqrt{a^2-x^2}\,dx = \int_0^{\frac{\pi}{2}} a^2\cos^2 t dt = \frac{a^2}{2}\int_0^{\frac{\pi}{2}}(1+\cos 2t)dt$$

$$= \frac{a^2}{2}\left[t\,\Big|_0^{\frac{\pi}{2}} + \frac{\sin 2t}{2}\Big|_0^{\frac{\pi}{2}}\right] = \frac{\pi a^2}{4}$$

【例 6-13】 求 $\int_0^1 (x^2+1)^5 x dx$.

解

$$\int_0^1 (x^2+1)^5 x dx = \frac{1}{2}\int_0^1 (x^2+1)^5 d(x^2+1)$$

$$= \frac{1}{12}(x^2+1)^6\Big|_0^1 = \frac{1}{12}(2^6-1) = \frac{21}{4}$$

【例 6-14】 求 $\int_1^{\sqrt{e}} \frac{dx}{x\sqrt{1-(\ln x)^2}}$.

解　事实上，因 $(\ln x)'=\frac{1}{x}$，可得

$$\int_1^{\sqrt{e}} \frac{dx}{x\sqrt{1-(\ln x)^2}} = \int_1^{\sqrt{e}} (\ln x)'\frac{dx}{\sqrt{1-(\ln x)^2}} = \int_1^{\sqrt{e}} \frac{d(\ln x)}{\sqrt{1-(\ln x)^2}}$$

$$= \arcsin\ln x\,\Big|_1^{\sqrt{e}} = \arcsin\frac{1}{2} = \frac{\pi}{6}$$

【例 6-15】 设 $f(x)$ 在 $[-a,a]$ 上连续：

(1) 若 $f(x)$ 为偶函数，则 $\int_{-a}^a f(x)dx = 2\int_0^a f(x)dx$.

(2) 若 $f(x)$ 为奇函数，则 $\int_{-a}^a f(x)dx = 0$.

证明　由定积分性质知

$$\int_{-a}^a f(x)dx = \int_{-a}^a f(x)dx + \int_0^a f(x)dx$$

对于 $\int_{-a}^0 f(x)dx$，设 $x=-t$，则 $dx=-dt$，所以

$$\int_{-a}^0 f(x)dx = \int_a^0 f(-t)(-dt) = -\int_a^0 f(-t)dt = \int_0^a f(-t)dt = \int_0^a f(-x)dx$$

故

$$\int_{-a}^a f(x)dx = \int_0^a f(-x)dx + \int_0^a f(x)dx$$

由此即得：

（1）$f(x)$ 为偶函数时，$f(-x)=f(x)$，有

$$\int_{-a}^{a} f(x)\mathrm{d}x = 2\int_{0}^{a} f(x)\mathrm{d}x$$

（2）$f(x)$ 为奇函数时，$f(-x)=-f(x)$，有

$$\int_{-a}^{a} f(x)\mathrm{d}x = 0$$

【例 6-16】 求 $\int_{-1}^{1}\frac{\sin x+(\arctan x)^2}{1+x^2}\mathrm{d}x$.

解 $$\int_{-1}^{1}\frac{\sin x+(\arctan x)^2}{1+x^2}\mathrm{d}x=\int_{-1}^{1}\frac{\sin x}{1+x^2}\mathrm{d}x+\int_{-1}^{1}\frac{(\arctan x)^2}{1+x^2}\mathrm{d}x$$

由于 $\frac{\sin x}{1+x^2}$ 在 $[-1,1]$ 上是奇函数，所以

$$\int_{-1}^{1}\frac{\sin x}{1+x^2}\mathrm{d}x = 0$$

而 $\frac{(\arctan x)^2}{1+x^2}$ 在 $[-1,1]$ 上是偶函数，所以

$$\begin{aligned}\int_{-1}^{1}\frac{(\arctan x)^2}{1+x^2}\mathrm{d}x &= 2\int_{0}^{1}\frac{(\arctan x)^2}{1+x^2}\mathrm{d}x = 2\int_{0}^{1}(\arctan x)^2\mathrm{d}\arctan x\\ &= \frac{2}{3}(\arctan x)^3\Big|_0^1 = \frac{\pi^3}{96}\end{aligned}$$

【例 6-17】 若 $f(x)$ 在 $[0,1]$ 上连续，证明：

（1）$\int_{0}^{\frac{\pi}{2}} f(\sin x)\mathrm{d}x = \int_{0}^{\frac{\pi}{2}} f(\cos x)\mathrm{d}x$.

（2）$\int_{0}^{\pi} xf(\sin x)\mathrm{d}x = \frac{\pi}{2}\int_{0}^{\pi} f(\sin x)\mathrm{d}x$. 并由此计算

$$\int_{0}^{\pi}\frac{x\sin x}{1+\cos^2 x}\mathrm{d}x$$

证明 （1）令 $x=\frac{\pi}{2}-t$，则 $\mathrm{d}x=-\mathrm{d}t$. 且当 $x=0$ 时，$t=\frac{\pi}{2}$；当 $x=\frac{\pi}{2}$ 时，$t=0$. 结合三角函数关系式 $\sin x=\cos\left(\frac{\pi}{2}-x\right)$，于是有

$$\int_{0}^{\frac{\pi}{2}} f(\sin x)\mathrm{d}x = -\int_{\frac{\pi}{2}}^{0} f\left[\sin\left(\frac{\pi}{2}-t\right)\right]\mathrm{d}t = \int_{0}^{\frac{\pi}{2}} f(\cos t)\mathrm{d}t = \int_{0}^{\frac{\pi}{2}} f(\cos x)\mathrm{d}x$$

（2）令 $x=\pi-t$，则 $\mathrm{d}x=-\mathrm{d}t$. 且当 $x=\pi$ 时，$t=0$；当 $x=0$ 时，$t=\pi$. 结合三角函数关系 $\sin x=\sin(\pi-x)$，于是有

$$\begin{aligned}\int_{0}^{\pi} xf(\sin x)\mathrm{d}x &= -\int_{\pi}^{0}(\pi-t)f[\sin(\pi-t)]\mathrm{d}t\\ &= \int_{0}^{\pi}(\pi-t)f(\sin t)\mathrm{d}t\\ &= \pi\int_{0}^{\pi} f(\sin t)\mathrm{d}t - \int_{0}^{\pi} tf(\sin t)\mathrm{d}t\end{aligned}$$

$$= \pi\int_0^{\pi} f(\sin t)\mathrm{d}t - \int_0^{\pi} tf(\sin t)\mathrm{d}t$$
$$= \pi\int_0^{\pi} f(\sin x)\mathrm{d}x - \int_0^{\pi} xf(\sin x)\mathrm{d}x$$

所以有

$$\int_0^{\pi} xf(\sin x)\mathrm{d}x = \frac{\pi}{2}\int_0^{\pi} f(\sin x)\mathrm{d}x$$

利用上述结论，即得

$$\int_0^{\pi}\frac{x\sin x}{1+\cos^2 x}\mathrm{d}x = \frac{\pi}{2}\int_0^{\pi}\frac{\sin x}{1+\cos^2 x}\mathrm{d}x$$
$$=-\frac{\pi}{2}\int_0^{\pi}\frac{1}{1+\cos^2 x}\mathrm{d}\cos x$$
$$=-\frac{\pi}{2}\int_0^{\pi}\frac{1}{1+\cos^2 x}\mathrm{d}\cos x$$
$$=-\frac{\pi}{2}\arctan(\cos x)\Big|_0^{\pi} = \frac{\pi^2}{4}$$

【例 6－18】 标尺的设计模型.

在石油的生产地和加工厂，为储存原油，常使用大量的水平安置的椭圆柱储油罐，其横向长度为 L，而底面是长轴为 $2a$、短轴为 $2b$ 的椭圆形，上端有一注油孔，由于经常注油和取油，有时很难知道油罐中的余油量. 因此，希望设计一个精确的标尺，工人只需将该尺垂直插入至油罐的最底部，就可根据标尺上的油痕位置的刻度获知剩油量的多少，剩油量用剩油体积表示.

解　设当标尺上油痕位置的刻度为 h 时，储油罐中余油体积为 $v(h)$，由题意知

$$v(h) = L\int_{-b}^{h-b} a\sqrt{1-\frac{y^2}{b^2}}\mathrm{d}y \xlongequal{\frac{y}{b}=\sin t} abL\int_{-\frac{\pi}{2}}^{\arcsin\frac{h-b}{b}}\cos^2 t\mathrm{d}t$$
$$= \frac{abL}{2}\int_{-\frac{\pi}{2}}^{\arcsin\frac{h-b}{b}}(1+\cos 2t)\mathrm{d}t$$
$$= \frac{1}{2}abL\left[\frac{1}{2}\sin\left(2\arcsin\frac{h-b}{b}\right)+\arcsin\frac{h-b}{b}+\frac{\pi}{2}\right]$$

由此，标尺可以设计成一面为 h 刻度，另一面为余油体积刻度，两面刻度的换算公式如图 6－9 所示.

二、定积分的分部积分法

定理 6－6　设函数 $u(x)$、$v(x)$ 在区间 $[a,b]$ 上有连续导数 $u'(x)$、$v'(x)$，则有定积分分部积分公式

$$\int_a^b u(x)v'(x)\mathrm{d}x = [u(x)v(x)]\Big|_a^b - \int_a^b u'(x)v(x)\mathrm{d}x$$

证明　由求导公式

$$[u(x)v(x)]' = u'(x)v(x)+u(x)v'(x)$$

两端在区间 $[a,b]$ 上取定积分

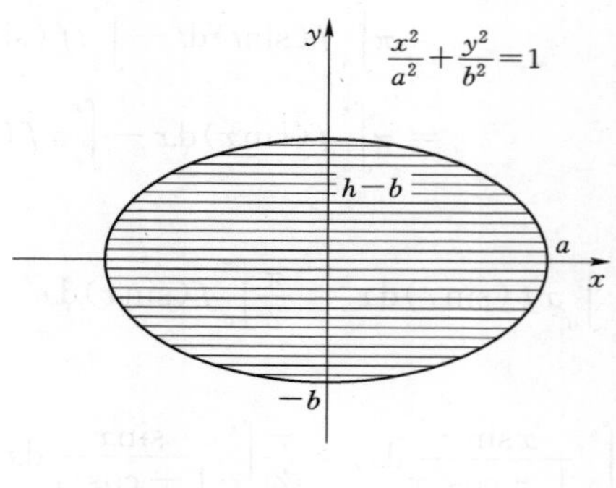

图 6-9

$$\int_a^b [u(x)v(x)]'\mathrm{d}x = \int_a^b u'(x)v(x)\mathrm{d}x + \int_a^b u(x)v'(x)\mathrm{d}x$$

又因为

$$\int_a^b [u(x)v(x)]'\mathrm{d}x = [u(x)v(x)]\big|_a^b$$

所以

$$\int_a^b [u(x)v(x)]'\mathrm{d}x = [u(x)v(x)]\big|_a^b = \int_a^b u'(x)v(x)\mathrm{d}x + \int_a^b u(x)v'(x)\mathrm{d}x$$

移项即得

$$\int_a^b u(x)v'(x)\mathrm{d}x = [u(x)v(x)]\big|_a^b - \int_a^b u'(x)v(x)\mathrm{d}x$$

定积分分部积分公式与不定积分分部积分公式相似，计算方法一样，只是定积分带有积分限.

【例 6-19】 求 $\int_0^\pi x\cos x\mathrm{d}x$.

解 由定积分分部积分公式得

$$\begin{aligned}\int_0^\pi x\cos x\mathrm{d}x &= \int_0^\pi x(\sin x)'\mathrm{d}x \\ &= x\sin x\big|_0^\pi - \int_0^\pi \sin x\mathrm{d}x \\ &= 0-(-\cos x)\big|_0^\pi = -2\end{aligned}$$

【例 6-20】 求积分 $\int_1^{\mathrm{e}} x\ln x\mathrm{d}x$.

解 由定积分分部积分公式得

$$\int_1^{\mathrm{e}} x\ln x\mathrm{d}x = \int_1^{\mathrm{e}} \ln x\mathrm{d}\frac{x^2}{2} = \frac{x^2}{2}\ln x\big|_1^{\mathrm{e}} - \int_1^{\mathrm{e}}\frac{x^2}{2}\mathrm{d}\ln x = \frac{x^2}{2}\ln x\big|_1^{\mathrm{e}} - \int_1^{\mathrm{e}}\frac{x}{2}\mathrm{d}x = \frac{\mathrm{e}^2+1}{4}$$

【例 6-21】 求 $\int_0^1 \mathrm{e}^{\sqrt{x}}\mathrm{d}x$.

解 首先换元，设 $\sqrt{x}=t$，则 $\mathrm{d}x=2t\mathrm{d}t$，当 $x=0$ 时 $t=0$，当 $x=1$ 时 $t=1$，则

$$\int_0^1 e^{\sqrt{x}}dx = \int_0^1 e^t 2tdt = 2\int_0^1 te^t dt$$
$$= 2\int_0^1 t(e^t)'dt = 2te^t\big|_0^1 - 2\int_0^1 e^t dt$$
$$= 2e - 2e^t\big|_0^1 = 2e - 2(e-1) = 2$$

【例 6-22】 求定积分

$$I_n = \int_0^{\frac{\pi}{2}} \sin^n x dx = \int_0^{\frac{\pi}{2}} \cos^n x dx,\quad n = 0,1,2,\cdots$$

解　首先证明等式 $\int_0^{\frac{\pi}{2}} \sin^n x dx = \int_0^{\frac{\pi}{2}} \cos^n x dx$.

设 $x=\frac{\pi}{2}-t$，则 $dx=-dt$，$x=0$ 时，$t=\frac{\pi}{2}$，$x=\frac{\pi}{2}$时，$t=0$，则有

$$\int_0^{\frac{\pi}{2}} \sin^n x dx = \int_{\frac{\pi}{2}}^0 \sin^n\left(\frac{\pi}{2}-t\right)(-dt) = \int_0^{\frac{\pi}{2}} \sin^n\left(\frac{\pi}{2}-t\right)dt = \int_0^{\frac{\pi}{2}} \cos^n t dt = \int_0^{\frac{\pi}{2}} \cos^n x dx$$

再由定积分分部积分公式，得

$$I_n = \int_0^{\frac{\pi}{2}} \sin^n x dx = \int_0^{\frac{\pi}{2}} \sin^{n-1} x d(-\cos x)$$
$$= \sin^{n-1}x(-\cos x)\Big|_0^{\frac{\pi}{2}} + \int_0^{\frac{\pi}{2}} \cos x d(\sin^{n-1}x)$$
$$= \int_0^{\frac{\pi}{2}} (n-1)\sin^{n-2}x\cos^2 x dx$$
$$= (n-1)\int_0^{\frac{\pi}{2}} \sin^{n-2}x(1-\sin^2 x)dx$$
$$= (n-1)\int_0^{\frac{\pi}{2}} \sin^{n-2}x dx - (n-1)\int_0^{\frac{\pi}{2}} \sin^n x dx$$

记 $\int_0^{\frac{\pi}{2}} \sin^{n-2}x dx$ 为 I_{n-2}，则

$$I_n=(n-1)I_{n-2}-(n-1)I_n$$

则

$$I_n=\frac{n-1}{n}I_{n-2},\quad n\geqslant 2$$

这个等式叫作积分 I_n 关于下标 n 的递推公式．如果将 n 换成 $n-2$，则有

$$I_{n-2}=\frac{n-3}{n-2}I_{n-4}$$

同样地依次进行下去，直到 I_n 的下标递减到 0 或 1 为止，于是

$$I_{2m}=\frac{2m-1}{2m}\cdot\frac{2m-3}{2m-2}\cdot\frac{2m-5}{2m-4}\cdots\frac{5}{6}\cdot\frac{3}{4}\cdot\frac{1}{2}I_0$$
$$I_{2m+1}=\frac{2m}{2m+1}\cdot\frac{2m-2}{2m-1}\cdot\frac{2m-4}{2m-3}\cdots\frac{6}{7}\cdot\frac{4}{5}\cdot\frac{2}{3}I_1$$

其中当 $n=0$ 时，$\sin^0 x=1$

$$I_0 = \int_0^{\frac{\pi}{2}} dx = \frac{\pi}{2}$$

当 $n=1$ 时

$$I_1=\int_0^{\frac{\pi}{2}}\sin x\mathrm{d}x=-\cos x\Big|_0^{\frac{\pi}{2}}=1$$

因此

$$I_n=\int_0^{\frac{\pi}{2}}\sin^n x\mathrm{d}x=\frac{n-1}{n}\cdot\frac{n-3}{n-2}\cdot\frac{n-5}{n-4}\cdots\frac{5}{6}\cdot\frac{3}{4}\cdot\frac{1}{2}\cdot\frac{\pi}{2}，\ n \text{ 是偶数}$$

$$I_n=\int_0^{\frac{\pi}{2}}\sin^n x\mathrm{d}x=\frac{n-1}{n}\cdot\frac{n-3}{n-2}\cdot\frac{n-5}{n-4}\cdots\frac{6}{7}\cdot\frac{4}{5}\cdot\frac{2}{3}\cdot 1，\ n \text{ 是奇数}$$

例如：
$$\int_0^{\frac{\pi}{2}}\sin^8 x\mathrm{d}x=\frac{7}{8}\cdot\frac{5}{6}\cdot\frac{3}{4}\cdot\frac{1}{2}\cdot\frac{\pi}{2}=\frac{35\pi}{256}$$

习　题　6－3

1. 计算下列定积分：

(1) $\int_{-2}^{1}\frac{\mathrm{d}x}{(11+5x)^3}$.

(2) $\int_{-2}^{0}\frac{\mathrm{d}x}{x^2+2x+2}$.

(3) $\int_{0}^{1}\frac{x\mathrm{d}x}{1+\sqrt{x}}$.

(4) $\int_{0}^{\frac{\pi}{2}}\cos^5 x\sin x\mathrm{d}x$.

(5) $\int_{\frac{\pi}{6}}^{\frac{\pi}{2}}\cos^2 x\mathrm{d}x$.

(6) $\int_{0}^{1}x\sqrt{1-x}\mathrm{d}x$.

(7) $\int_{1}^{e}\frac{\ln x}{x}\mathrm{d}x$.

(8) $\int_{-\sqrt{2}}^{\sqrt{2}}\sqrt{8-2x^2}\mathrm{d}x$.

(9) $\int_{\frac{1}{\sqrt{2}}}^{1}\frac{\sqrt{1-x^2}}{x^2}\mathrm{d}x$.

(10) $\int_{0}^{1}\frac{x\mathrm{d}x}{(x^2+1)^2}$.

(11) $\int_{1}^{3}\frac{\mathrm{d}x}{\sqrt{x}(1+x)}$.

(12) $\int_{0}^{\sqrt{2}a}\frac{x\mathrm{d}x}{\sqrt{3a^2-x^2}}\mathrm{d}x$.

(13) $\int_{0}^{1}xe^{-\frac{x^2}{2}}\mathrm{d}x$.

(14) $\int_{1}^{e^2}\frac{\mathrm{d}x}{x\sqrt{1+\ln x}}$.

(15) $\int_{-\frac{\pi}{2}}^{\frac{\pi}{2}} \cos x \cos 2x \mathrm{d}x$.

(16) $\int_{-\frac{\pi}{2}}^{\frac{\pi}{2}} \sqrt{\cos x - \cos^3 x} \mathrm{d}x$.

(17) $\int_0^{\pi} \sqrt{1+\cos 2x} \mathrm{d}x$.

(18) $\int_1^{\mathrm{e}} \ln x \mathrm{d}x$.

(19) $\int_0^1 x\mathrm{e}^x \mathrm{d}x$.

(20) $\int_0^{2\pi} (x+1)\cos x \mathrm{d}x$.

2. 利用函数的奇偶性计算下列积分：

(1) $\int_{-\pi}^{\pi} x^4 \sin x \mathrm{d}x$.

(2) $\int_{-\frac{\pi}{2}}^{\frac{\pi}{2}} \cos^4 x \mathrm{d}x$.

(3) $\int_{-\frac{1}{2}}^{\frac{1}{2}} \frac{(\arcsin x)^2}{\sqrt{1-x^2}} \mathrm{d}x$.

(4) $\int_{-5}^{5} \frac{x^3 \sin^2 x}{x^4+2x^2+1} \mathrm{d}x$.

3. 已知 $(\sin x)\ln x$ 为 $f(x)$ 的一个原函数，求 $\int_1^{\pi} xf'(x)\mathrm{d}x$.

4. 设函数

$$f(x)=\begin{cases} x\mathrm{e}^{-x^2}, & x \geqslant 0 \\ \dfrac{1}{x+2}, & -2<x<0 \end{cases}$$

计算 $\int_1^4 f(x-2)\mathrm{d}x$.

第四节 反 常 积 分

在一些实际问题中，常遇到积分区间为无穷区间，或者被积函数为无界函数的积分，这类积分已经不属于定积分，称之为反常积分.

【例 6-23】 求由曲线 $y=\mathrm{e}^{-x}$、y 轴以及 x 轴所围成的开口曲边梯形的面积 A，如图 6-10 所示.

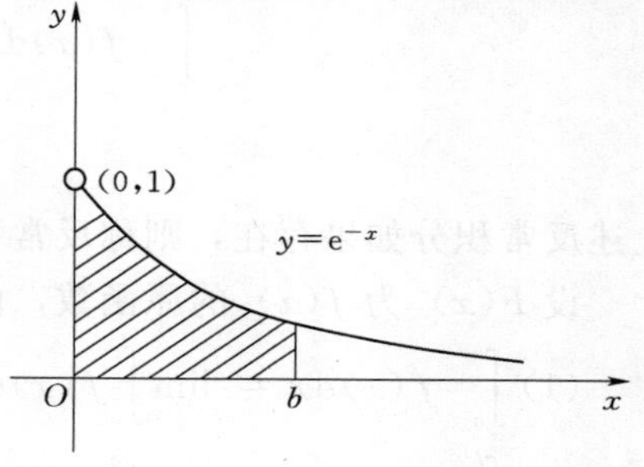

图 6-10

解 如果把开口曲边梯形面积，按定积分的几何意义那样理解，那么其面积 A 就对应着无穷区间上的广义积分，即

$$A=\int_0^{+\infty} f(x)\mathrm{d}x=\int_0^{+\infty} \mathrm{e}^{-x}\mathrm{d}x$$

然而，上面的积分已经不是通常意义的定积分了. 因

为它的积分区间是无限的. 那么这个积分该怎样计算呢? 任取实数 $b>0$, 在有限区间 $[0,b]$ 上, 以曲线 $y=\mathrm{e}^{-x}$ 为曲边的曲边梯形面积为

$$\int_0^b \mathrm{e}^{-x}\mathrm{d}x = -\mathrm{e}^{-x}\Big|_0^b = 1-\mathrm{e}^{-b}$$

显然, 当 $b\to+\infty$ 时, 图 6-10 中阴影部分的面积的极限就是开口曲边梯形面积的精确值, 即

$$A=\lim_{b\to+\infty}\int_0^b \mathrm{e}^{-x}\mathrm{d}x=\lim_{b\to+\infty}(1-\mathrm{e}^{-b})=1$$

下面给出广义积分的定义.

一、无穷限的反常积分

定义 6-2 设函数 $f(x)$ 在区间 $[a,+\infty)$ 上连续, 取 $t>a$, 如果极限

$$\lim_{t\to+\infty}\int_a^t f(x)\mathrm{d}x$$

存在, 则称此极限为函数 $f(x)$ 在无穷区间 $[a,+\infty)$ 上的反常积分, 记作 $\int_a^{+\infty} f(x)\mathrm{d}x$, 即

$$\int_a^{+\infty} f(x)\mathrm{d}x=\lim_{t\to+\infty}\int_a^t f(x)\mathrm{d}x$$

类似地, 设函数 $f(x)$ 在区间 $(-\infty,b]$ 上连续, 取 $t<b$, 如果极限

$$\lim_{t\to-\infty}\int_t^b f(x)\mathrm{d}x$$

存在, 则称此极限为函数 $f(x)$ 在无穷区间 $(-\infty,b]$ 上的反常积分, 记作 $\int_{-\infty}^{b} f(x)\mathrm{d}x$, 即

$$\int_{-\infty}^b f(x)\mathrm{d}x=\lim_{t\to-\infty}\int_t^b f(x)\mathrm{d}x$$

最后, 如果函数 $f(x)$ 在区间 $(-\infty,+\infty)$ 上连续, 如果反常积分

$$\int_{-\infty}^0 f(x)\mathrm{d}x \text{ 和 } \int_0^{+\infty} f(x)\mathrm{d}x$$

都存在, 则称上述两个反常积分之和为函数 $f(x)$ 在无穷区间 $(-\infty,+\infty)$ 上的反常积分, 记作 $\int_{-\infty}^{+\infty} f(x)\mathrm{d}x$, 即

$$\begin{aligned}\int_{-\infty}^{+\infty} f(x)\mathrm{d}x&=\int_{-\infty}^0 f(x)\mathrm{d}x+\int_0^{+\infty} f(x)\mathrm{d}x\\&=\lim_{t\to-\infty}\int_t^0 f(x)\mathrm{d}x+\lim_{t\to+\infty}\int_0^t f(x)\mathrm{d}x\end{aligned}$$

上述反常积分如果存在, 则称反常积分收敛; 反之则称为发散. 下面讲述其计算方法.

设 $F(x)$ 为 $f(x)$ 的原函数, 由反常积分定义及微积分基本公式有以下公式.

(1) $\int_a^{+\infty} f(x)\mathrm{d}x=\lim_{t\to+\infty}\int_a^t f(x)\mathrm{d}x=F(x)\Big|_a^{+\infty}=\lim_{x\to+\infty}F(x)-F(a)$.

(2) $\int_{-\infty}^b f(x)\mathrm{d}x=\lim_{t\to-\infty}\int_t^b f(x)\mathrm{d}x=F(x)\Big|_{-\infty}^b=F(b)-\lim_{x\to-\infty}F(x)$.

(3) $\int_{-\infty}^{+\infty} f(x)\mathrm{d}x = \int_{-\infty}^{0} f(x)\mathrm{d}x + \int_{0}^{+\infty} f(x)\mathrm{d}x = \lim\limits_{x\to+\infty} F(x) - \lim\limits_{x\to-\infty} F(x)$.

注 只有在反常积分 $\int_{-\infty}^{0} f(x)\mathrm{d}x$ 和 $\int_{0}^{+\infty} f(x)\mathrm{d}x$ 同时收敛，公式（3）才成立.

【例 6－24】 计算反常积分 $\int_{-\infty}^{+\infty} \frac{1}{1+x^2}\mathrm{d}x$.

解 $\int_{-\infty}^{+\infty} \frac{1}{1+x^2}\mathrm{d}x = \arctan x \Big|_{-\infty}^{+\infty} = \lim\limits_{x\to+\infty} \arctan x - \lim\limits_{x\to-\infty} \arctan x$

$$= \frac{\pi}{2} - \left(-\frac{\pi}{2}\right) = \pi$$

【例 6－25】 计算反常积分 $\int_{0}^{+\infty} t\mathrm{e}^{-t}\mathrm{d}t$.

解 $\int_{0}^{+\infty} t\mathrm{e}^{-t}\mathrm{d}t = -\int_{0}^{+\infty} t\mathrm{d}\mathrm{e}^{-t} = -[t\mathrm{e}^{-t}]\Big|_{0}^{+\infty} + \int_{0}^{+\infty} \mathrm{e}^{-t}\mathrm{d}t = -[\mathrm{e}^{-t}]\Big|_{0}^{+\infty} = 1$

此处 $\lim\limits_{t\to+\infty} t\mathrm{e}^{-t} = \lim\limits_{t\to+\infty} \frac{t}{\mathrm{e}^t} = \lim\limits_{t\to+\infty} \frac{1}{\mathrm{e}^t} = 0$.

【例 6－26】 讨论反常积分 $\int_{1}^{+\infty} \frac{1}{x^p}\mathrm{d}x$ 的敛散性.

解 当 $p=1$ 时，$\int_{1}^{+\infty} \frac{1}{x^p}\mathrm{d}x = \int_{1}^{+\infty} \frac{1}{x}\mathrm{d}x = \ln x \Big|_{1}^{+\infty} = \lim\limits_{x\to+\infty} \ln x - \ln 1 = +\infty$，故积分 $\int_{1}^{+\infty} \frac{1}{x}\mathrm{d}x$ 发散.

当 $p\neq1$ 时，$\int_{1}^{+\infty} \frac{1}{x^p}\mathrm{d}x = \frac{1}{1-p}x^{1-p}\Big|_{1}^{+\infty} = \lim\limits_{x\to+\infty} \frac{1}{1-p}x^{1-p} - \frac{1}{1-p}$.

(1) 当 $p<1$ 时，$\int_{1}^{+\infty} \frac{1}{x^p}\mathrm{d}x = +\infty$.

(2) 当 $p>1$ 时，$\int_{1}^{+\infty} \frac{1}{x^p}\mathrm{d}x = -\frac{1}{1-p}$.

综上，当 $p>1$ 时积分 $\int_{1}^{+\infty} \frac{1}{x^p}\mathrm{d}x$ 收敛；当 $p\leqslant1$ 时积分 $\int_{1}^{+\infty} \frac{1}{x^p}\mathrm{d}x$ 发散.

二、无界函数的广义积分

若 $\forall\delta>0$，函数 $f(x)$ 在 $\mathring{U}(x_0,\delta)$ 内无界，则称点 x_0 为 $f(x)$ 的一个瑕点. 例如，$x=a$ 是 $f(x)=\frac{1}{x-a}$ 的瑕点；$x=0$ 是 $f(x)=\frac{1}{\ln|x-1|}$ 的瑕点.

定义 6－3 设函数 $f(x)$ 在区间 $(a,b]$ 上连续，点 a 为 $f(x)$ 的瑕点，取 $\varepsilon>0$，如果极限

$$\lim_{\varepsilon\to0^+}\int_{a+\varepsilon}^{b} f(x)\mathrm{d}x$$

存在，则称此极限为无界函数 $f(x)$ 在无穷区间 $(a,b]$ 上的反常积分，记作 $\int_{a}^{b} f(x)\mathrm{d}x$，即

$$\int_a^b f(x)\mathrm{d}x = \lim_{\varepsilon \to 0^+}\int_{a+\varepsilon}^b f(x)\mathrm{d}x$$

这时也称广义积分 $\int_a^b f(x)\mathrm{d}x$ 收敛；否则称广义积分 $\int_a^b f(x)\mathrm{d}x$ 发散.

类似地，若 b 是 $f(x)$ 的瑕点，则

$$\int_a^b f(x)\mathrm{d}x = \lim_{\varepsilon \to 0^+}\int_a^{b-\varepsilon} f(x)\mathrm{d}x$$

若 $c\in(a,b)$ 是 $f(x)$ 的瑕点，则

$$\begin{aligned}\int_a^b f(x)\mathrm{d}x &= \int_a^c f(x)\mathrm{d}x + \int_c^b f(x)\mathrm{d}x \\ &= \lim_{\varepsilon_1 \to 0^+}\int_a^{c-\varepsilon_1} f(x)\mathrm{d}x + \lim_{\varepsilon_2 \to 0^+}\int_{c+\varepsilon_2}^b f(x)\mathrm{d}x\end{aligned}$$

上述反常积分如果存在，则称反常积分收敛；反之则称为发散. 下面讲述其计算方法.

设 $F(x)$ 为 $f(x)$ 的原函数，由反常积分定义及微积分基本公式有以下公式.

(1) $\int_a^b f(x)\mathrm{d}x = F(x)\Big|_{a+0}^b = F(b) - F(a+0) = F(b) - \lim\limits_{x\to a^+}F(x)$.

(2) $\int_a^b f(x)\mathrm{d}x = F(x)\Big|_a^{b-0} = F(b-0) - F(a) = \lim\limits_{x\to b^-}F(x) - F(a)$.

(3) $\int_a^b f(x)\mathrm{d}x = \int_a^c f(x)\mathrm{d}x + \int_c^b f(x)\mathrm{d}x = \lim\limits_{x\to c^-}F(x) - F(a) + F(b) - \lim\limits_{x\to c^+}F(x)$.

注　只有在反常积分 $\int_a^c f(x)\mathrm{d}x$ 和 $\int_c^b f(x)\mathrm{d}x$ 同时收敛，公式（3）才成立.

【例 6－27】　计算反常积分 $\int_0^1 \frac{1}{x^2}\mathrm{d}x$.

解

$$\int_0^1 \frac{1}{x^2}\mathrm{d}x = -\frac{1}{x}\Big|_0^1 = -1 - \lim_{x\to 0^+}\left(-\frac{1}{x}\right) = +\infty$$

所以，反常积分 $\int_0^1 \frac{1}{x^2}\mathrm{d}x$ 发散.

【例 6－28】　讨论反常积分 $\int_0^1 \frac{1}{x^p}\mathrm{d}x(p>0)$ 的敛散性.

解　当 $p=1$ 时，$\int_0^1 \frac{1}{x^p}\mathrm{d}x = \int_0^1 \frac{1}{x}\mathrm{d}x = \ln x\,\big|_0^1 = \ln 1 - \lim\limits_{x\to 0^+}\ln x = \infty$.

当 $p>1$ 时，$\int_0^1 \frac{1}{x^p}\mathrm{d}x = \frac{x^{1-p}}{1-p}\Big|_0^1 = \frac{1}{1-p} - \lim\limits_{x\to 0^+}\left(-\frac{x^{1-p}}{1-p}\right) = +\infty$.

当 $p<1$ 时，$\int_0^1 \frac{1}{x^p}\mathrm{d}x = \frac{x^{1-p}}{1-p}\Big|_0^1 = \frac{1}{1-p} - \lim\limits_{x\to 0^+}\left(-\frac{x^{1-p}}{1-p}\right) = \frac{1}{1-p}$.

综上所述，当 $p<1$ 时，广义积分收敛；当 $p\geqslant 1$ 时，广义积分发散.

三、Γ 函数*

Γ 函数是在理论上和应用上都有重要意义的函数. Γ 函数定义为

$$\Gamma(s)=\int_0^{+\infty}x^{s-1}\mathrm{e}^{-x}\mathrm{d}x,\quad s>0$$

显然
$$\Gamma(1)=\int_0^{+\infty}\mathrm{e}^{-x}\mathrm{d}x=-\mathrm{e}^{-x}\Big|_0^{+\infty}=1$$

$$\Gamma(s+1)=\int_0^{+\infty}x^s\mathrm{e}^{-x}\mathrm{d}x=-\int_0^{+\infty}x^s\mathrm{d}\mathrm{e}^{-x}$$
$$=-x^s\mathrm{e}^{-x}\Big|_0^{+\infty}+s\int_0^{+\infty}\mathrm{e}^{-x}x^{s-1}\mathrm{d}x=s\int_0^{+\infty}\mathrm{e}^{-x}x^{s-1}\mathrm{d}x=s\Gamma(s)$$

其中，$\lim\limits_{x\to+\infty}x^s\mathrm{e}^{-x}=0$ 可由洛必达法则求得.

所以
$$\Gamma(s+1)=s\Gamma(s)$$

反复运用递推公式，有
$$\Gamma(2)=1\cdot\Gamma(1)=1,\quad \Gamma(3)=2\cdot\Gamma(2)=2!$$

一般地，对任何正整数，有
$$\Gamma(n+1)=n!$$

当 $s=\frac{1}{2}$ 时，
$$\Gamma\left(\frac{1}{2}\right)=\sqrt{\pi}$$

证明略.

【例 6-29】 计算积分 $\int_0^{+\infty}x^3\mathrm{e}^{-x}\mathrm{d}x$.

解 $\int_0^{+\infty}x^3\mathrm{e}^{-x}\mathrm{d}x=\Gamma(4)=3!=6$.

习 题 6-4

计算下列反常积分.

(1) $\int_1^{+\infty}\frac{1}{x^3}\mathrm{d}x$.

(2) $\int_{\frac{1}{\mathrm{e}}}^{+\infty}\frac{\ln x}{x}\mathrm{d}x$.

(3) $\int_{-\infty}^{0}x\mathrm{e}^{-\frac{x^2}{2}}\mathrm{d}x$.

(4) $\int_0^1\frac{1}{\sqrt[3]{(x-1)^2}}\mathrm{d}x$.

(5) $\int_1^{\mathrm{e}}\frac{1}{x\sqrt{1-(\ln x)^2}}\mathrm{d}x$.

(6) $\int_0^1\frac{x}{\sqrt{1-x^2}}\mathrm{d}x$.

总 习 题 六

1. 利用定义计算下列定积分.

(1) $\int_a^b x\mathrm{d}x\ (a<b)$.

(2) $\int_0^1 \mathrm{e}^x\mathrm{d}x$.

2. 用定积分的几何意义求下列积分值.

(1) $\int_0^1 2x\mathrm{d}x$.

(2) $\int_0^R \sqrt{R^2-x^2}\mathrm{d}x\ (R>0)$.

3. 证明下列不等式.

(1) $\mathrm{e}^2-\mathrm{e}\leqslant\int_{\mathrm{e}}^{\mathrm{e}^2}\ln x\mathrm{d}x\leqslant 2(\mathrm{e}^2-\mathrm{e})$.

(2) $1\leqslant\int_0^1 \mathrm{e}x^2\mathrm{d}x\leqslant \mathrm{e}$.

4. 计算下列定积分.

(1) $\int_3^4 \sqrt{x}\mathrm{d}x$.

(2) $\int_{-1}^2 |x^2-x|\mathrm{d}x$.

(3) $\int_0^{\pi} f(x)\mathrm{d}x$，其中 $f(x)=\begin{cases} x, & 0\leqslant x\leqslant\dfrac{\pi}{2} \\ \sin x, & \dfrac{\pi}{2}<x\leqslant\pi \end{cases}$.

(4) $\int_{-2}^2 \max\{1,x^2\}\mathrm{d}x$.

(5) $\int_0^{\frac{\pi}{2}} \sqrt{1-\sin 2x}\mathrm{d}x$.

5. 计算下列导数.

(1) $\dfrac{\mathrm{d}}{\mathrm{d}x}\int_0^{x^2}\sqrt{1+t^2}\mathrm{d}t$.

(2) $\dfrac{\mathrm{d}}{\mathrm{d}x}\int_{x^2}^{x^3}\dfrac{\mathrm{d}t}{\sqrt{1+t^2}}$.

6. 求由参数式 $\begin{cases} x=\int_0^t \sin u^2\mathrm{d}u \\ y=\int_0^t \cos u^2\mathrm{d}u \end{cases}$ 所确定的函数 y 对 x 的导数 $\dfrac{\mathrm{d}y}{\mathrm{d}x}$.

7. 求由方程 $\int_0^y \mathrm{e}^t\mathrm{d}t+\int_0^x \cos t\mathrm{d}t=0$ 所确定的隐函数 $y=y(x)$ 的导数.

8. 利用定积分概念求下列极限.

(1) $\lim\limits_{n\to\infty}\left(\dfrac{1}{n+1}+\dfrac{1}{n+2}+\cdots+\dfrac{1}{2n}\right)$.

(2) $\lim\limits_{n\to\infty}\dfrac{1}{n^2}(\sqrt{n}+\sqrt{2n}+\cdots+\sqrt{n^2})$.

9. 求下列极限.

(1) $\lim\limits_{x\to 0}\dfrac{\int_0^x \ln(1+2t^2)\,\mathrm{d}t}{x^3}$.

(2) $\lim\limits_{x\to 0}\dfrac{\left[\int_0^x \mathrm{e}^{t^2}\,\mathrm{d}t\right]}{\int_0^x t\mathrm{e}^{2t^2}\,\mathrm{d}t}$.

10. 计算下列积分.

(1) $\int_0^4 \dfrac{x+2}{\sqrt{2x+1}}\mathrm{d}x$.

(2) $\int_1^{\mathrm{e}^2} \dfrac{\mathrm{d}x}{x\sqrt{1+\ln x}}$.

(3) $\int_1^{\sqrt{3}} \dfrac{\mathrm{d}x}{x^2\sqrt{1+x^2}}$.

(4) $\int_0^{\frac{\pi}{4}} \dfrac{\sin x}{1+\sin x}\mathrm{d}x$.

(5) $\int_{\ln 2}^{\ln 3} \dfrac{\mathrm{d}x}{\mathrm{e}^x-\mathrm{e}^{-x}}$.

(6) $\int_0^{\pi} \sqrt{1+\cos 2x}\,\mathrm{d}x$.

(7) $\int_0^{\pi} \sqrt{\sin^3 x-\sin^5 x}\,\mathrm{d}x$.

(8) $\int_1^2 x^3\ln x\,\mathrm{d}x$.

(9) $\int_0^{\frac{\pi}{2}} \mathrm{e}^{2x}\cos x\,\mathrm{d}x$.

(10) $\int_0^1 \dfrac{\ln(1+x)}{(2-x)^2}\mathrm{d}x$.

(11) $\int_2^3 \dfrac{\mathrm{d}x}{x^2+x-2}$.

(12) $\int_1^2 \dfrac{\sqrt[3]{x}}{x(\sqrt{x}+\sqrt[3]{x})}\mathrm{d}x$.

(13) $\int_{\frac{\pi}{3}}^{\pi} \sin\left(x+\dfrac{\pi}{3}\right)\mathrm{d}x$.

(14) $\int_0^1 t\mathrm{e}^{-\frac{t^2}{2}}\,\mathrm{d}t$.

(15) $\int_{\frac{\pi}{6}}^{\frac{\pi}{2}} \cos^2 u\,\mathrm{d}u$.

11. 计算下列积分（n 为正整数）.

(1) $\int_0^1 \dfrac{x^n}{\sqrt{1-x^2}}\mathrm{d}x$.

(2) $\int_0^{\frac{\pi}{4}} \tan^{2n} x \, dx$.

12. 证明下列等式.

(1) $\int_0^a x^3 f(x^2) dx = \frac{1}{2}\int_0^{a^2} x f(x) dx$ (a 为正常数).

(2) 若 $f(x) \in C([a,b])$，则 $\int_0^{\frac{\pi}{2}} f(\sin x) dx = \int_0^{\frac{\pi}{2}} f(\cos x) dx$.

13. 利用被积函数奇偶性计算下列积分值（其中 a 为正常数）.

(1) $\int_{-a}^{a} \frac{\sin x}{|x|} dx$.

(2) $\int_{-a}^{a} \ln(x + \sqrt{1+x^2}) dx$.

(3) $\int_{-1/2}^{1/2} \left[\frac{\sin x \tan^2 x}{3 + \cos 3x} + \ln(1-x)\right] dx$.

(4) $\int_{-\pi/2}^{\pi/2} \sin^2 x \left(\sin^4 x + \ln \frac{3+x}{3-x}\right) dx$.

14. 已知 $f(2) = \frac{1}{2}$，$f'(2) = 0$，$\int_0^2 f(x) dx = 1$，求 $\int_0^1 x^2 f''(2x) dx$.

15. 用定义判断下列广义积分的敛散性，若收敛，则求其值.

(1) $\int_{\frac{2}{\pi}}^{+\infty} \frac{1}{x^2} \sin \frac{1}{x} dx$.

(2) $\int_{-\infty}^{+\infty} \frac{dx}{x^2 + 2x + 2}$.

(3) $\int_0^a \frac{dx}{\sqrt{a^2 - x^2}} (a > 0)$.

(4) $\int_1^{e} \frac{dx}{x\sqrt{1 - \ln(x)^2}}$.

*16. $I = \int_0^{\frac{\pi}{4}} \ln(1 + \tan x) dx$.

17. 设连续函数 $f(x)$ 满足 $f(x) = \ln x - \int_1^{e} f(x) dx$，求 $\int_1^{e} f(x) dx$.

*18. 设 $f(x)$ 为连续函数，且满足 $\int_0^{2x} x f(t) dt + 2\int_x^0 t f(2t) dt = 2x^3(x-1)$，求 $f(x)$ 在 [0,2] 上的最大值与最小值.

第七章 定积分的应用

定积分在几何、经济学、工程技术等方面有着广泛的应用，为正确运用这一方法，简化推导过程，首先介绍“微元法”，再介绍定积分的几何、经济学中的应用.

第一节 微 元 法

定积分是求某种总量的数学模型，它在几何学、物理学、经济学、社会学等方面都有着广泛的应用，这显示了它的巨大魅力．也正是这些广泛的应用，推动着积分学不断地发展和完善．因此在学习过程中，要深刻领会定积分的基本思想——微元法．不断积累和提高数学的应用能力.

定积分所有应用问题，一般总可按“分割、近似代替、求和、取极限”4个步骤把所求量表示为定积分的形式．为了更好地说明这种方法，先回顾一下曲边梯形的面积问题.

设 $f(x)$ 在区间 $[a,b]$ 上连续且 $f(x)\geqslant 0$，求以曲线 $y=f(x)$ 为曲边、底为 $[a,b]$ 的曲边梯形的面积 A．把这个面积 A 表示为定积分，即

$$A=\int_a^b f(x)\mathrm{d}x$$

的步骤如下.

(1) 分割（化整为零）．用任意一组分点把区间 $[a,b]$ 分成长度为 $\Delta x_i(i=1,2,\cdots,n)$ 的 n 个小区间，相应地把曲边梯形分成 n 个小曲边梯形，第 i 个小曲边梯形的面积设为 ΔA_i，于是有

$$A=\sum_{i=1}^{n}\Delta A_i$$

(2) 近似代替（以直代曲）．计算 ΔA_i 的近似值.

$$\Delta A_i\approx f(\xi_i)\Delta x_i,\quad x_{i-1}\leqslant\xi_i\leqslant x_i$$

(3) 求和（积零为整）．得 A 的近似值为

$$A\approx\sum_{i=1}^{n}f(\xi_i)\Delta x_i$$

(4) 取极限（求精确值）．当 $\lambda=\max\{\Delta x_i\}\to 0$ 时，

$$A=\lim_{\lambda\to 0}\sum_{i=1}^{n}f(\xi_i)\Delta x_i=\int_a^b f(x)\mathrm{d}x$$

对照上述4步，发现第（2）步取近似值时的形式 $f(\xi_i)\Delta x_i$ 与第四步积分 $\int_a^b f(x)\mathrm{d}x$ 中的被积表达式 $f(x)\mathrm{d}x$ 具有类同的形式，如果把第二步中的 ξ_i 用 x 替代，Δx_i 用 $\mathrm{d}x$ 替

代，那么它就是第（4）步中积分的被积表达式. 因此，可以将上述 4 步简化为两步.

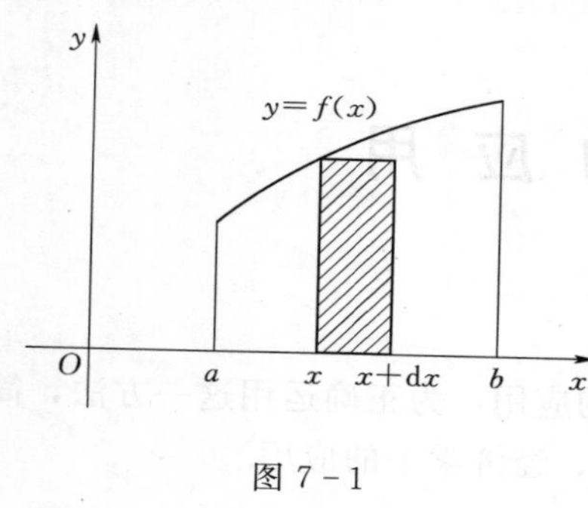

图 7-1

（1）由分割写出微元. 根据具体问题，选取一个积分变量，如 x 为积分变量，并确定其变化区间 $[a,b]$ 的一个区间微元 $[x,x+dx]$，如图 7-1 所示，求出相应于这个区间微元上的部分量 ΔU 的近似值，即求出所求总量 U 的微元为

$$dU=f(x)dx$$

（2）由微元写出积分. 根据 $dU=f(x)dx$ 写出总量 U 的定积分，即

$$U=\int_a^b f(x)dx$$

上述简化了步骤的定积分方法称为定积分的微元法. 下面将介绍如何利用微元法求解几何中的一些实际问题.

第二节　定积分在几何上的应用

一、平面图形的面积

【例 7-1】 求由抛物线 $y^2=x$ 和 $y=x^2$ 所围成的平面图形的面积（图 7-2）.

解 该平面图形如图 7-2 所示. 容易求出这两条抛物线的交点为（0,0）和（1,1）.

选取 x 为积分变量，积分区间为 $[0,1]$. 任取一子区间 $[x,x+dx]\subset[0,1]$，则在 $[x,x+dx]$ 上的面积微元为

$$dS=(\sqrt{x}-x^2)dx$$

于是所求图形的面积为

$$S=\int_0^1[\sqrt{x}-x^2]dx=\left[\frac{2}{3}x^{\frac{3}{2}}-\frac{1}{3}x^3\right]\Big|_0^1=\frac{1}{3}$$

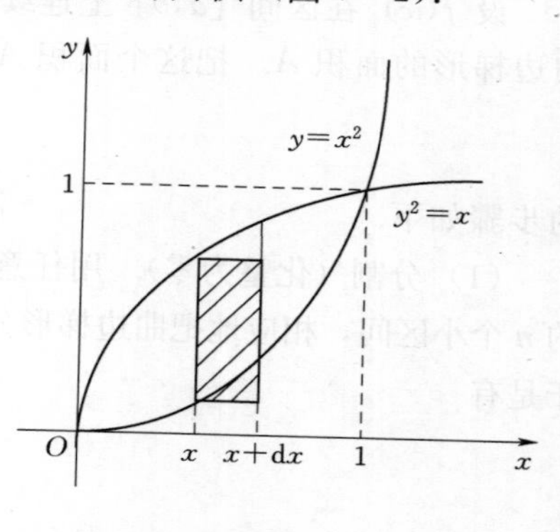

图 7-2

一个平面图形的面积，虽然总可以用定积分表达，但还存在着怎样选择恰当的积分变量，从而使问题能较方便地解决.

1. 直角坐标情形

若曲边梯形由 $y=f(x)$、$x=a$、$x=b$、与 x 轴围成，则 $f(x)$ 在微区间 $[x,x+dx]$ 上对应的微面积元 $dS=f(x)dx$，如图 7-3 所示，曲边梯形的面积为

$$S=\int_a^b f(x)dx$$

若曲边梯形由 $y=f(x)$、$y=g(x)$、$x=a$、$x=b$ 围成，则 $f(x)-g(x)$ 在微区间 $[x,x+dx]$ 上对应的微面积元 $dS=[f(x)-g(x)]dx$，如图 7-3 所示，曲边梯形的面积为

$$S=\int_a^b[f(x)-g(x)]\mathrm{d}x \tag{7-1}$$

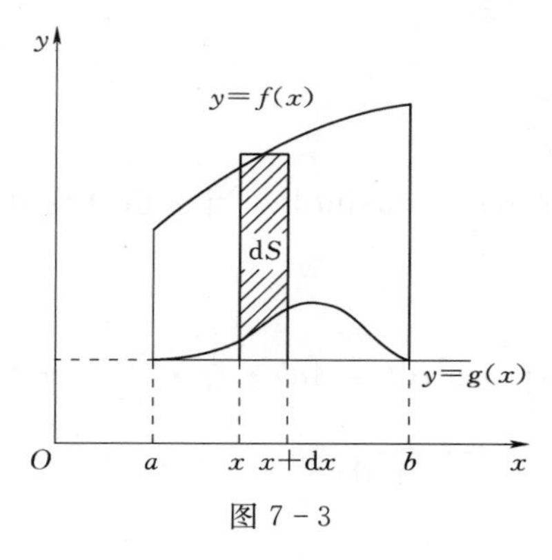

图 7-3

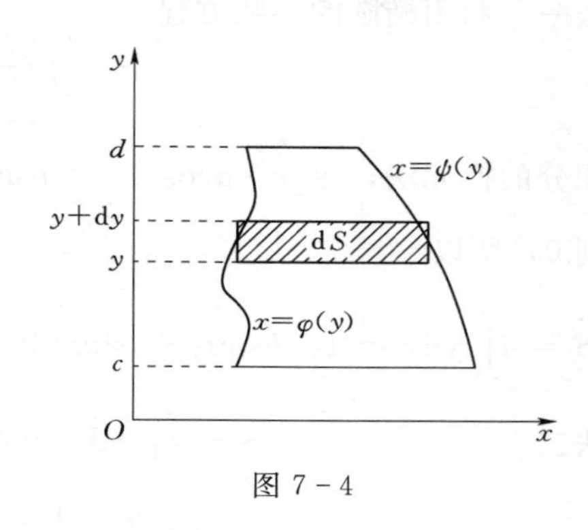

图 7-4

若曲边梯形由 $x=\varphi(y)$、$x=\psi(y)$、$y=c$、$y=d$ 围成，则 $\psi(y)-\varphi(y)$ 在微区间 $[y,y+\mathrm{d}y]$ 上对应的微面积元 $\mathrm{d}S=[\psi(y)-\varphi(y)]\mathrm{d}y$，如图 7-4 所示，曲边梯形的面积为

$$S=\int_c^d[\psi(y)-\varphi(y)]\mathrm{d}y$$

【例 7-2】 求由抛物线 $y^2=2x$ 与直线 $y=x-4$ 所围成的平面图形的面积（图 7-5）.

解 该平面图形如图 7-5 所示. 容易求出抛物线 $y^2=2x$ 与直线 $y=x-4$ 的交点为 $(2,-2)$ 和 $(8,4)$.

选取 y 为积分变量，积分区间为 $[-2,4]$. 任取一个子区间 $[y,y+\mathrm{d}y]\subset[-2,4]$，则在 $[y,y+\mathrm{d}y]$ 上的面积微元是

$$\mathrm{d}S=\left[(y+4)-\frac{y^2}{2}\right]\mathrm{d}y.$$

于是所求图形的面积为

$$S=\int_{-2}^4\left[(y+4)-\frac{y^2}{2}\right]\mathrm{d}y=\left[\frac{1}{2}y^2+4y-\frac{1}{6}y^3\right]\Bigg|_{-2}^4=18$$

如果选 x 为积分变量，那么它的表达式就比上式复杂. 读者不妨自己去试试.

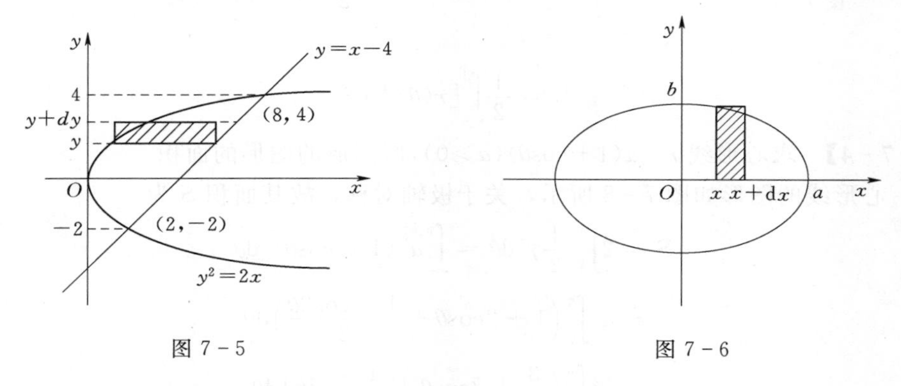

图 7-5　　图 7-6

【例 7-3】 求椭圆 $\frac{x^2}{a^2}+\frac{y^2}{b^2}=1$ 所围成区域的面积.

解 椭圆关于 x 轴、y 轴对称，如图 7-6 所示，所求面积为它在第一象限面积的 4

倍，因此 $S=4S_1=4\int_0^a y\mathrm{d}x$.

解法一　利用椭圆的参数方程

$$\begin{cases}x=a\cos t\\ y=b\sin t\end{cases}$$

应用定积分的换元法，令 $x=a\cos t$、$y=b\sin t$，则 $\mathrm{d}x=-a\sin t\mathrm{d}t$. 当 x 由 0 变到 a 时，t 由 $\frac{\pi}{2}$ 变到 0，所以

$$S=4\int_0^a y\mathrm{d}x=4\int_{\frac{\pi}{2}}^0 b\sin t(-a\sin t)\mathrm{d}t=4ab\int_0^{\frac{\pi}{2}}\sin^2 t\mathrm{d}t=4ab\cdot\frac{1}{2}\cdot\frac{\pi}{2}=\pi ab$$

解法二

$$S=4\int_0^a y\mathrm{d}x=4\int_0^a\frac{b}{a}\sqrt{a^2-x^2}\mathrm{d}x$$

$$=4\frac{b}{a}\cdot\frac{1}{4}\pi a^2=\pi ab$$

［例 7-3］中，当 $a=b$ 时，就得到大家都熟悉的圆的面积公式 $S=\pi a^2$.

2. 极坐标情形

当一个图形的边界曲线用极坐标方程 $r=r(\theta)$ 来表示时，如果能在极坐标系中求它的面积，则不必将其转换为直角坐标系再来求面积. 为了阐明这种方法的实质，从最简单的"曲边扇形"的面积求法谈起.

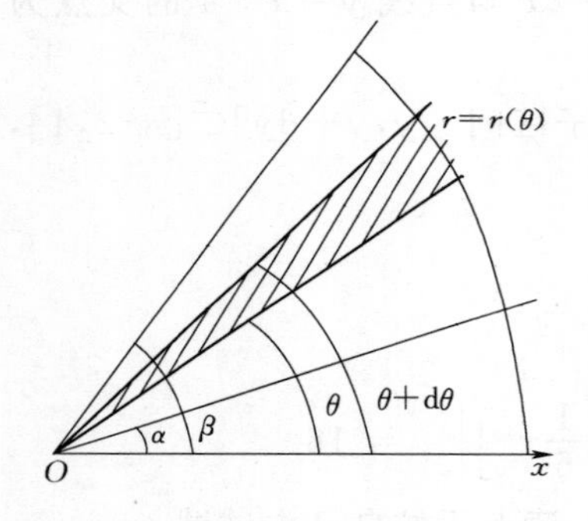

图 7-7

设曲线的极坐标方程为 $r=r(\theta)$，$r(\theta)$ 在区间 $[\alpha,\beta]$ 上连续，且 $r(\theta)>0$. 求由此曲线 $r=r(\theta)$ 与射线 $\theta=\alpha$、$\theta=\beta$ 所围成的曲边扇形（图 7-7）的面积.

应用微元法分析. 选取极角 θ 为积分变量，积分区间就是 $[\alpha,\beta]$. 在 $[\alpha,\beta]$ 上任取一个小的子区间 $[\theta,\theta+\mathrm{d}\theta]$，用 θ 处的极径 $r(\theta)$ 为半径，以 $\mathrm{d}\theta$ 为圆心角的扇形的面积作为面积微元 $\mathrm{d}S$，即

$$\mathrm{d}S=\frac{1}{2}r^2\mathrm{d}\theta=\frac{1}{2}[r(\theta)]^2\mathrm{d}\theta$$

于是有

$$S=\frac{1}{2}\int_\alpha^\beta[r(\theta)]^2\mathrm{d}\theta$$

【例 7-4】 求心形线 $r=a(1+\cos\theta)(a>0)$ 所围成的图形的面积.

解　心形线的图形如图 7-8 所示，关于极轴对称，故其面积 S 为

$$S=2\int_0^\pi\frac{1}{2}\gamma^2\mathrm{d}\theta=\int_0^\pi a^2(1+\cos\theta)^2\mathrm{d}\theta$$

$$=a^2\int_0^\pi\left(1+2\cos\theta+\frac{1+\cos 2\theta}{2}\right)\mathrm{d}\theta$$

$$=a^2\int_0^\pi\left(\frac{3}{2}+2\cos\theta+\frac{1}{2}\cos 2\theta\right)\mathrm{d}\theta$$

$$=a^2\left(\frac{3}{2}\theta+2\sin\theta+\frac{1}{4}\sin 2\theta\right)\Big|_0^\pi=\frac{3}{2}\pi a^2$$

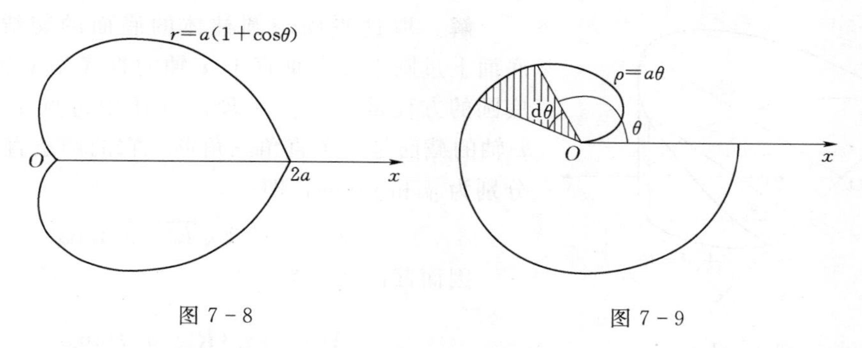

图 7-8　　　　图 7-9

【例 7-5】 计算阿基米德螺线 $r=a\theta(a>0)$ 上相应于 θ 从 0 变到 2π 的一段弧与极轴所围图形的面积 S（图 7-9）.

解

$$S=\int_0^{2\pi}\frac{1}{2}\rho^2\,\mathrm{d}\theta=\frac{1}{2}\int_0^{2\pi}a^2\theta^2\,\mathrm{d}\theta$$

$$=\frac{1}{2}a^2\cdot\frac{1}{3}\theta^3\Big|_0^{2\pi}=\frac{1}{2}a^2\cdot\frac{1}{3}\cdot 8\pi^3=\frac{4}{3}a^2\pi^3$$

二、空间立体的体积

1. 平行截面面积为已知的立体体积

设有一立体位于平面 $x=a$ 及 $x=b$ 之间（$a<b$），$A(x)$ 表示过点 x 且垂直于 x 轴的截面面积（图 7-10），求此立体的体积．用微元法分析：取 x 为积分变量，积分区间为 $[a,b]$．任取一子区间 $[x,x+\mathrm{d}x]\subset[a,b]$，设与此小区间相对应的那部分立体的体积为 ΔV，则 ΔV 近似于以 $A(x)$ 为底、以 $\mathrm{d}x$ 为高的扁柱体的体积，从而得到体积微元为

$$\mathrm{d}V=A(x)\mathrm{d}x$$

图 7-10

于是所求立体的体积为

$$V=\int_a^b A(x)\mathrm{d}x$$

类似地，设有一立体介于过点 $y=c$、$y=d(c<d)$ 且垂直于 y 轴的两平面之间，以 $A(y)$ 表示过点 y 且垂直于 y 轴的平面截它所得截面的面积．又知 $A(y)$ 为 y 的连续函数，则此立体的体积为

$$V=\int_c^d A(y)\mathrm{d}y$$

【例 7-6】 一平面经过半径为 R 的圆柱体的底圆中心，并与底面交成角 α（图 7-11）．计算这平面截圆柱体所得立体的体积．

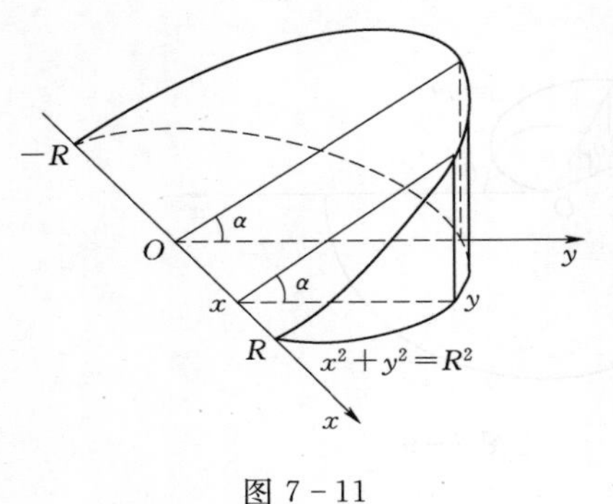

图 7-11

解 取这平面与圆柱体的底面的交线为 x 轴，底面上过圆中心且垂直于 x 轴的直线为 y 轴．那么，底圆的方程是 $x^2+y^2=R^2$．立体中过点 x 且垂直于 x 轴的截面是一个直角三角形．它的两条直角边的长分别为 y 和 $y\tan\alpha$，即

$$\sqrt{R^2-x^2} \text{及} \sqrt{R^2-x^2}\tan\alpha$$

因而截面面积为

$$A(x)=\frac{1}{2}(R^2-x^2)\tan\alpha$$

于是所求立体的体积为

$$V=\frac{1}{2}\int_{-R}^{R}(R^2-x^2)\tan\alpha\,\mathrm{d}x$$

$$=\frac{1}{2}\tan\alpha\left[R^2x-\frac{1}{3}x^3\right]\Big|_{-R}^{R}=\frac{2}{3}R^3\tan\alpha$$

2．*旋转体的体积*

旋转体是由一个平面图形绕这平面内一条直线旋转一周而成的立体．这条直线称为旋转轴．

由连续曲线 $y=f(x)$、直线 $x=a$、$x=b$ 及 x 轴所围成的曲边梯形绕 x 轴旋转一周得到一个旋转体，求此旋转体的体积（图 7-12）．

旋转体中过点 x 且垂直于 x 轴的截面是一个以 $f(x)$ 为半径的圆，其面积 $A(x)=\pi f^2(x)$，且在微区间 $[x,\ x+\mathrm{d}x]$ 上对应的微柱体的体积 $\mathrm{d}V=\pi f^2(x)\mathrm{d}x$，于是所求旋转体体积为

$$V=\int_a^b \pi f^2(x)\mathrm{d}x \qquad (7-2)$$

类似地，若旋转体是由连续曲线 $x=\varphi(y)$、直线 $y=c$、$y=d$ 及 y 轴所围成的曲边梯形绕 y 轴旋转一周而成的旋转体，则体积为

$$V=\int_c^d \pi[\varphi(y)]^2\mathrm{d}y \qquad (7-3)$$

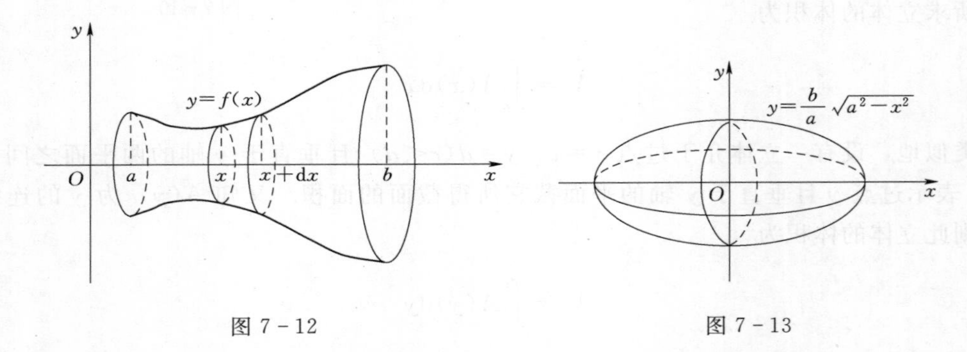

图 7-12　　　　图 7-13

【例 7-7】 求由椭圆 $\frac{x^2}{a^2}+\frac{y^2}{b^2}=1$ 所围成的图形绕 x 轴旋转一周而成的旋转体的体积

(图 7－13).

解　这个旋转体可以看成由半个椭圆 $y=\frac{b}{a}\sqrt{a^2-x^2}$ 及 x 轴围成的图形绕 x 轴旋转一周而成的立体，如图 7－13 所示. 取 x 为积分变量，积分区间是 $[-a,a]$，体积微元是

$$\mathrm{d}V=\pi\left[\frac{b}{a}\sqrt{a^2-x^2}\right]^2\mathrm{d}x$$

其体积为

$$V=\pi\int_{-a}^{a}\left(\frac{b}{a}\sqrt{a^2-x^2}\right)^2\mathrm{d}x=2\pi\int_0^a\frac{b^2}{a^2}(a^2-x^2)\mathrm{d}x$$

$$=2\pi\frac{b^2}{a^2}\left(a^2x-\frac{1}{3}x^3\right)\Big|_0^a=\frac{4}{3}\pi ab^2$$

特殊地，若 $a=b$，则球的体积 $V=\frac{4}{3}\pi a^3$. 对于此例，请读者思考若是绕 y 轴旋转，所成椭球体积是多少？二者是否相等？

【例 7－8】　求底面半径为 r、高为 h 的圆锥体的体积.

解　该圆锥体可由直线 $y=\frac{r}{h}x$、$x=h$ 和 x 轴围成的三角形绕 x 轴旋转而成，其体积

$$V=\int_0^h\pi y^2\mathrm{d}x=\frac{\pi r^2}{h^2}\int_0^h x^2\mathrm{d}x=\frac{1}{3}\pi r^2h$$

显然，该圆锥体体积是同底同高的圆柱体体积的$\frac{1}{3}$.

习　题　7－2

1. 求由下列各曲线所围成的图形面积.

(1) $y=\ln x$，y 轴与直线 $y=\ln a$，$y=\ln b(b>a>0)$.

(2) $y=\frac{1}{x}$与直线 $y=x$ 及 $x=2$.

(3) $y=\frac{1}{2}x^2$ 与 $x^2+y^2=8$（两部分都要计算）.

2. 求抛物线 $y^2=2px$ 及其在点$\left(\frac{p}{2},p\right)$处的法线所围成图形的面积.

3. 求下列曲线所围图形绕指定轴旋转所得旋转体体积.

(1) $y=x^2$，$y=2x$ 绕 y 轴.

(2) $y^2=4ax$，$x=2$ 绕 x 轴.

(3) $x^2+(y-5)^2=16$ 绕 x 轴.

(4) $y=x^2$，$x=y^2$ 绕 y 轴.

4. 计算底面是半径为 R 的圆，而垂直于底面上一条固定直径的所有截面都是等边三角形的立体体积（图 7－14).

*5. 经过坐标原点作曲线 $y=\ln x$ 的切线，该切线与曲线 $y=\ln x$ 及 x 轴围成平面图形

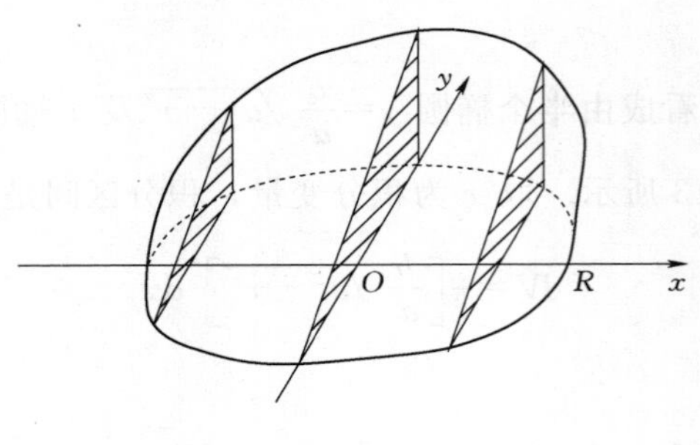

图 7-14

D. 求：①D 的面积；②D 绕 y 轴旋转一周所得旋转体的体积.

第三节 定积分在经济学中的应用

一、由经济函数的边际求经济函数在区间上的增量

根据边际成本、边际收入、边际利润以及产量 x 的变动区间 $[a,b]$ 上的改变量（增量）就等于它们各自边际在区间 $[a,b]$ 上的定积分：

$$R(b)-R(a)=\int_a^b R'(x)\mathrm{d}x \tag{7-4}$$

$$C(b)-C(a)=\int_a^b C'(x)dx \tag{7-5}$$

$$L(b)-L(a)=\int_a^b L'(x)\mathrm{d}x \tag{7-6}$$

【例 7-9】 已知某商品边际收入为 $-0.08x+25$（万元/t），边际成本为 5（万元/t），求产量 x 从 250t 增加到 300t 时销售收入 $R(x)$、总成本 $C(x)$、利润 $I(x)$ 的改变量（增量）.

解 首先求边际利润

$$L'(x)=R'(x)-C'(x)=-0.08x+25-5=-0.08x+20$$

所以根据式（7-4）～式（7-6），依次求出

$$R(300)-R(250)=\int_{250}^{300}R'(x)\mathrm{d}x=\int_{250}^{300}(-0.08x+25)\mathrm{d}x=150(\text{万元})$$

$$C(300)-C(250)=\int_{250}^{300}C'(x)\mathrm{d}x=\int_{250}^{300}\mathrm{d}x=250(\text{万元})$$

$$L(300)-L(250)=\int_{250}^{300}L'(x)\mathrm{d}x=\int_{250}^{300}(-0.08x+20)\mathrm{d}x=-100(\text{万元})$$

二、由经济函数的变化率求经济函数在区间上的平均变化率

设某经济函数的变化率为 $f(t)$，则称

$$\frac{\int_{t_1}^{t_2}f(t)\mathrm{d}t}{t_2-t_1}$$

为该经济函数在时间间隔 $[t_2,t_1]$ 内的平均变化率.

【例 7-10】 某银行的利息连续计算，利息率是时间 t（单位：年）的函数：

$$r(t)=0.08+0.015\sqrt{t}$$

求它在开始两年，即时间间隔 $[0,2]$ 内的平均利息率.

解 由于

$$\int_0^2 r(t)\mathrm{d}t=\int_0^2(0.08+0.015\sqrt{t})\mathrm{d}t=0.16+0.01t\sqrt{t}\Big|_0^2=0.16+0.02\sqrt{2}$$

所以开始两年的平均利息率为

$$r=\frac{\int_0^2 r(t)\mathrm{d}t}{2-0}=0.08+0.01\sqrt{2}\approx 0.094$$

【例 7-11】 某公司运行 t 年所获利润为 $L(t)$ 元，利润的年变化率为 $L'(t)=3\times 10^5\sqrt{t+1}$元/年，求利润从第 4 年年初到第 8 年年末，即时间间隔 $[3,8]$ 内年平均变化率.

解 由于

$$\int_3^8 L'(t)\mathrm{d}t=\int_3^8 3\times 10^5\sqrt{t+1}\mathrm{d}t=2\times 10^5\cdot(t+1)^{\frac{3}{2}}\Big|_3^8=38\times 10^5$$

所以从第 4 年年初到第 8 年年末，利润的年平均变化率为

$$\frac{\int_3^8 L'(t)\mathrm{d}t}{8-3}=7.6\times 10^5\ (\text{元/年})$$

即在这 5 年内公司每年平均获利 7.6×10^5 元.

三、由贴现率求总贴现值在时间区间上的增量

设某个项目在 t 年时的收入为 $f(t)$ 万元，年利率为 r，即贴现率是 $f(t)\mathrm{e}^{-rt}$，则应用定积分计算，该项目在时间区间 $[a,b]$ 上总贴现值的增量为 $\int_a^b f(t)\mathrm{e}^{-rt}n\mathrm{d}t$.

设某工程总投资在竣工时的贴现值为 A 万元，竣工后的年收入预计为 a 万元年利率为 r，银行利息连续计算. 在进行动态经济分析时，把竣工后收入的总贴现值达到 A，即是关系式

$$\int_0^T a\mathrm{e}^{-rt}\mathrm{d}t=A$$

成立的时间 T 年称为该项工程的投资回收期.

【例 7-12】 某工程总投资在竣工时的贴现值为 1000 万元，竣工后的年收入预计为 200 万元，年利息率为 0.08，求该工程的投资回收期.

解 这里 $A=1000$，$a=200$，$r=0.08$，则该工程竣工后 T 年内收入的总贴现值为

$$\int_0^T 200\mathrm{e}^{-0.08t}\,\mathrm{d}t=\frac{200}{-0.08}\mathrm{e}^{-0.08t}\Big|_0^T=2500(1-\mathrm{e}^{-0.08T})$$

令 $2500(1-\mathrm{e}^{-0.08T})=1000$，即得该工程回收期为

$$T=-\frac{1}{0.08}\ln\left(1-\frac{1000}{2500}\right)=-\frac{1}{0.08}\ln 0.6=6.39(\text{年})$$

习　题　7－3

1. 生产某产品的边际成本函数为 $c'(x)=3x^2-14x+100$，固定成本 $C(0)=10000$，求出生产 x 个产品的总成本函数.

2. 设生产 x 个产品的边际成本 $C=100+2x$，其固定成本为 $c_0=1000$ 元，产品单价规定为 500 元. 假设生产出的产品能完全销售，问生产量为多少时利润最大？并求出最大利润.

3. 已知某产品总产量的变化率为 $Q'(t)=40+12t$ 件/天，求从第 5 天到第 10 天产品的总产量.

4. 已知某公司独家生产某产品，销售 Q 单位商品时，边际收入函数为

$$R'(Q)=\frac{ab}{(Q+b)^2}-c(\text{元/单位})\quad(a>0,b>0,c>0)$$

求：①公司的总收入函数；②该产品的需求函数.

总　习　题　七

1. 求下列各曲线所围成的图形的面积.

(1) $y=e^x$，$y=e^{-x}$ 与直线 $x=1$.

(2) $\rho=2a(2+\cos\theta)$.

(3) 双扭线 $(x^2+y^2)^2=x^2-y^2$.

2. 求圆盘 $(x-2)^2+y^2\leqslant1$ 绕 y 轴旋转而成的旋转体的体积.

3. 求心形线 $\rho=a(1+\cos\theta)$ 的全长.

4. 求渐伸线 $x=a(\cos t+t\sin t)$、$y=a(\sin t-t\cos t)$ 上 t 从 0 变到 π 的一段弧的长度.

5. 半径为 r 的球完全浸入水中，顶部与水面相切，球的密度与水相同，为把球提升到底部与水面平齐，需做多少功？

6. 某制造公司在生产了一批超音速运输机之后停产了，但该公司承诺将为客户终身供应一种适于该机型的特殊润滑油，一年后该批飞机的用油率（单位：t/年）由下列给出：$r(t)=300/t^{\frac{3}{2}}$，其中 t 表示飞机服役的年数（$t\geqslant1$），该公司要一次性生产该批飞机一年以后所需的润滑油并在需要时分发出去，请问需要生产此润滑油多少吨？

参 考 文 献

[1] 同济大学数学系. 高等数学 [M]. 6版. 北京：高等教育出版社，2007.

[2] 赵树嫄. 微积分 [M]. 3版. 北京：中国人民大学出版社，2007.

[3] 牛燕影，王增富. 微积分：下册 [M]. 上海：上海交通大学出版社，2012.

[4] 金宗谱，王建国，王金林. 高等数学 [M]. 长春：吉林大学出版社，2011.

[5] 姜启源，谢金星，叶俊. 数学模型 [M]. 4版. 北京：高等教育出版社，2011.

[6] 同济大学基础数学教研室. 高等数学解题方法与同步训练 [M]. 3版. 上海：同济大学出版社，2004.

[7] 曼昆. 经济学原理 [M]. 4版. 北京：清华大学出版社，2015.

附录A 数学预备知识

数学语言是由文字叙述和数学符号共同组成的．数学语言的符号化代表现代数学发展的趋势，符号化能使叙述和证明简单明了．

A.1 常用数字符号

(1) 阶乘符号"$n!$"：读作n的阶乘，n是自然数，表示不超过n的所有自然数连乘．如$8!=1\times2\times3\times4\times5\times6\times7\times8$.

为了运算协调一致，特别地规定$0!=1$.

(2) 组合符号C_n^m：表示从n个不同元素中取m个的组合数，其中n与m都是自然数，且$m\leqslant n$．已知

$$C_n^m=\frac{n(n-1)\cdots(n-m-1)}{m!}=\frac{n!}{m!\ (n-m)!}$$

有公式$C_n^m=C_n^{n-m}$和$C_{n+1}^m=C_n^m+C_n^{m-1}$.

为了运算协调一致，特别地规定$C_n^0=1$.

根据组合符号，二项式公式可简写为

$$(a+b)^n=C_n^0a^n+C_n^1a^{n-1}b+C_n^2a^{n-2}b^2+\cdots+C_n^nb^n$$

(3) 最值符号．

最大值符号"max"：表示"最大".

最小值符号"min"：表示"最小".

例如，
$$\max\{1,2,3\}=3$$
$$\min\{1,2,3,4,5\}=1$$

在极值问题中，max表示"极大"，min表示"极小".

(4) 和式符号$\sum$：表示各数之和．如$\sum\limits_{k=1}^{n}a_k$表示各a_k之和，其中k遍取1到n的所有整数，即$\sum\limits_{k=1}^{n}a_k=a_1+a_z+\cdots+a_n$．又如：

$$\sum_{k=1}^{5}\frac{1}{k!}=\frac{1}{1!}+\frac{1}{2!}+\frac{1}{3!}+\frac{1}{4!}+\cdots$$

$$\sum_{k=1}^{n}b^k=b+b^2+\cdots+b^n$$

$$\sum_{k=m}^{m+p}a_k=a_m+a_{m+1}+\cdots+a_{m+p}$$

其实，和式与表示指标的字母k无关，即k也可换成其他字母．例如

$$\sum_{k=1}^{n} a_k = \sum_{i=1}^{n} a_i = \sum_{j=1}^{n} a_j = a_1 + a_2 + \cdots + a_n$$

有时为了计算的需要，指标 k 还可换成 $k+1$、$k-1$ 等. 例如

$$\sum_{k=1}^{n} a_k = \sum_{k=0}^{n-1} a_{k+1} = \sum_{k=2}^{n+1} a_{k-1} = a_1 + a_2 + \cdots + a_n$$

常用的求和公式有

$$\sum_{k=1}^{n} ca_k = ca_1 + ca_2 + \cdots + ca_n = c\sum_{k=1}^{n} a_k$$

$$\begin{aligned}\sum_{k=1}^{n} (a_k + b_k) &= (a_1 + b_1) + (a_2 + b_2) + \cdots + (a_n + b_n) \\ &= (a_1 + a_2 + \cdots + a_n) + (b_1 + b_2 + \cdots + b_n) \\ &= \sum_{k=1}^{n} a_k + \sum_{k=1}^{n} b_k\end{aligned}$$

$$\sum_{k=1}^{n} k^2 = 1^2 + 2^2 + \cdots + n^2 = \frac{n(n+1)(2n+1)}{b}$$

$$\sum_{k=0}^{n} C_n^k a^{n-k} b^k = C_n^0 a^n + C_n^1 a^{n-1} b + C_n^2 a^{n-2} b^2 + \cdots + C_n^n b^n = (a+b)^n$$

A.2 常用不等式

设 a_1，a_2，…，a_n 是 n 个正数，n 是自然数，则有以下不等式.

（1）几何平均数≤算术平均数，即

$$\sqrt[n]{a_1 a_2 \cdots a_n} \leqslant \frac{a_1 + a_2 + \cdots + a_n}{n}$$

$$a_1 = a_2 = \cdots = a_n \Leftrightarrow \text{等号成立}$$

（2）调和平均数≤几何平均数，即

$$\frac{n}{\frac{1}{a_1} + \frac{1}{a_2} + \cdots + \frac{1}{a_n}} \leqslant \sqrt[n]{a_1 a_2 \cdots a_n}$$

$$a_1 = a_2 = \cdots = a_n \Leftrightarrow \text{等号成立}$$

（3）$\left(1+\frac{1}{n}\right)^n < \left(1+\frac{1}{n+1}\right)^{n+1}$

上述不等式可证明如下.

（1）设 a_1、a_2 是两个正数，则

$$(\sqrt{a_1} - \sqrt{a_2})^2 \geqslant 0$$

$$a_1 + a_2 - 2\sqrt{a_1 a_2} \geqslant 0$$

$$\frac{a_1 + a_2}{2} \geqslant \sqrt{a_1 a_2}$$

一般地，$\frac{a_1 + a_2 + \cdots + a_n}{n} \geqslant \sqrt[n]{a_1 a_2 \cdots a_n}$.

（2）当 a_1，a_2，…，a_n 是 n 个正数时，$\frac{1}{a_1}$，$\frac{1}{a_2}$，…，$\frac{1}{a_n}$ 也是 n 个正数，由不等式1，有

$$\sqrt[n]{\frac{1}{a_1}\cdot\frac{1}{a_2}\cdots\frac{1}{a_n}}\leqslant\frac{\frac{1}{a_1}+\frac{1}{a_2}+\cdots+\frac{1}{a_n}}{n}$$

或

$$\sqrt[n]{a_1a_2\cdots a_n}\geqslant\frac{n}{\frac{1}{a_1}+\frac{1}{a_2}+\cdots+\frac{1}{a_n}}$$

（3）因为 $n+1$ 个正数 $1+\frac{1}{n}$，$1+\frac{1}{n}$，…，$1+\frac{1}{n}$，1不全相等

所以
$$\sqrt[n+1]{\left(1+\frac{1}{n}\right)^n\cdot 1}<\frac{n\left(1+\frac{1}{n}\right)+1}{n+1}=\frac{n+1+1}{n+1}=1+\frac{1}{n+1}$$

或
$$\left(1+\frac{1}{n}\right)^n<\left(1+\frac{1}{n+1}\right)^{n+1}$$

A.3 常用方程

1. 直角坐标方程

（1）直线方程的几种形式．

1）点斜式：$y-y_0=k(x-x_0)$ [已知一点 $M_0(x_0,y_0)$ 和斜率 k]．

2）截斜式：$y=kx+b$（已知在 y 轴上的截距 b 和斜率 k）．

3）两点式：$\frac{y-y_0}{y_1-y_0}=\frac{x-x_0}{x_1-x_0}$ [已知两点 $M_0(x_0,y_0)$ 和 $M_1(x_1,y_1)$]．

4）一般式：$Ax+By+C=0$（A、B 不全为零）．

（2）圆的方程．

$$(x-a)^2+(y-b)^2=r^2\ [\text{圆心在}(a,b)，\text{半径为}\ r]$$
$$x^2+y^2=r^2\ [\text{圆心在}(0,0)，\text{半径为}\ r]$$

（3）椭圆方程．

$$\frac{x^2}{a^2}+\frac{y^2}{b^2}=1[c=\sqrt{a^2-b^2},\text{焦点}\ F(\pm c,0)]$$

（4）双曲线方程．

$$\frac{x^2}{a^2}-\frac{y^2}{b^2}=1[c=\sqrt{a^2+b^2},\text{焦点}\ F(\pm c,0)]$$

（5）抛物线方程．

$$y^2=2px\left[\text{焦点}\ F\left(\frac{p}{2},0\right)\right]$$

2. 参数方程

若曲线 L 上任意一点 $M(x,y)$ 的坐标 x、y 都是某个变量 t 的函数，即

$$\begin{cases}x=x(t)\\y=y(t)\end{cases},\quad \alpha\leqslant t\leqslant\beta \tag{A-1}$$

且对于任一 $t\in[\alpha,\beta]$，对应的 (x,y) 都在 L 上，则方程组（A-1）就称为 L 的参数方程．联系 x、y 的变量 t 称为参变数，简称为参数．

（1）直线的参数方程．

$$\begin{cases}x=x_0+mt\\y=y_0+nt\end{cases},\quad t\text{ 为参数}$$

（2）圆的参数方程．

$$\begin{cases}x=R\cos t\\y=R\sin t\end{cases},\quad t\text{ 为参数}$$

（3）椭圆的参数方程．

$$\begin{cases}x=a\cos t\\y=a\sin t\end{cases},\quad t\text{ 为参数}$$

（4）摆线的参数方程．

$$\begin{cases}x=a(t-\sin t)\\y=a(1-\cos t)\end{cases},\quad t\text{ 为参数}$$

（5）星形线的参数方程.

$$\begin{cases}x=a\cos^3 t\\y=a\sin^3 t\end{cases},\quad t\text{ 为参数}$$

（6）圆的渐伸线的参数方程．

$$\begin{cases}x=a(\cos t+t\sin t)\\y=a(\sin t-t\cos t)\end{cases},\quad t\text{ 为参数}$$

3．极坐标系及极坐标方程

（1）极坐标系．在平面上由一定点 O 和一条定轴 Ox 所组成的坐标系称为极坐标系，其中定点 O 称为极点，定轴 Ox 称为极轴．坐标系中任意一点 M 用有序数（ρ,θ）表示，其中 ρ 是点 M 到极点 O 的距离，称为点 M 的极径，θ 表示射线 OM 与极轴正向的夹角，称为点 M 的极角，（ρ,θ）称为点 M 的极坐标．如果限定 $\rho\geqslant 0$，$0\leqslant\theta\leqslant 2\pi$，则点 M 与极坐标一一对应.

若取极点作为原点，极轴 Ox 作为 x 轴，与 x 垂直的 Oy 作为 y 轴，建立直角坐标系，则坐标系中任一点的极坐标（ρ,θ）与直角坐标（x,y）之间有以下关系，即

$$\begin{cases}x=\rho\cos\theta\\y=\rho\sin\theta\end{cases}\quad\text{和}\quad\begin{cases}\rho=\sqrt{x^2+y^2}\\\theta=\arctan\dfrac{y}{x}\end{cases}$$

直角坐标系中，是用平行于 x 轴和 y 轴的直线来确定平面上的一个点，如点 $M(a,b)$ 就是直线 $x=a$ 和 $y=b$ 的交点．而在极坐标系中，则是用以极点为圆心的圆周和由极点出发的射线来确定平面上的一点，如点 $M(\rho_0,\theta_0)$ 就是以极点为圆心、ρ_0 为半径的圆周线 $\rho=\rho_0$ 和倾斜角为 θ_0 的射线 $\theta=\theta_0$ 的交点.

（2）常见曲线的极坐标方程．

1）直线 L，见附图 A－1、附图 A－2.

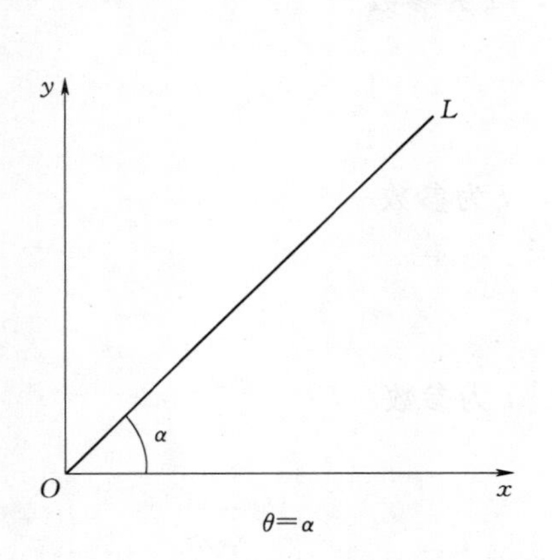

附图 A－1

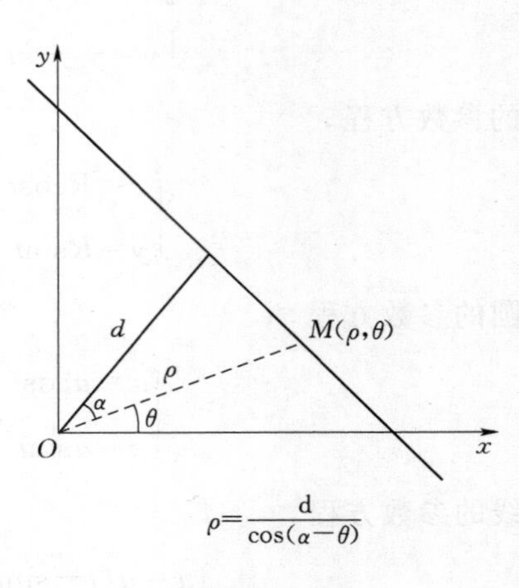

附图 A－2

2）圆，如附图 A－3、附图 A－4、附图 A－5 所示.

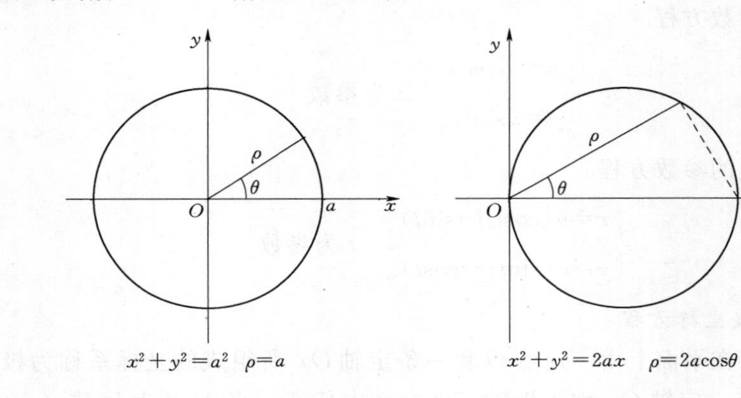

附图 A－3

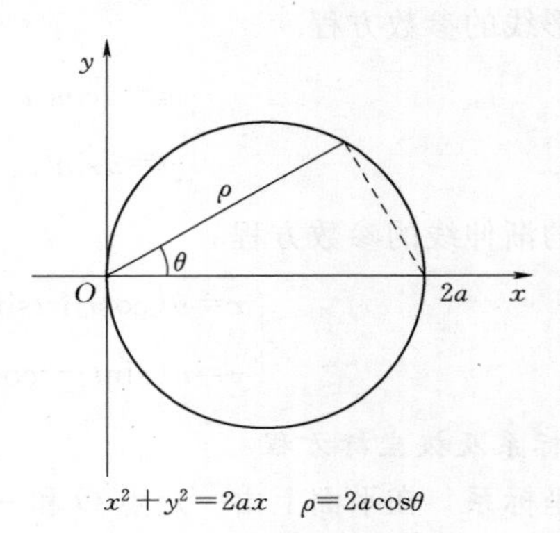

附图 A－4

3）心形线，如附图 A－6 所示.

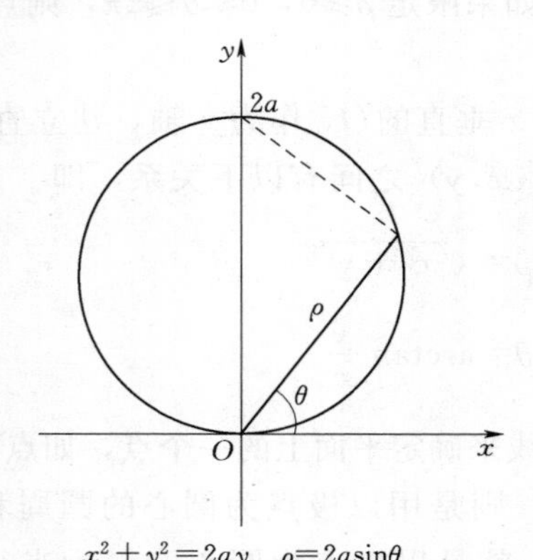

附图 A－5

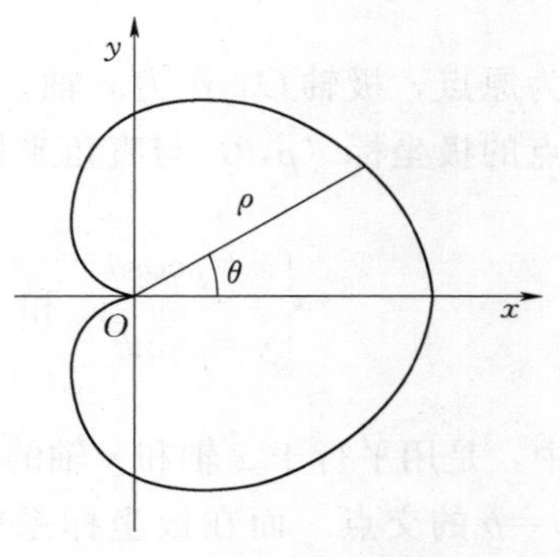

附图 A－6

4）双扭线，如附图 A－7 所示.

5）阿基米德螺旋线，如附图 A－8 所示.

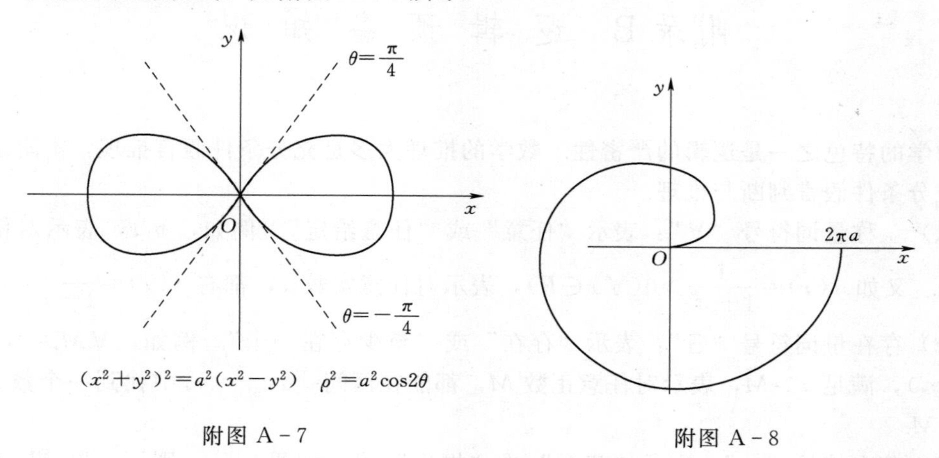

附图 A－7　　　　附图 A－8

附录B 逻辑预备知识

数学的特色之一是逻辑的严密性．数学的推理大多是充分条件假言推理，本附录主要介绍充分条件假言判断与推理．

（1）全称量词符号“$\forall$”：表示“任意”或“任意给定”．例如，$\forall x$，表示对任意给定的 x．又如 $f(x)=\frac{1}{1+x^2}>0(\forall x\in R)$，表示对任意实数 x，都有 $f(x)=\frac{1}{1+x^2}>0$．

（2）存在量词符号“$\exists$”：表示“存在”或“至少存在一个”．例如，$\forall M>0, \exists x\in [a,+\infty)$，满足 $x>M$，表示对任意正数 M，都能在区间 $[a,+\infty)$ 中找到一个数 x，满足 $x>M$．

（3）蕴含符号“$\Rightarrow$”：表示“蕴含”或“推出”或“如果……，则……”．若 A 与 B 是两个命题，那么“$A\Rightarrow B$”表示“由条件 A 可推出结论 B”或“如果条件 A 成立，则结论 B 成立”，即 A 是 B 的充分条件．由 A 成立能充分保证结论 B 成立．例如，“a 是整数”$\Rightarrow$“a 是有理数”．

（4）等价符号“$\Leftrightarrow$”：表示“等价”或“充分必要”．若 A 与 B 是两个命题，那么“$A\Leftrightarrow B$”表示“A 命题与 B 命题等价”或“由命题 A 可以推出命题 B 且由命题 B 也可以推出命题 A”，即 A 与 B 互为充分必要条件，如 $x^2>4\Leftrightarrow |x|>2$．

附录C 数 学 模 型

C.1 教室最佳座位模型

教室的墙壁上挂着一块黑板，学生距离墙壁多远能够看得最清楚?

这个问题学生在实际中经常遇到，凭实际经验，看黑板上、下边缘的视角越大，看得就会越清楚，当坐得离黑板越远，看黑板上、下边缘的视角就会越小，自然就看不清楚了，那么是不是坐得越近越好呢?

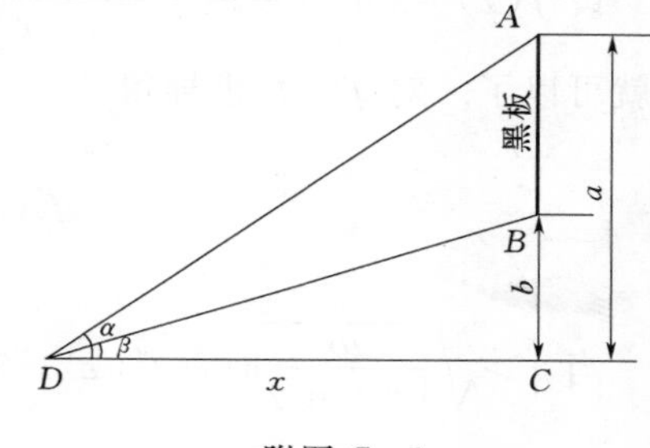

附图 C-1

先建立一个非常简单的模型.

(1) 模型 1：先对问题进行以下假设.

1) 假设这是一个普通的教室(不是阶梯教室)，黑板的上、下边缘在学生水平视线的上方 a 和 b 处，如附图 C-1 所示.

2) 看黑板的清楚程度只与视角的大小有关.

设学生 D 距黑板 xm，视黑板上、下边缘的仰角分别为 α、β.

由假设知

$$\tan\alpha=\frac{a}{x},\quad \tan\beta=\frac{b}{x}$$

所以
$$\tan(\alpha-\beta)=\frac{\tan\alpha-\tan\beta}{1+\tan\alpha tna\beta}=\frac{(a-b)x}{x^2+ab}=\frac{a-b}{x+\dfrac{ab}{x}}\leqslant\frac{a-b}{2\sqrt{ab}}$$

当且仅当 $x=\sqrt{ab}$时，$\tan(\alpha-\beta)$ 最大，从而视角 $\alpha-\beta$ 最大. 从结果可以看出，最佳的座位既不在最前面，也不在最后面. 坐得太远或太近，都会影响视觉，这符合实际情况.

下面在原有模型的基础上，将问题复杂一些.

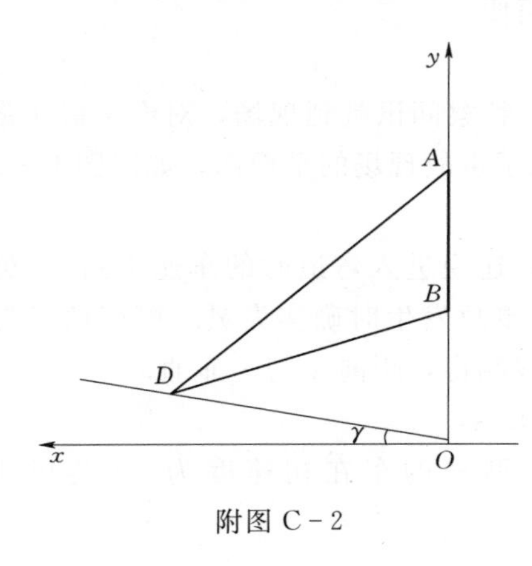

附图 C-2

(2) 模型 2：设教室是一间阶梯教室，如附图 C-2 所示. 为了简化计算，将阶梯面看成一个斜面，与水平面成 γ 角，以黑板所在直线为 y 轴、以水平线为 x 轴，建立坐标系，则直线 OD 的方程(除原点)为

$$y=x\tan\gamma,\quad x>0$$

若学生 D 距黑板的水平距离为 x，则 D 在坐标系中的坐标为 $(x,x\tan\gamma)$，则

$$\tan\alpha=\frac{a-x\tan\gamma}{x},\quad \tan\beta=\frac{b-x\tan\gamma}{x}$$

所以
$$\tan(\alpha-\beta)=\frac{\tan\alpha-\tan\beta}{1+\tan\alpha\tan\beta}$$
$$=\frac{\frac{a-x\tan\gamma}{x}-\frac{b-x\tan\gamma}{x}}{1+\frac{a-x\tan\gamma}{x}\cdot\frac{b-x\tan\gamma}{x}}$$
$$=\frac{a-b}{x+\frac{ab-(a\tan\gamma+b\tan\gamma)x+\tan^2\gamma x^2}{x}}$$

设 $f(x)=x+\frac{ab-(a\tan\gamma+b\tan\gamma)x+\tan^2\gamma x^2}{x}$，要使 $\tan(\alpha-\beta)$ 最大，只要 $f(x)$ 最小就可以了．对 $f(x)$ 求导得

$$f'(x)=\frac{(1+\tan^2\gamma)x^2-ab}{x^2}$$

当 $x>\sqrt{\frac{ab}{1+\tan^2\gamma}}$时，$f'(x)>0$，则 $f(x)$ 随 x 的增大而增大．

当 $0<x<\sqrt{\frac{ab}{1+\tan^2\gamma}}$时，$f'(x)<0$，则 $f(x)$ 随 x 的增大而减小，由因为 $f(x)$ 是连续的，所以当 $x=\sqrt{\frac{ab}{1+\tan^2\gamma}}$时，$f(x)$ 取最小值，也就是 $x=\sqrt{\frac{ab}{1+\tan^2\gamma}}$时，学生的视角最大．

通过这两个模型，便可以解释为什么学生总愿意坐在中间几排．模型 1 和模型 2 所应用的基本知识都是相同的，只是因为假设教室的环境不同，建立的模型有些细微差别，所以结果不同，但这两个结果都是基本符合实际的．在建模过程中，只考虑了一个因素，那就是视角，其实还可以考虑更多的因素，比如：前面学生对后面学生的遮挡，学生看黑板的舒适度（视线与水平面成多少度角最舒服）等．考虑的因素越多，所得结果就会越合理．但有时如果考虑的因素过多、过细的话，解题过程就会相当烦琐，有时甚至得不到结果．所以“简化假设”时就需要冷静地分析，在众多的因素中抓住主要矛盾，做出最佳的选择．因此在建立模型时既要符合实际又要力求计算简便．

C.2 交通事故调查模型

一辆汽车在拐弯时急刹车，结果冲进路边的沟里．警察闻讯赶到现场，对汽车留在路上的刹车痕迹进行细致的测量，利用所测到的数据画出了事故现场的平面图，如附图 C－3 所示．

询问司机时，他声称当时车进入弯道后刹车失灵，还说进入弯道时的车速不到 30 英里/h（该路速度上限）．通过验车证实该车的制动器在事故发生时确实失灵．警察按通常做法，作一条基准线来测量刹车痕迹，距离 x 沿基准线测得，距离 y 与 x 垂直．

附表 C－1 给出外侧刹车痕迹的有关值（单位：m）．

警察还测了路的坡度，发现是平的．接着以同型号的车在初速度为 30 英里/h（13.4112m/s）下进行两次刹车测试．结果如下．

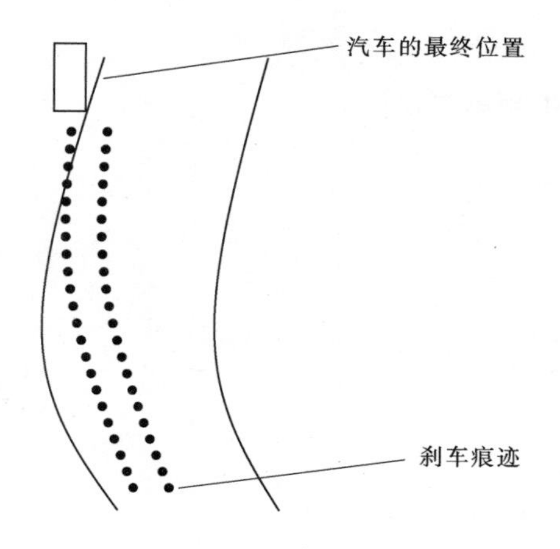

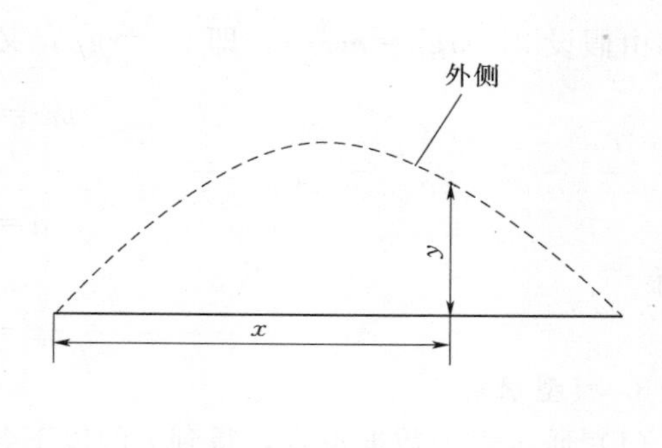

附图 C-3

附表 C-1

x	0	3	6	9	12	15	16.64	18	21	24	27	30	33.27
y	0	1.19	2.15	2.82	3.28	3.53	3.55	3.54	3.31	2.89	2.22	14.29	0

第一次测试：位移 $s=11.0\text{m}$.

第二次测试：位移 $s=10.85\text{m}$.

现在的问题是，造成事故的直接原因究竟是刹车失灵还是违章超速行驶.

1. 模型假设

(1) 从平面图可见，汽车没有偏离它行驶的转弯曲线，车头一直指着切线方向. 由此可设汽车的重心沿一个半径为 r 的圆运动，设圆心 (a,b).

(2) 从平面图可见汽车车轮转着打滑，车滑向路边. 由此可认为摩擦力作用在汽车速度的法线方向上，在这种情形下，摩擦力提供向心力. 摩擦系数为 μ.

(3) 汽车出事时的速度 v 是常量，即初速度 v_0.

2. 模型建立

(1) 计算出圆周半径 r 的近似值.

由测得的数据进行拟合一个圆. 可以隔三点选一个，代入

$$(x-a)^2+(y-b)^2=r^2 \tag{C-1}$$

得到一组 r 的值，然后取平均值.

也可由弓形中的计算公式（m 为弓形的高，c 为弦的长度）

$$r^2=(r-m)^2+\left(\frac{c}{2}\right)^2 \tag{C-2}$$

得到 r 的近似值.

(2) 计算地面的刹车系数 a（减速度 a）.

由 $v^2={v_0}^2-2as$ 及 $v=0$，得

$$a=\frac{{v_0}^2-v^2}{2s}=\frac{{v_0}^2}{2s} \tag{C-3}$$

(3) 导出计算初速度 v_0 的公式.

由假设 2，$mg\mu = m\frac{{v_0}^2}{r}$，即 $v_0^2 = rg\mu$，又由牛顿第二定律

$$ma = \mu mg$$

有

$$a = \mu g$$

从而

$${v_0}^2 = r\,a \tag{C-4}$$

3. 模型求解

(1) 通过表中数据拟合，得到 r 的以下各值

40.99，40.47，40.54

取平均值就得到 $r = 40.67$m. 或将 $c = 33.27$，$m = 3.55$ 代入式（C－2)，得到 $r=$ 40.75m.

(2) 取位移 $s = 11.0$（用它计算得到 a 对肇事车辆有利)，$v_0 = 13.41$，代入式（C－3)，得 $a = 8.1754\text{m/s}^2$.

(3) 取 $r = 40.67$，$a = 8.1754$ 代入式（C－4)，得

$$v_0 = \sqrt{40.67 \times 8.1754} = 18.2340\text{m/s} = 40.7732(\text{英里/h})$$

4. 模型分析

由计算得出超速的结论，由于模型假设（3)，以及确定车辆刹车位移 s，模拟圆周半径 r 时都会带来微小误差，使得计算结果可能产生一定的误差. 即使允许对司机有利的误差 10%，车速仍在 35 英里/h 左右. 因此，可以断定造成事故的直接原因是超速行驶.

C.3 传染病模型

SARS（Severe Acute Respiratory Syndrome，严重急性呼吸道综合征，俗称非典型肺炎）是 21 世纪第一个在世界范围内传播的传染病. SARS 的爆发和蔓延给我国的经济发展和人民生活带来了很大影响，从中得到了许多重要的经验和教训，认识到定量地研究传染病的传播规律，为预测和控制传染病蔓延创造条件的重要性. 建立传染病模型的目的是描述传染过程、分析受感染人数的变化规律、预报高潮期到来的时间等.

为简单起见，假定传播期间内所观察地区人数 N 不变，不计生死迁移，时间以天为计量单位.

一、SI 模型

1. 模型假设

(1) 人群分为健康者和病人，在时刻 t，这两类人中所占比例分别为 $s(t)$ 和 $i(t)$，即 $s(t) + i(t) = 1$.

(2) 平均每个病人每天有效接触人数是常数 λ，即每个病人平均每天使 $\lambda s(t)$ 个健康者受感染变为病人，λ 称为日接触率.

2. 模型建立与求解

据假设，在时刻 t，每个病人每天可使 $\lambda s(t)$ 个健康者变成病人，病人数为 $Ni(t)$，

故每天共有 $\lambda Ns(t)i(t)$ 个健康者被感染，即

$$N\frac{\mathrm{d}i}{\mathrm{d}t}=\lambda Nsi$$

又由假设 1 和设 $t=0$ 时的比例 i_0，则得到模型

$$\begin{cases}\dfrac{\mathrm{d}i}{\mathrm{d}t}=\lambda i(1-i)\\ i(0)=i_0\end{cases}\tag{C-5}$$

式（C－5）的解为

$$i(t)=\frac{1}{1+\left(\dfrac{1}{i_0}-1\right)\mathrm{e}^{-\lambda t}}\tag{C-6}$$

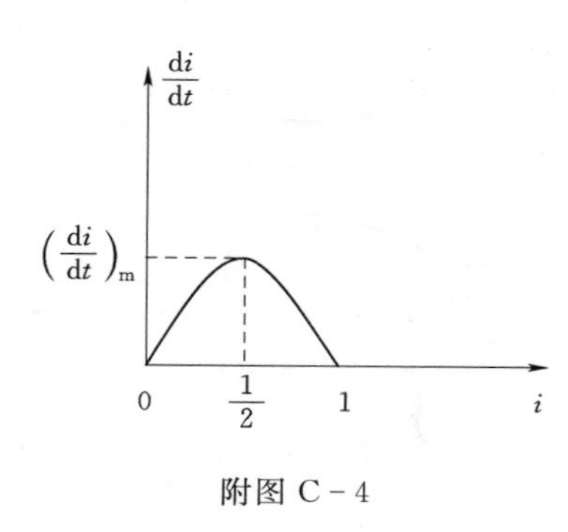

附图 C－4

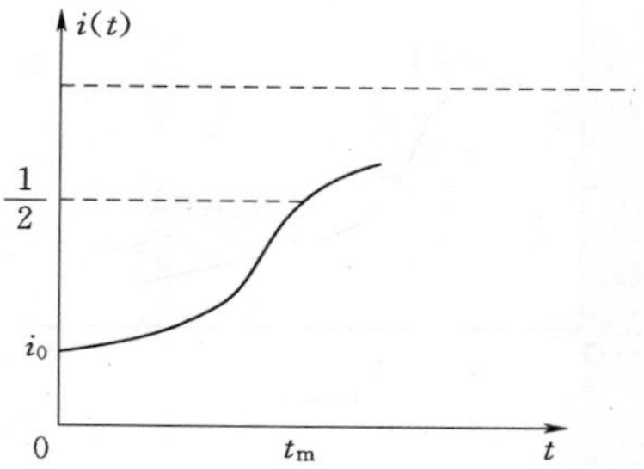

附图 C－5

3. 模型解释

（1）当 $i=\dfrac{1}{2}$ 时，$\dfrac{\mathrm{d}i}{\mathrm{d}t}$ 达最大值（附图 C－4），这个时刻为 $t_{\mathrm{m}}=\lambda^{-1}\ln\left(\dfrac{1}{i_0}-1\right)$，即高潮到来时刻，$\lambda$ 越大，则 t_{m} 越小.

（2）当 $t\to\infty$ 时 $i\to 1$，这即所有的人都被感染，主要是由于没有考虑病人可以治愈，只有健康者变成病人，病人不会再变成健康者的缘故（附图 C－5）.

二、SIS 模型

1. 在模型式（C－5）中补充假设

病人每天被治愈的占病人总数的比例为 μ，称为日治愈率.

模型修正为

$$\begin{cases}\dfrac{\mathrm{d}i}{\mathrm{d}t}=\lambda i(1-i)-\mu i\\ i(0)=i_0\end{cases}\text{，}\quad t\text{ 时刻每天有 } Ni\mu \text{ 病人转变成健康者}\tag{C-7}$$

式（C－7）的解为

$$i(t)=\begin{cases}\left[\dfrac{\lambda}{\lambda-\mu}+\left(\dfrac{1}{i_0}-\dfrac{\lambda}{\lambda-\mu}\right)\mathrm{e}^{-(\lambda-\mu)t}\right]^{-1}, & \lambda\neq\mu\\ \left(\lambda t+\dfrac{1}{i_0}\right)^{-1} & \lambda=\mu\end{cases}\tag{C-8}$$

可以由式（C－7）计算出使 $\dfrac{\mathrm{d}i}{\mathrm{d}t}$ 达最大的高潮期 $t_{\mathrm{m}}\left[\dfrac{\mathrm{d}i}{\mathrm{d}t}\text{最大值}\left(\dfrac{\mathrm{d}i}{\mathrm{d}t}\right)_{\mathrm{m}}\text{ 在 } i=\dfrac{\lambda-\mu}{2\lambda}\text{时达到}\right]$.

记 $a=\frac{\lambda}{\mu}$，可知

$$i(\infty)=\begin{cases}1-\frac{1}{a}, & a>1\\ 0, & a\leqslant 1\end{cases}$$

2. 模型解释

可知 a（a 刻画出该地区医疗条件的卫生水平）为一个阈值，当 $a\leqslant 1$ 时，$i(t)\to 0$（附图 C-6），当 $a>1$ 时，$i(t)$ 增减性取决于 i_0 的大小，但其极限 $1-\frac{1}{a}$，且 a 越大，它也越大（附图 C-7）.

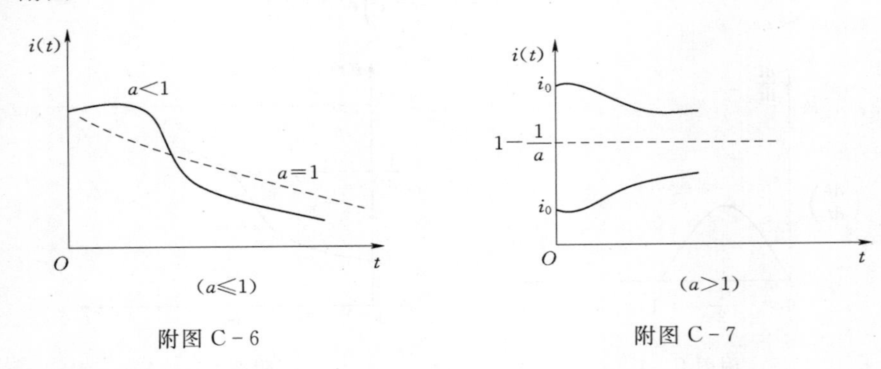

附图 C-6　　附图 C-7

C.4 雨中行走模型

下雨天忘记带伞总是件不愉快的事，因为你往往不得不硬着头皮跑回家，弄得一身湿. 怎样才能在跑动中少淋雨，自然是一件非常重要的事，本模型试图从定性的角度，分析奔跑速度与淋雨量的关系.

淋雨量与人的形体有关，而人体是不规则的立体形状，因此为了计算淋雨量，有必要对人体形状做些假设. 为了简化计算，先给出几个相关的假设.

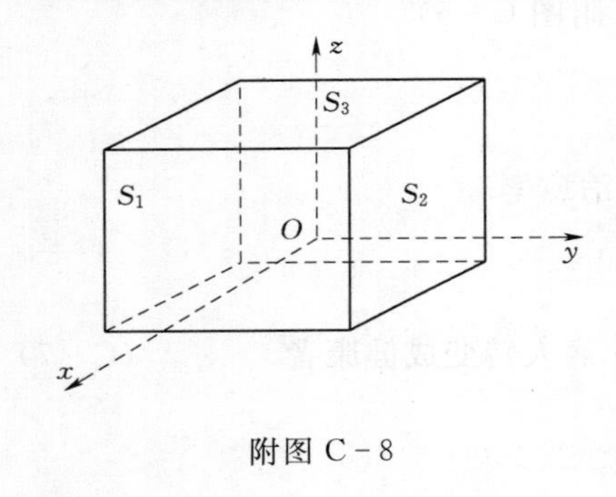

附图 C-8

1. 模型假设

(1) 人体的外表面为一长方体（附图 C-8）在三维坐标系中，人体外表面相对于雨水的运动有 3 个方向，由物理学中的运动独立性原理可知，这 3 个方向上的运动彼此独立，互不干扰，可以分别讨论. 不妨设人在 3 个方向上相对于雨水的速度为 v_x、v_y、v_z，并让体表分别在垂直于这 3 个方向的平面上作投影，投影面积分别记为 S_1、S_2、S_3. 通过等积原理，将这三者拼合成 3 个相邻表面.

设某人在雨中奔跑了 t 时间，根据等效原理，人体外表面在 3 个方向上扫过的体积分别为 S_1v_xt、S_2v_yt、S_3v_zt，人体扫过的总体积为

$$V=S_1v_xt+S_2v_yt+S_3v_zt \tag{C-9}$$

计算淋雨量，需要先弄清楚雨水的运动情况. 雨水可以视为以一定速度运动且在空间分布均匀的流体，不妨设其质量分布系数为 Q. 当人淋雨时，就普通人而言，看到的只是

雨水纷纷而下．但若换一个角度，建立相对直角坐标系，将雨水视为静止的，那么人就在相对雨水而动了．形象地说，当雨水被视为静止的，它便和空间保持位置不变，而人则在静止的雨水中穿梭．显然，人的这种运动是相对雨水而言的．而且人在穿梭过程中，外表面不断地扫过一定的空间．根据以上分析可以发现，人的淋雨量为

$$m=VQ \tag{C-10}$$

通常雨水并非垂直下落的，将雨水的速度向量分解为垂直速度和水平速度，不妨增加假设：

（2）雨水的垂直速度为 v_1、水平速度为 v_2．雨中的人在不停地奔跑，每跨出一步（从一脚起跳到落地），其重心轨迹可近似为一个抛物线轨迹，因此人在雨中奔跑的重心可视为一系列全等的抛物线．据此，给出假设每个抛物线的长度为 L_0，起跳时垂直速度与水平速度分别记为 u_1、u_2，从起跳到落地的时间为 t_0，人在雨中奔跑的总距离为 L，不妨假设 L 为 L_0 的整数倍．由物理学的抛体运动定律可得 $t_0=2u_1/g$，$L_0=u_2t_0=2u_1u_2/g$．

2．模型建立

计算人在每个方向上的淋雨量．

对于垂直方向上，每一个小段的淋雨量为 QS_3v_zt．利用相对坐标系得到 $t\in[0,t_0]$ 时的垂直方向的速度为

$$v_z=u_1+v_1-gt$$

这期间扫过的雨水体积为

$$V_z=\int_0^{t_0}S_3v_z\mathrm{d}t=S_3\int_0^{t_0}(u_1+v_1-gt)\mathrm{d}t=\frac{2u_1v_1S_3}{g}$$

据此计算得到在垂直方向总的淋雨量为

$$f_1(u_2)=m_z=\frac{L}{L_0}\frac{2u_1v_1S_3Q}{g}=\frac{S_3v_1LQ}{u_2} \tag{C-11}$$

从式（C-11）中可以看出，$f_1(u_2)$ 关于水平方向的速度是单调减少的，但与垂直方向速度 u_1 无关．

对于前（后）方向的淋雨量，记 u_2 与 v_2 的夹角为 α，显然 $\alpha\in[0,\pi]$．

（1）当 $\alpha\in[\pi/2,\pi]$ 时．人跑完全程所需时间为 $t=L/u_2$．设在这段时间内 S_2 面上的淋雨量记为 m_y，易见 $m_y=v_yS_2tQ$．利用相对直角坐标系得到该方向的相对速度为 $v_2=u_2-v_2\cos\alpha$．据此求得

$$m_y=\left(1-\frac{v_2\cos\alpha}{u_2}\right)LQS_2$$

同理，可以求出左（右）侧面的淋雨量为

$$m_x=\frac{v_2LQS_1}{u_2}\sin\alpha$$

记 $f_2(u_2)=m_x+m_y$，因此

$$f_2(u_2)=\left[S_2\left(1-\frac{v_2\cos\alpha}{u_2}\right)+S_1\frac{v_2\sin\alpha}{u_2}\right]LQ \tag{C-12}$$

因为 $\cos\alpha<0$，$f_2'(u_2)<0$，所以 $f_2(u_2)$ 关于 u_2 是单调递减的．

（2）当 $\alpha\in[0,\pi/2]$ 时．通过上述类似的分析可得

$$m_y=\left|1-\frac{v_2\cos\alpha}{u_2}\right|LQS_2$$

$$m_x=\frac{LQS_1}{u_2}\sin\alpha$$

$$f_3(u_2)=m_x+m_y=\left[S_2\left|1-\frac{v_2\cos\alpha}{u_2}\right|+S_1\frac{v_2\sin\alpha}{u_2}\right]LQ \tag{C-13}$$

从式（C－12）或式（C－13）都可以得到，水平方向的淋雨量均与垂直速度无关，只是水平速度的函数.

3．模型分析

（1）当 $\alpha\in[\pi/2,\pi]$ 时，总淋雨量为

$$m=f_1(u_2)+f_2(u_2)$$

由前面的分析知道，m 是关于 u_2 的单调递减函数，因此 u_2 越大，淋雨越少，直观上说，雨中奔跑的人应跑得越快越好.

（2）当 $\alpha\in[0,\pi/2]$ 时，总淋雨量为

$$m=f_1(u_2)+f_3(u_2)=QL\frac{S_3v_1+S_1v_2\sin\alpha+S_2|u_2-v_2\cos\alpha|}{u_2} \tag{C-14}$$

将式（C－10）记为 $F(u_2)$，下面讨论 $F(u_2)$ 的单调性.

1）当 $S_1\sin\alpha\geqslant S_2\cos\alpha$ 时. 如果 $u_2\geqslant v_2\cos\alpha$，$F(u_2)=QL\left[S_2+\frac{S_3v_1+v_2(S_1\sin\alpha-S_2\cos\alpha)}{u_2}\right]$关于 u_2 是单调递减的；如果 $0<u_2<v_2\cos\alpha$，$F(u_2)=QL\left[-S_2+\frac{S_3v_1+v_2(S_1\sin\alpha+S_2\cos\alpha)}{u_2}\right]$关于 u_2 是单调递减的.

根据以上分析得到，m 是关于 u_2 的单调递减函数，因此 u_2 越大，淋雨越少，直观上说，雨中奔跑的人应跑得越快越好.

2）当 $S_1\sin\alpha<S_2\cos\alpha$ 时. 如果 $\frac{v_2}{v_1}\leqslant\frac{S_3}{S_2\cos\alpha-S_1\sin\alpha}$，类似前面的分析可知，$F'(u_2)$ 是关于 u_2 的单调递减函数，因此 u_2 越大，淋雨越少，直观上说，雨中奔跑的人应跑得越快越好.

如果

$$\frac{v_2}{v_1}>\frac{S_3}{S_2\cos\alpha-S_1\sin\alpha}$$

$$F(u_2)=\begin{cases}QL\left[S_2+\dfrac{S_3v_1+v_2(S_1\sin\alpha-S_2\cos\alpha)}{u_2}\right], & u_2\geqslant v_2\cos\alpha\\ QL\left[-S_2+\dfrac{S_3v_1+v_2(S_1\sin\alpha+S_2\cos\alpha)}{u_2}\right], & 0<u_2<v_2\cos\alpha\end{cases}$$

通过分析知道，$F(u_2)$ 是关于 u_2 的单调递增函数，因此 u_2 越小，淋雨越少，因此淋雨最少的奔跑速度为 $u_2=v_2\cos\alpha$.

4．模型解释

在上面的分析中，得到了几种情况下的淋雨量与奔跑速度之间的关系，下面解释它们的实际含义.

条件 $\alpha\in[\pi/2,\pi]$ 表示雨是前面或侧面打来的，此时奔跑得越快，淋雨越少.

条件 $S_1\sin\alpha \geqslant S_2\cos\alpha$ 等价于 $m_3 \geqslant m_2$，其含义是体侧淋到的雨不少于后背淋到的雨，条件 $S_1\sin\alpha < S_2\cos\alpha$，$\frac{v_2}{v_1} \leqslant \frac{S_3}{S_2\cos\alpha - S_1\sin\alpha}$ 等价于 $m_2 \leqslant m_1 + m_3$，其含义是后背淋雨量比其他部位淋到的雨少，这两种情况都是奔跑得越快淋雨越少；

条件 $S_1\sin\alpha < S_2\cos\alpha$，$\frac{v_2}{v_1} > \frac{S_3}{S_2\cos\alpha - S_1\sin\alpha}$ 等价于 $m_2 > m_1 + m_3$，其含义是后背淋到的雨比其他部位的总和都要多，在此条件下，当 $u_2 = v_2\cos\alpha$ 时，淋到的雨最少. 此时人奔跑的水平速度与雨的水平速度是一致的，人的体前与体后都淋不到雨. 根据以上分析，给出逃雨的 3 条原则.

1）如果雨是从前方或侧面打来的，那么跑得越快越好.

2）如果雨是从后方或侧面打来的，且速度较小，以至于人站在雨中时，后背淋雨还不及其他部分多时，那么奔跑时也是越快越好.

3）如果雨较大，以至于人站在雨中时，后背淋到的雨比身体其他部分还要多，那么奔跑时应使前胸与后背淋不到雨为最优.

在这个模型中，将人的形体简化为长方体，实际上，还可以将人的形体简化为圆柱体，这样计算会简单一些，读者可以尝试建立一个模型进行分析.

C.5　人口的增长模型

人口的增长是当前世界上引起普遍关注的问题，常在报刊上看见关于人口增长的预报，而且可能注意到不同的报刊对同一时间、同一国家或地区的人口预报在数字上常有较大的差别，这其实是由于使用了不同的人口模型计算的结果（附表 C－2）. 建立人口模型的意义在于利用模型中的参数及时控制人口的增长.

一、Malthus 指数增长模型

英国人口学家 Malthus 根据百余年的人口统计资料，提出著名的人口指数增长模型.

假设：(1) 某国家或地区在时刻 t 的人口 $x(t)$ 为连续可微函数.

(2) 人口的增长率 r 是常数，或者说，单位时间人口的增长量与当时的人口成正比.

建模：记 x_0 为初始时刻（$t=0$）的人口，由假设 (2)，t 到 $t+\Delta t$ 时间内的人口增量为

$$x(t+\Delta t) - x(t) = rx(t)\Delta t$$

易导出下面的微分方程，即

$$\begin{cases} \dfrac{\mathrm{d}x}{\mathrm{d}t} = rx \\ x(0) = x_0 \end{cases}$$

求解：易解出 $x(t) = x_0 \mathrm{e}^{rt}\ (r>0)$.

分析：模型与 19 世纪以前欧洲一些地区和国家的人口增长率长期稳定不变的人口统计数据可以很好地吻合，但是与 19 世纪以后许多国家的人口统计资料却有很大差异. 出现这种差异的原因是 19 世纪以后人口的增长率已不再是常数. 比如美国 19 世纪 100 年的 10 年增长率 0.266，20 世纪 80 年代的 10 年增长率 0.137，而 1970—1980 年的 10 年增长率为 0.0307.

二、Logistic 阻滞增长模型

假设：(1) 同模型 1.

(2) 当人口增加到一定数量后，增长率随着人口的继续增加而逐渐减少，且 $r(x)$ 为 x 的线性函数 $r(x)=r-sx(r、s>0)$，其中 r 相当于 $x=0$ 时的增长率，称固有增长率.

(3) 自然资源和环境条件所能容纳的最大人口数量 x_m，称最大人口容量.

建模：当 $x=x_m$ 时增长率应为 0，即 $r(x_m)=0$，从而 $s=\frac{r}{x_m}$，于是 $r(x)=r\left(1-\frac{x}{x_m}\right)$，其中 r，x_m 是根据人口统计数据确定的常数. x_m 常由经验确定. 仿模型一同样得

$$\begin{cases}\frac{dx}{dt}=r\left(1-\frac{x}{x_m}\right)x\\ x(0)=x_0\end{cases}$$

求解：

$$x(t)=\frac{x_m}{1+\left(\frac{x_m}{x_0}-1\right)e^{-rt}}$$

附表 C-2

年份	实际人口（×10^6）	指数增长模型		阻滞增长模型	
		（×10^6）	误差/%	（×10^6）	误差/%
1790	3.9				
1800	5.3				
1810	7.2	7.3	1.4		
1820	9.6	10.0	4.2	9.7	1.0
1830	12.9	13.7	6.2	13.0	0.8
1840	17.1	18.7	9.4	17.4	1.8
1850	23.2	25.6	10.3	23.0	−0.9
1860	31.4	35.0	10.8	30.2	−3.8
1870	38.6	47.8	23.8	38.1	−1.3
1880	50.2	65.5	30.5	49.9	−0.6
1890	62.9	89.6	42.4	62.4	−0.8
1900	76.0	122.5	61.2	76.5	0.7
1910	92.0	167.6	82.1	91.6	−0.4
1920	106.5	229.3	115.3	107.0	0.5
1930	123.2			122.0	−1.0
1940	131.7			135.9	3.2
1950	150.7			148.2	−1.7
1960	179.3			158.8	−11.4
1970	204			167.6	−17.8
1980	226.5				

分析：(1) 模型表明人口增长率 $\frac{dx}{dt}$ 随着人口数 x 的增加先增后减，在 $x=\frac{x_m}{2}$ 处达到

最大；且当 $t\to\infty$ 时，$x\to x_m$.

(2) 模型在 21 世纪初曾被广泛使用，且预报效果很好，如预报美国人口时，$x_0=3.9\times 10^6$，$r=0.31$，$x_m=179\times10^6$. 但 1960 年以后误差越来越大，究其原因是 1960 年美国实际人口已突破用过去数据确定的 x_m（它是用 1800—1930 年的数据估计的），由此可知，模型的缺点之一是 x_m 不易准确地得到.

C.6 导弹跟踪模型

在发射导弹时刻（$t=0$）导弹位于坐标原点 $O(0,0)$，飞机位于点（a,b），飞机沿平行于 x 轴法向以常速 v_0 飞行. 导弹在时刻 t 的位置为点 (x,y)，其速度为常值 v_1，导弹在飞行过程中，按照制导系统始终指向飞机. 试确定导弹的飞行轨迹以及击中飞机所需要的时间 T.

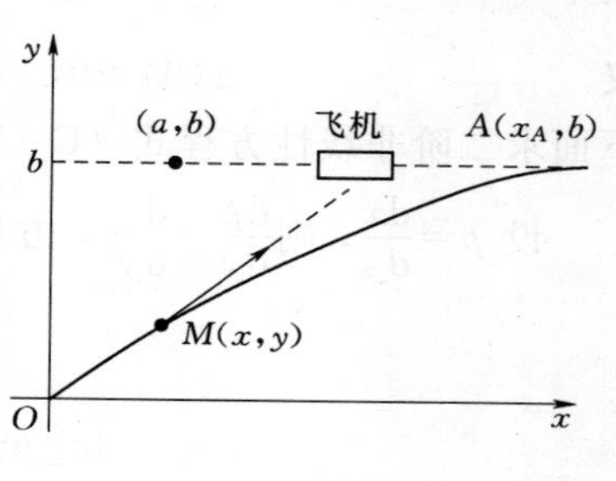

附图 C-9

首先建立导弹的运动方程. 导弹飞行曲线在点 $M(x,y)$ 处的切线方程为

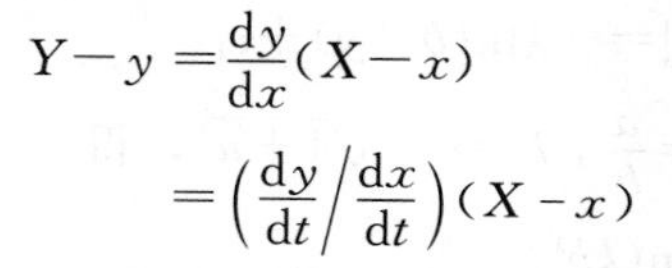

$$Y-y=\frac{\mathrm{d}y}{\mathrm{d}x}(X-x)$$

$$=\left(\frac{\mathrm{d}y}{\mathrm{d}t}\bigg/\frac{\mathrm{d}x}{\mathrm{d}t}\right)(X-x)$$

其中（X,Y）为切线上动点的坐标. 由于点 $A(x_A,b)$ 应位于切线上（附图 C-9），且 $x_A=a+v_0t$，因此

$$b-y=\left(\frac{\mathrm{d}y}{\mathrm{d}t}\bigg/\frac{\mathrm{d}x}{\mathrm{d}t}\right)(a+v_0t-x)$$

从而导弹的飞机轨线由方程组为

$$\begin{cases}\dfrac{\mathrm{d}x}{\mathrm{d}t}(b-y)=\dfrac{\mathrm{d}y}{\mathrm{d}t}(a+v_0t-x) & \text{(C-15)}\\[2ex] \left(\dfrac{\mathrm{d}x}{\mathrm{d}t}\right)^2+\left(\dfrac{\mathrm{d}y}{\mathrm{d}t}\right)^2=v_1^2 & \text{(C-16)}\end{cases}$$

给出，由式（C-15）得

$$\frac{\mathrm{d}x}{\mathrm{d}y}(b-y)=a+v_0t-x$$

两边对 t 求导，得

$$\frac{\mathrm{d}^2x}{\mathrm{d}y^2}\frac{\mathrm{d}y}{\mathrm{d}t}(b-y)-\frac{\mathrm{d}x}{\mathrm{d}y}\frac{\mathrm{d}y}{\mathrm{d}t}=v_0-\frac{\mathrm{d}x}{\mathrm{d}t}$$

即

$$\frac{\mathrm{d}^2x}{\mathrm{d}y^2}\frac{\mathrm{d}y}{\mathrm{d}t}(b-y)=v_0 \tag{C-17}$$

从式（C-16）得

$$\left(\frac{\mathrm{d}y}{\mathrm{d}t}\right)^2\left[1+\left(\frac{\frac{\mathrm{d}x}{\mathrm{d}t}}{\frac{\mathrm{d}y}{\mathrm{d}t}}\right)^2\right]=v_1^2$$

即

$$\frac{\mathrm{d}y}{\mathrm{d}t}=v_1\Big/\left[1+\left(\frac{\mathrm{d}x}{\mathrm{d}y}\right)^2\right]^{\frac{1}{2}}$$

代入式（C-17），得到导弹的运动方程为

$$\frac{\mathrm{d}^2x}{\mathrm{d}y^2}(b-y)=\lambda\left[1+\left(\frac{\mathrm{d}x}{\mathrm{d}y}\right)^2\right]^{\frac{1}{2}} \tag{C-18}$$

其中 $$\lambda=\frac{v_0}{v_1}$$

又 $$x(0)=0,\quad x(b)=a+v_0T\quad (\text{在时刻 } T \text{ 击中目标}) \tag{C-19}$$

下面求二阶非线性方程式（C-18）满足边值条件式（C-19）的解.

设 $p=\frac{\mathrm{d}x}{\mathrm{d}y}$，则$\frac{\mathrm{d}p}{\mathrm{d}y}=\frac{\mathrm{d}^2x}{\mathrm{d}y^2}$，方程式（C-18）化为

$$\frac{\mathrm{d}p}{\mathrm{d}y}(b-y)=\lambda(1+p^2)^{\frac{1}{2}} \tag{C-20}$$

$$\ln[p+(1+p^2)^{1/2}]=-\lambda\ln(b-y)+c_1 \tag{C-21}$$

式（C-20）的初始条件为 $p(0)=\frac{a}{b}$，令 $u=\frac{a}{b}$，$k=u+\sqrt{1+u^2}$，得

$$c_1=\ln(kb^\lambda)$$

从而 $$\ln(p+\sqrt{1+p^2})=\ln(b-y)^{-\lambda}+\ln(kb^\lambda)=\ln\left[\frac{kb^\lambda}{(b-y)^\lambda}\right]$$

$$p+\sqrt{1+p^2}=\frac{kb^\lambda}{(b-y)^\lambda}$$

于是，得到降阶的方程为

$$\frac{\mathrm{d}x}{\mathrm{d}y}=\frac{1}{2}\left[\frac{kb^\lambda}{(b-y)^\lambda}-\frac{(b-y)^\lambda}{kb^\lambda}\right]$$

它的通解是

$$x=\frac{1}{2}\left[\frac{kb^\lambda}{(\lambda-1)(b-y)^{\lambda-1}}+\frac{(b-y)^{\lambda+1}}{(\lambda+1)kb^\lambda}\right]+c \tag{C-22}$$

根据边值条件 $x(0)=0$，求得

$$c=\frac{b[(1+k^2)\lambda+k^2-1]}{2k(1-\lambda^2)}$$

一般 $v_0<v_1$，所以 $\lambda<1$，得到导弹飞行轨线方程为

$$x=\frac{1}{2}\left[\frac{(b-y)^{1+\lambda}}{(1+\lambda)kb^\lambda}-\frac{kb^\lambda(b-y)^{1-\lambda}}{1-\lambda}\right]+\frac{b[(1+k^2)\lambda+k^2-1]}{2k(1-\lambda^2)} \tag{C-23}$$

由第二边值条件 $x(b)=a+v_0T$，求得导弹击中目标的时间为

$$T=\frac{c-a}{v_0}=\frac{\sqrt{a^2+b^2}-a\lambda}{v_1(1-\lambda^2)}$$

习 题 答 案

第一章 函 数

习题 1－1

1. (1) $\{1,3\}$　　(2) $\{4,5,6\}$

2. (1) $\{x|x=1$ 或 $3\}$　　(2) $\{x|x\geqslant 5\}$

3. 略

4. (1) $x\in(-\infty,2]$　　(2) $x\in(-\infty,-2)\cup(3,+\infty)$

习题 1－2

1. (1) 否，定义域不同　　(2) 是

   (3) 否，定义域不同　　(4) 否，不同定义域

2. (1) $x\in\left[-\frac{2}{3},+\infty\right)$　　(2) $x\in(-\infty,1)\cup(1,2)\cup(2,+\infty)$

   (3) $x\in(-1,+\infty)$　　(4) $x\in[2,4]$

3. 略

4. $s=2\pi r^2+\frac{2v}{r}$,　$r\in\left(0,\sqrt{\frac{s}{2\pi}}\right)$

5. 略

6. 略

7. 略

8. 略

9. 0，$\frac{\pi}{2}$，$\frac{\pi}{4}$，$\frac{\pi}{3}$

10. $f(x)=x^2-2x$

11. $y=\frac{1-x}{1+x}(x\neq -1)$

习题 1－3

1. 略

2. (1) 偶函数　(2) 奇函数　(3) 偶函数　(4) 非奇非偶函数　(5) 奇函数

3. (1) 是，$T=2k\pi$　(2) 是，$T=k\pi$　(3) 否　(4) 是，$T=2k\pi$

习题 1－4

1. 略

2. 略

3. 略

总习题一

1. (1) B　(2) C　(3) D　(4) C　(5) B　(6) D　(7) B

2. (1) $x\in(-\infty,-3]\cup[1,+\infty)$　(2) $x\in[0,1)\cup(1,4)$

(3) $x\in[3,+\infty)$

3. 略

4. 略

5. $f(x)=x^2-2x-3$

6. $y=\dfrac{1+x}{2x},x\neq0$

7. (1) 单调减　(2) 单调增　(3) 单调减

8. (1) 偶函数　(2) 偶函数　(3) 非奇非偶函数　(4) 奇函数

9. 略

10. 略

11. 略

12. 略

13. 略

14. 略

第二章　极限与连续

习题 2 - 1

1. (1) 0　(2) 1　(3) 1　(4) 不存在

2. (1) $x_n=\dfrac{n-1}{n+1}$，当 $n\to\infty$ 时，$x_n\to1$

(2) $x_n=n\cos\dfrac{n-1}{2}\pi$，当 n 无限增大时，有 3 种变化趋势：趋向于$+\infty$，趋向于 0，趋向于$-\infty$.

(3) $x_n=(-1)^n\dfrac{2n+1}{2n-1}$，当 n 无限增大时，变化趋势有两种，分别趋于 1，-1

3. (1) $\dfrac{1}{2}$　(2) 2　(3) $\dfrac{1}{5}$

4. $a=0$，$b=2$

5. (1) $\lim\limits_{n\to\infty}\sqrt[n]{a_1^n+a_2^n+\cdots+a_m^n}=\max\{a_1,a_2,\cdots,a_m\}$

(2) 3，提示：$3<(1+2^n+3^n)^{\frac{1}{n}}<3^{\frac{n+1}{n}}$

(3) 1

6. (1) 2　(2) $\lim\limits_{n\to\infty}x_n=\dfrac{1+\sqrt{5}}{2}$

习题 2 - 2

1. (1) -3　(2) C　(3) 1

2. (1) D　(2) C　(3) B　(4) B

3. (1) -5

(2) ①略 ②0，0 ③存在

(3) 1，3，不存在

(4) 2

(5) 不存在

(6) 5、5、5

习题 2－3

1. (1) 4 (2) 1 (3) -1，1 (4) $\frac{2}{3}$ (5) 0 (6) $\frac{5}{3}$ (7) e^{-1} (8) e

2. (1) C (2) B (3) C (4) D (5) D (6) B (7) D (8) B

3. (1) $\frac{1}{2}$ (2) 0 (3) $\frac{5}{4}$ (4) $\frac{1}{2}$ (5) e^{-2} (6) $\frac{1}{2}$ (7) $\frac{1}{2}$ (8) 1

(9) $\frac{1}{2}$ (10) 0

习题 2－4

1. (1) 无穷小量 (2) $A+\alpha$ (3) 等价 (4) 无穷小量

2. (1) C (2) A (3) D (4) A

3. (1) 1) 无穷小量 2) 无穷大量 3) 两者都不是 4) 无穷小量
5) 无穷大量 6) 无穷小量 7) 两者都不是 8) 无穷小量

(2) 当 $x\to\infty$ 时是无穷小量，当 $x\to5$ 时是无穷小量

(3) 1) $\frac{m}{n}$ 2) 1 3) 2 4) $-\frac{1}{6}$ 5) 3 6) x 7) -2 8) 2

9) $\frac{1}{2}$ 10) ∞ 11) -1 12) 4 13) $\frac{a^2}{b^2}$ 14) 1

习题 2－5

1. (1) 5 (2) 0 和 1 (3) 2 (4) $(-\infty,2)\cup(2,+\infty)$ (5) 3

2. (1) B (2) C (3) C

3. (1) 1 (2) $a=k=e^{-2}$

(3) ①$x=3$ 无穷间断点 ②$x=1$ 可去间断点，$x=2$ 无穷间断点
③$x=1$ 可去间断点 ④$x=-1$，-3 无穷间断点

(4) ①不连续 ②略

(5) 提示：证 $f(2)\cdot f(1)<0$ 即可

总习题二

1. $x\to0$，$x\to\infty$

2. 证明：$\lim\limits_{x\to0^+}\frac{|x|}{x}=1$，而 $\lim\limits_{x\to0^-}\frac{|x|}{x}=-1$

3. (1) $\frac{1}{3}$ (2) 0 (3) 0 (4) 0 (5) 3 (6) 1

4. (1) $\frac{1}{6}$ (2) 3 (3) $\frac{3}{2}$ (4) -1 (5) $1-\sqrt{2}$

(6) 1　(7) e^{-1}　(8) 1　(9) e^5　(10) -1

5. 不存在，存在

6. $a=1$，$b=-1$

7. 不连续

8. (1) $a=2$　(2) $b=1$

9. (1) 跳跃间断点　(2) 无穷间断点

10　$f(0)=1$

11　略

12　略

第三章　导数与微分

习题 3-1

1. 可导必连续，连续未必可导. 例如 $y=|x|$ 在 $x=0$ 处连续但不可导

2. 否

3. 速度

4. 略

5. (1) $y=-8x^{-9}$ (2) $y=\frac{5}{2}x^{\frac{3}{2}}$ (3) $y=\frac{7}{4}x^{\frac{3}{4}}$

6. 连续但不可导

7. $a=\frac{1}{8}$，$b=\frac{1}{2}$

8. $-2a$

9. (1) 36m/s　(2) 24m/s

10. $2x-y-1=0$，$x+2y-3=0$

11. 略

习题 3-2

1. 略

2. $y'=x^x(\ln x+1)$，提示用对数求导法

3. (1) $y'=3x^2+2x-2$　(2) $y'=\frac{-2x}{(1+x^2)^2}$

(3) $y'=-2\csc^2 x$　(4) $y'=\frac{\sin x+x\cos x+\sin x\tan x+x\sin x-x\sin x\sec^2 x}{(1+\tan x)^2}$

4. (1) $y'=\ln 3\ (3^{\sin x}\cos x)$　(2) $y'=\frac{2}{1+2x}$　(3) $y'=\frac{1}{2(\sqrt{x}+x\sqrt{x})}$

(4) $y'=\sin 2x$　(5) $y'=2e^{\sin 2x}\cos 2x$　(6) $y'=\frac{x\cos\sqrt{x^2+1}}{\sqrt{x^2+1}}$

5. (1) $y'=\frac{4x}{5y^4+3}$　(2) $y'=\frac{ye^x}{1-ye^y}$　(3) $y'=\frac{3}{e^y-2y}$

(4) $y'=\frac{y}{y-x}$　(5) $y'=\frac{2x-y}{x+3y^2}$　(6) $y'=\frac{e^y}{1-xe^y}$

6. (1) $y'=2(3x-2)^2(4x-3)^3+6(2x-1)(3x-2)(4x-3)^2+12(2x-1)(3x-2)^2(4x-3)^2$

(2) $y'=2x(x+2)^2+2(x^2+1)(x+2)$ (3) $y'=\frac{\sqrt{x}}{(x+2)^2}+\frac{x+1}{2(x+2)^2\sqrt{x}}-\frac{2(x+1)\sqrt{x}}{(x+2)^3}$

(4) $y'=\sqrt{\frac{x^3-1}{x+2}}+\frac{3x^3}{2\sqrt{(x^3-1)(x+2)}}-\frac{x\sqrt{x^3-1}}{2(x+2)^{\frac{3}{2}}}$

(5) $y'=x^{\sin x}\left(\cos x\ln x+\frac{\sin x}{x}\right)$ (6) $y'=(\sin x)^x\left(\ln\sin x+\frac{x\cos x}{\sin x}\right)$

7. $y'=2xf'(x^2)$

8. 1

9. $y'=-\frac{y^2e^x}{ye^x+1}$

10. $y'=-\frac{2}{3}e^{2t}$

11. (1) $y''=4e^{2x+1}$ (2) $y''=-4\sin(3-2x)$ (3) $y''=\frac{1}{x}$

(4) $y''=(2+x)e^x$ (5) $y''=\frac{2y-2x}{x^2}$ (6) $y''=-\frac{2}{(1+2y)^3}$

12. $y=2x+1$

13. (1) $v_x=\frac{dx}{dt}=v_0\cos\alpha$, $v_y=\frac{dy}{dt}=v_0\sin\alpha-gt$,

$v=\sqrt{{v_x}^2+{v_y}^2}=\sqrt{v_0^2-2v_0gt\sin\alpha+(gt)^2}$

(2) 炮弹在 t 时刻的运动方向就是其轨迹在 t 时刻的切线方向，在 t 时刻轨迹曲线的切线斜率为

$$\frac{dy}{dx}=\frac{v_0\sin\alpha-gt}{v_0\cos\alpha}$$

故 t 时刻运动方向与 x 轴正向的夹角是 $\arctan\frac{v_0\sin\alpha-gt}{v_0\cos\alpha}$

习题 3-3

1. 略

2. $y=x$

3. (1) $dy=\frac{1}{2\sqrt{1+x}}dx$ (2) $dy=(\cos x-x\sin x)dx$

(3) $dy=2(\cos 2x)e^{\sin 2x}dx$ (4) $dy=-\frac{1}{2\sqrt{x(1-x)}}dx$

4. (1) $\sin 30.5°\approx\sin 30°+\sin' x\mid_{x=30°}\times 0.5°\approx 0.5+\frac{\sqrt{3}\pi}{720}$

(2) $\sqrt[3]{1020}\approx 10+(\sqrt[3]{x})'\mid_{x=1000}\times 20\approx 10\frac{1}{15}$

(3) 1.01e

(4) $\arccos 0.4983\approx\arccos 0.5+(\arccos x)'|_{x=0.5}\times(-0.0017)\approx\frac{\pi+0.0034\sqrt{3}}{3}$

5. 略

6. 略

习题 3-4

1. $C'(q)=7$, $R'(q)=12-0.02q$, $L'(q)=5-0.02q$, $q=250$

2. C

3. (1) a (2) $-\dfrac{\sqrt{x}}{2(4-\sqrt{x})}$

4. $C'=\dfrac{1}{\sqrt{q}}$，$R'=\dfrac{5}{(1+q)^2}$，$L'=\dfrac{5}{(1+q)^2}-\dfrac{1}{\sqrt{q}}$

5. $L'=-0.2q+60$, $L'(150)=30$, $L'(400)=-20$

总习题三

1. (1) 1 (2) $\dfrac{1}{2}$ (3) $-\csc^2 x$ (4) $1+\ln x$ (5) 0 (6) $\dfrac{2\sqrt{3}}{3}$

2. (1) D (2) C (3) D (4) C (5) B

3.

(1) 1) 1 2) $\dfrac{1}{2}$ 3) -2 4) $\dfrac{1}{6}$ 5) 0 6) 0

(2) 1) $-\dfrac{1}{\sqrt{x}(1+x)^2}$ 2) $\dfrac{x^{\frac{1}{x}}(1-\ln x)}{x^2}$ 3) $\dfrac{\ln x}{x\sqrt{1+\ln^2 x}}$

4) $\dfrac{\tan\dfrac{1}{x}}{x^2}+\dfrac{2\sqrt{x}+1}{4\sqrt{x^2+x\sqrt{x}}}$ 5) $\dfrac{e^x(\sin x-2\cos x)}{\sin^3 x}+\arctan\sqrt{x}+\dfrac{\sqrt{x}}{2(1+x)}$

6) $5^{\ln\tan x}\sec x\csc x\ln 5$ 7) $\dfrac{\ln(x+\sqrt{x^2-1})}{x^2}$

(3) $y'=-\dfrac{2}{3}e^{2t}$，$y''=\dfrac{4}{9}e^{3t}$

(4) $y'=\dfrac{y}{y-x}$

(5) 0.04π

第四章 一元函数微分学的应用

习题 4-1

1. $\xi=\dfrac{\pi}{2}$

2. 略

3. (1) 令 $f(x)=\arctan x+\operatorname{arccot} x$，$f'(x)=0$，因此 $f(x)=$常数，取常数 $f(1)=\arctan 1+\operatorname{arccot} 1=\dfrac{\pi}{2}$

(2) 提示：取 $f(x)=\arctan x$，在 $[a,b]$ 上利用拉格朗日中值定理

(3) 提示：取 $f(x)=\ln x$，在 $[n,n+1]$ 上利用拉格朗日中值定理

4. 略

5. 提示：取 $F(x)=f(x)e^{g(x)}$，利用罗尔定理

6. 提示：$f(x)$及 $g(x)=\ln x$ 在 $[a,b]$ 上利用柯西中值定理

习题 4－2

1. (1) 2　(2) $\cos a$　(3) $-\frac{1}{2}$　(4) $-\frac{1}{3}$　(5) 1　(6) 1　(7) $\frac{1}{3}$

(8) $\frac{1}{2}$　(9) 1　(10) 0　(11) 1　(12) 1　(13) e　(14) 1

2. (1) $\frac{1}{3}$　(2) 0

习题 4－3

1. $\sqrt{x}=1+\frac{1}{2}(x-1)-\frac{1}{8}(x-1)^2+\frac{1}{16}(x-1)^3+\frac{15(x-1)^4}{4!\ 16[1+\theta(x-1)]^{\frac{7}{2}}}(0<\theta<1)$

2. $\frac{1}{x}=\frac{1}{2}-\frac{(x-2)}{2^2}+\frac{(x-2)^2}{2^3}-\cdots+\frac{(-1)^{n-1}(x-2)^n}{2^{n+1}}+\frac{(-1)^n}{[2+\theta(x-2)]^{n+2}}(x-2)^{n+1}$，$0<\theta<1$

3. $\arctan x=x-\frac{1}{3}x^3+o(x^3)$

4. $xe^{-x^2}=x-x^3+\frac{x^5}{2!}-\frac{x^7}{3!}+\cdots+\frac{(-1)^n x^{2n+1}}{n!}+o(x^{2n+1})$

5. (1) $\frac{1}{6}$　(2) $-\frac{1}{12}$

6. 36（提示：把 $\sin 6x$ 展开到 3 阶麦克劳林公式）

习题 4－4

1. 单调减少

2. (1) 在 $(-\infty,+\infty)$ 内递增

(2) 在 $(-1,3)$ 内单调减少，在 $(-\infty,-1)$ 和 $(3,+\infty)$ 内单调增加

(3) 在$\left(\frac{1}{2},+\infty\right)$内单调增加，在$\left(-\infty,\frac{1}{2}\right)$内单调减少

(4) 在 $(-\infty,1)$ 和 $(1,+\infty)$ 内单调减少

(5) 在 $(2,+\infty)$ 内单调增加，在 $(0,2)$ 内单调减少

(6) 在$\left(\frac{1}{2},1\right)$内单调增加，在 $(-\infty,0)$、$\left(0,\frac{1}{2}\right)$、$(1,+\infty)$ 内单调减少

3. 略

4. (1) 拐点$\left(\frac{5}{3},\frac{20}{27}\right)$，在$\left(-\infty,\frac{5}{3}\right]$内是凸的，在$\left[\frac{5}{3},+\infty\right)$是凹的

(2) 拐点$\left(2,\frac{2}{e^2}\right)$，在 $(-\infty,2]$ 内是凸的，在 $[2,+\infty)$ 是凹的

(3) 没有拐点，处处是凹的

(4) 拐点 $(-1,\ln 2)$，$(1,\ln 2)$，在 $(-\infty,-1]$，$[1,+\infty)$ 内是凸的，在 $[-1,1]$

是凹的

(5) 拐点$\left(\frac{1}{2},e^{\arctan\frac{1}{2}}\right)$，在$\left(-\infty,\frac{1}{2}\right]$内是凸的，在$\left[\frac{1}{2},+\infty\right)$是凹的

(6) 拐点 $(1,-7)$，在 $(0,1]$ 内是凸的，在 $[1,+\infty)$ 是凹的

5. $a=-\frac{3}{2}$，$b=\frac{9}{2}$

6. $a=1$，$b=-3$，$c=-24$，$d=16$

习题 4-5

1. (1) 极大值 $y(0)=7$，极小值 $y(2)=3$

(2) 极大值 $y(-1)=12$，极小值 $y(5)=-96$

(3) 极大值 $y(0)=4$，极小值 $y(-2)=\frac{8}{3}$

(4) 极小值 $y(1)=2$，极大值 $y(-1)=-2$

(5) 极小值 $y(-\frac{1}{2}\ln 2)=2\sqrt{2}$，无极大值

(6) 极小值 $y(0)=1$，无极大值

2. (1) 最大值 $y(4)=80$，最小值 $y(-1)=-5$

(2) 最大值 $y(3)=11$，最小值$y(2)=-14$

(3) 最大值 $y\left(\frac{3}{4}\right)=\frac{5}{4}$，最小值 $y(-5)=-5+\sqrt{6}$

3. 当 $x=-3$ 时取最小值 27

4. 当 $x=1$ 时取最大值$\frac{1}{2}$

5. 长为 10m，宽为 5m

6. $r=\sqrt[3]{\frac{V}{2\pi}}$，$h=2\sqrt[3]{\frac{V}{2\pi}}$，$d:h=1:1$

7. 底宽为$\sqrt{\frac{40}{4+\pi}}\approx 2.336(\mathrm{m})$

8. $\varphi=\frac{2\sqrt{6}}{3}\pi$

9. 1800 元

习题 4-6

1. (1) 水平渐近线 $y=0$，垂直渐近线 $x=\pm 1$

(2) 水平渐近线 $y=1$，垂直渐近线 $x=-1$

(3) 斜渐近线 $y=x$

(4) 垂直渐近线 $x=0$

2. (1) 单调减区间 $(-\infty,-2)$，单调增区间 $(-2,+\infty)$，极小值 $f(-2)=-17$；凹区间 $(-\infty,-1)$ 及 $(1,+\infty)$，凸区间 $(-1,1)$，拐点 $(-1,-6)$，$(1,10)$

(2) 单调减区间$\left(-\infty,-\frac{\sqrt{2}}{2}\right)$，$\left(\frac{\sqrt{2}}{2},+\infty\right)$，单调增区间$\left(-\frac{\sqrt{2}}{2},\frac{\sqrt{2}}{2}\right)$，极小值

$f\left(-\frac{\sqrt{2}}{2}\right)=-\frac{\sqrt{2}}{2}e^{-\frac{1}{2}}$，极大值 $f\left(\frac{\sqrt{2}}{2}\right)=\frac{\sqrt{2}}{2}e^{-\frac{1}{2}}$，凹区间 $\left(-\frac{\sqrt{6}}{2},0\right),\left(\frac{\sqrt{6}}{2},+\infty\right)$，凸区间 $\left(-\infty,-\frac{\sqrt{6}}{2}\right),\left(0,\frac{\sqrt{6}}{2}\right)$，拐点 $\left(-\frac{\sqrt{6}}{2},-\frac{\sqrt{6}}{2}e^{\frac{3}{2}}\right),(0,0),\left(\frac{\sqrt{6}}{2},\frac{\sqrt{6}}{2}e^{\frac{3}{2}}\right)$

总习题四

1. （1）D （2）B （3）D （4）D （5）C

2. （1）$a=-3$，$b=0$，$c=1$ （2）$x=1$ （3）ka （4）第3项

3. （1）1）2 2）$\frac{1}{2}$ 3）$e^{-\frac{2}{\pi}}$ 4）$\frac{1}{4}$

（2）1）略 2）略 3）提示：两边取对数

（3）长为$\sqrt{2}a$，宽为$\sqrt{2}b$

（4）提示：$\frac{f(b)-f(a)}{b-a}=f'(\xi)$，$\frac{f(b)-f(a)}{b^2-a^2}=\frac{f'(\eta)}{2\eta}$

（5）略

（6）略

第五章 不 定 积 分

习题 5-1

1. （1）$[\ln(x+\sqrt{x^2+a^2})]'=\frac{1}{x+\sqrt{x^2+a^2}}(x+\sqrt{x^2+a^2})'$

$$=\frac{1}{x+\sqrt{x^2+a^2}}\left(1+\frac{x}{\sqrt{x^2+a^2}}\right)=\frac{1}{\sqrt{x^2+a^2}}$$

（2）$\left(\frac{\sqrt{x^2-1}}{x}\right)'=\frac{\frac{x}{\sqrt{x^2-1}}x-\sqrt{x^2-1}}{x^2}=\frac{1}{x^2\sqrt{x^2-1}}$

（3）$(\ln|\tan x+\sec x|)'=\frac{1}{\tan x+\sec x}(\tan x+\sec x)'$

$$=\frac{1}{\tan x+\sec x}(\sec^2 x+\sec x\tan x)=\sec x$$

（4）$(x\ln x-x)'=\ln x+1-1=\ln x$

（5）$(-x\cos x+\sin x)'=-\cos x+x\sin x+\cos x=x\sin x$

（6）$\left[\frac{1}{5}e^{2x}(2\cos x+\sin x)\right]'=\frac{1}{5}[2e^{2x}(2\cos x+\sin x)+e^{2x}(-2\sin x+\cos x)]$

$$=e^{2x}\cos x$$

2. （1）$\int x^{\frac{3}{2}}dx=\frac{2}{5}x^{\frac{5}{2}}+C=\frac{2}{5}x^2\sqrt{x}+C$

（2）$3^x e^x$（$\ln3+1$）$+C$

（3）$\int x^{\frac{7}{3}}dx=\frac{3}{10}x^{\frac{10}{3}}+C=\frac{3}{10}x^3\sqrt[3]{x}+C$

(4) $\frac{1}{3}x^3-x+\arctan x+C$

(5) $\int(x^{-\frac{1}{2}}-2x^{\frac{1}{2}}+x^{\frac{3}{2}})\mathrm{d}x=2\sqrt{x}-\frac{4}{3}x\sqrt{x}+\frac{2}{5}x^2\sqrt{x}+C$

(6) $3\arctan x-2\arcsin x+C$

(7) $\int\sec x(\sec x-\tan x)\mathrm{d}x=\int(\sec^2x-\sec x\tan x)\mathrm{d}x=\tan x-\sec x+C$

(8) $\int\frac{1+\cos x}{2}\mathrm{d}x=\frac{1}{2}(x+\sin x)+C$

(9) $\int\frac{1}{2\cos^2x}\mathrm{d}x=\frac{1}{2}\int\sec^2x\mathrm{d}x=\frac{1}{2}\tan x+C$

(10) $\int\frac{\cos^2x-\sin^2x}{\cos^2x\sin^2x}\mathrm{d}x=\int(\csc^2x-\sec^2x)\mathrm{d}x=-\cot x-\tan x+C$

(11) $-\cot x-x+C$

(12) e^x+2x+C

3. 原式两边求导数得 $xf(x)=-\frac{1}{\sqrt{1-x^2}}$，所以 $f(x)=-\frac{1}{x\sqrt{1-x^2}}$

4. 设曲线方程为 $y=f(x)$，由已知 $\frac{\mathrm{d}y}{\mathrm{d}x}=f'(x)=\frac{1}{x}$，所以 $f(x)=\int\frac{1}{x}\mathrm{d}x=\ln|x|+C$，又 $f(\mathrm{e}^2)=3$，得 $C=1$，因此 $f(x)=\ln|x|+1$

习题 5-2

1. (1) $x\mathrm{d}x=-\frac{1}{4}\mathrm{d}(1-2x^2)$　(2) $\mathrm{d}x=-\frac{1}{5}\mathrm{d}(4-5x)$

(3) $\mathrm{d}(2-3\ln x)=-\frac{3}{x}\mathrm{d}x$　(4) $\mathrm{d}(3x^4-2)=12x^3\mathrm{d}x$

(5) $\mathrm{e}^{2x}\mathrm{d}x=\frac{1}{2}\mathrm{d}(\mathrm{e}^{2x})$　(6) $\frac{1}{\sqrt{1-x^2}}\mathrm{d}x=-\frac{1}{2}\mathrm{d}(1-2\arcsin x)$

(7) $\frac{1}{\sqrt{x}}\mathrm{d}x=2\mathrm{d}(\sqrt{x})$　(8) $\frac{x}{\sqrt{1-x^2}}\mathrm{d}x=\mathrm{d}(-\sqrt{1-x^2}+C)$

2. (1) $-\frac{1}{3}\int\mathrm{e}^{-3x}\mathrm{d}(-3x)=-\frac{1}{3}\mathrm{e}^{-3x}+C$

(2) $-\frac{1}{2}\int(3-2x)^3\mathrm{d}(3-2x)=-\frac{1}{8}(3-2x)^4+C$

(3) $-\frac{1}{2}\int\frac{\mathrm{d}(3-2x)}{3-2x}=-\frac{1}{2}\ln|3-2x|+C$

(4) $-\frac{1}{3}\int(2-3x)^{-\frac{1}{3}}\mathrm{d}(2-3x)=-\frac{1}{2}\sqrt[3]{(2-3x)^2}+C$

(5) $\frac{1}{2}\int\cos x^2\mathrm{d}x^2=\frac{1}{2}\sin x^2+C$

(6) $-\frac{1}{3}\int\mathrm{e}^{-x^3}\mathrm{d}(-x^3)=-\frac{1}{3}\mathrm{e}^{-x^3}+C$

(7) $2\int\sin\sqrt{x}\mathrm{d}\sqrt{x}=-2\cos\sqrt{x}+C$

(8) $-\frac{1}{6}\int(2-3x^2)^{-\frac{1}{2}}\mathrm{d}(2-3x^2)=-\frac{1}{3}\sqrt{(2-3x^2)}+C$

(9) $\int\frac{1}{\sqrt{2^2-x^2}}\mathrm{d}x=\arcsin\frac{x}{2}+C$

(10) $\int\frac{\mathrm{d}x}{(\sqrt{5})^2+x^2}=\frac{1}{\sqrt{5}}\arctan\frac{x}{\sqrt{5}}+C$

(11) $\frac{1}{4}\int\left(\frac{1}{x-2}-\frac{1}{x+2}\right)\mathrm{d}x=\frac{1}{4}\ln\left|\frac{x-2}{x+2}\right|+C$

(12) $\int\frac{\mathrm{d}(x^2+x-3)}{x^2+x-3}=\ln|x^2+x-3|+C$

(13) $-\int(1-\cos^2x)\,\mathrm{d}\cos x=-\cos x+\frac{1}{3}\cos^3x+C$

(14) $-\int\cos^2x(1-\cos^2x)\mathrm{d}\cos x=-\frac{1}{3}\cos^3x+\frac{1}{5}\cos^5x+C$

(15) $$\begin{aligned}\int\left(\frac{1-\cos 2x}{2}\right)^2\mathrm{d}x&=\frac{1}{4}\int(1-2\cos 2x+\cos^2 2x)\,\mathrm{d}x\\&=\frac{1}{4}\int\left(\frac{3}{2}-2\cos 2x+\frac{1}{2}\cos 4x\right)\mathrm{d}x\\&=\frac{3}{8}x-\frac{1}{4}\sin 2x+\frac{1}{32}\sin 4x+C\end{aligned}$$

(16) $$\begin{aligned}\int\frac{(1-\cos 2x)^2}{4}\frac{(1+\cos 2x)}{2}\mathrm{d}x&=\frac{1}{8}\int(1-\cos 2x-\cos^2 2x+\cos^3 2x)\,\mathrm{d}x\\&=\frac{1}{8}\int(1-\cos^2 2x)\,\mathrm{d}x-\frac{1}{8}\int(1-\cos^2 2x)\cos 2x\mathrm{d}x\\&=\frac{1}{8}\int\frac{1-\cos 4x}{2}\mathrm{d}x-\frac{1}{16}\int\sin^2 2x\mathrm{d}\sin 2x\\&=\frac{1}{16}x-\frac{1}{64}\sin 4x-\frac{1}{48}\sin^3 2x+C\end{aligned}$$

(17) $\int\csc^4x\csc^2x\mathrm{d}x=-\int(1+\cot^2x)^2\mathrm{d}\cot x=-\cot x-\frac{2}{3}\cot^3x-\frac{1}{5}\cot^5x+C$

(18) $$\begin{aligned}\int\cot^4x\csc^2x\cot x\csc x\mathrm{d}x&=-\int(\csc^2x-1)^2\csc^2x\mathrm{d}\csc x\\&=-\int(\csc^6x-2\csc^4x+\csc^2x)\,\mathrm{d}\csc x\\&=-\frac{1}{7}\csc^7x+\left(-\frac{2}{5}\csc^5x\right)-\left(-\frac{1}{3}\csc^3x\right)+C\end{aligned}$$

(19) $\int\tan\sqrt{1+x^2}\mathrm{d}\sqrt{1+x^2}=-\ln\left|\cos\sqrt{1+x^2}\right|+C$

(20) $2\int\frac{\arctan\sqrt{x}}{(1+x)}\mathrm{d}\sqrt{x}=2\int\arctan\sqrt{x}\mathrm{d}\arctan\sqrt{x}=\arctan^2\sqrt{x}+C$

(21) $\frac{1}{2}\int(\sin 5x-\sin x)\,\mathrm{d}x=-\frac{1}{10}\cos 5x+\frac{1}{2}\cos x+C$

(22) $\int \frac{e^x}{1+(e^x)^2}dx = \int \frac{de^x}{1+(e^x)^2} = \arctan e^x + C$

3. (1) $\arccos \frac{1}{x} + C$

(2) $\frac{1}{3}\ln\left|3x-\sqrt{9x^2-4}\right|+C$

(3) $-\frac{1}{2}\arcsin x-\frac{1}{2}x\sqrt{1-x^2}+C$

(4) $2\arcsin\frac{x}{2}-\frac{1}{2}(2x-x^3)\sqrt{4-x^2}+C$

(5) $\frac{1}{2}\ln\left|2x+\sqrt{4x^2+9}\right|+C$

(6) $\sqrt{x^2-2}-\arccos\frac{\sqrt{2}}{x}+C$

(7) $\frac{x}{\sqrt{x^2+1}}+C$

(8) $-\frac{\sqrt{x^2+1}}{x}+C$

(9) $\sqrt{x^2-9}-3\arccos\frac{3}{x}+C$

(10) $\arcsin\frac{2}{\sqrt{5}}\left(x-\frac{1}{2}\right)+C$

习题 5-3

1. (1) $-\int x d\cos x = -x\cos x + \int \cos x dx = -x\cos x + \sin x + C$

(2) $-\frac{1}{3}\int x de^{-3x} = -\frac{1}{3}(xe^{-3x} - \int e^{-3x}dx) = -\frac{1}{3}\left(xe^{-3x}+\frac{1}{3}e^{-3x}\right)+C$

(3) $-\frac{1}{3}\int x^2 d\cos 3x = -\frac{1}{3}(x\cos 3x - \frac{2x}{3}\sin 3x - \frac{2}{9}\cos 3x) + C$

(4) $\frac{1}{2}\int x^2 de^{2x} = \frac{1}{2}(x^2e^{2x} - xe^{2x} + \frac{1}{2}e^{2x}) + C$

(5) $x\arctan x - \int \frac{x}{1+x^2}dx = x\arctan x - \frac{1}{2}\ln(1+x^2) + C$

(6) 令 $\arcsin x = t$，$x=\sin t$，$dx=\cos t dt$

$$\int(\arcsin x)^2 dx = \int t^2\cos t dt = \int t^2 d\sin t$$
$$= t^2\sin t + 2t\cos t - 2\sin t + C$$
$$= x(\arcsin x)^2 + 2\sqrt{1-x^2}\arcsin x - 2x + C$$

(7) $\frac{e^{2x}}{2^2+\left(\frac{1}{2}\right)^2}\left(2\sin\frac{x}{2}-\frac{1}{2}\cos\frac{x}{2}\right)+C$

(8) $\int x(\sec^2 x - 1)dx = \int x d\tan x - \frac{1}{2}x^2$

$$= x\tan x - \int \tan x \mathrm{d}x - \frac{1}{2}x^2$$

$$= x\tan x + \ln|\cos x| - \frac{1}{2}x^2 + C$$

(9) 令 $\ln x = t$，$x = \mathrm{e}^t$，$\mathrm{d}x = \mathrm{e}^t \mathrm{d}t$

$$\int \frac{\ln^3 x}{x^2}\mathrm{d}x = \int \frac{t^3}{\mathrm{e}^{2t}}\mathrm{e}^t \mathrm{d}t = -\int t^3 \mathrm{d}\mathrm{e}^{-t}$$

$$= -(t^3\mathrm{e}^{-t} + 3t^2\mathrm{e}^{-t} + 6t\mathrm{e}^{-t} + 6\mathrm{e}^{-t}) + C$$

$$= -\left(\frac{\ln^3 x}{x} + \frac{3\ln^2 x}{x} + \frac{6\ln x}{x} + \frac{6}{x}\right) + C$$

(10) $\int \sin(\ln x)\mathrm{d}x = x\sin(\ln x) - \int x\cos\ln x\left(\frac{1}{x}\right)\mathrm{d}x = x\sin\ln x - \int \cos\ln x\mathrm{d}x$

$$= x\sin\ln x - x\cos\ln x - \int \sin\ln x\mathrm{d}x$$

所以
$$\int \sin(\ln x)\mathrm{d}x = \frac{x}{2}(\sin\ln x - \cos\ln x) + C$$

(11) 令 $\sqrt[3]{x} = t$，$x = t^3$，$\mathrm{d}x = 3t^2\mathrm{d}t$

$$\int \mathrm{e}^{\sqrt[3]{x}}\mathrm{d}x = \int \mathrm{e}^t 3t^2 \mathrm{d}t = 3\int t^2 \mathrm{d}\mathrm{e}^t$$

$$= 3(t^2\mathrm{e}^t - 2t\mathrm{e}^t + 2\mathrm{e}^t) + C$$

$$= 3(\sqrt[3]{t^2}e^{\sqrt[3]{x}} - \sqrt[3]{x}\mathrm{e}^{\sqrt[3]{x}} + 2\mathrm{e}^{\sqrt[3]{x}}) + C$$

(12) 令 $\sqrt{3x+9} = t$，$x = \frac{t^2-9}{3}$，$\mathrm{d}x = \frac{2t\mathrm{d}t}{3}$

$$\int \mathrm{e}^{\sqrt{3x+9}}\mathrm{d}x = \frac{2}{3}\int \mathrm{e}^t t\mathrm{d}t = \frac{2}{3}(\mathrm{e}^t t - \mathrm{e}^t) + C = \frac{2}{3}\mathrm{e}^{\sqrt{3x+9}}(\sqrt{3x+9} - 1) + C$$

2. $\int xf'(x)\mathrm{d}x = \int x\mathrm{d}f(x) = xf(x) - \int f(x)\mathrm{d}x$

又 $\int f(x)\mathrm{d}x = \frac{\sin x}{x} + C$，　所以 $f(x) = \left(\frac{\sin x}{x}\right)' = \frac{x\cos x - \sin x}{x^2}$

$$\int xf'(x)\mathrm{d}x = xf(x) - \int f(x)\mathrm{d}x = \frac{x\cos x - \sin x}{x} - \frac{\sin x}{x} + C$$

习题 5－4

1. (1) $\int \frac{x^3 + 27 - 27}{x+3}\mathrm{d}x = \int\left(x^2 - 3x + 9 - \frac{27}{x+3}\right)\mathrm{d}x$

$$= \frac{1}{3}x^3 - \frac{3}{2}x^2 + 9x - 27|x+3| + C$$

(2) $\int \frac{\mathrm{d}(x^2+x-6)}{x^2+x-6} = \ln|x^2+x-6| + C$

(3) $\int \frac{\frac{1}{2}(x^2-2x+5)' + 2}{x^2-2x+5}\mathrm{d}x = \frac{1}{2}\ln|x^2-2x+5| + \int \frac{2\mathrm{d}x}{(x-1)^2+2^2}$

$$= \frac{1}{2}\ln|x^2-2x+5| + \arctan\frac{x-1}{2} + C$$

(4) $\int \frac{3}{x^3+1}\mathrm{d}x = 3\int \frac{\mathrm{d}x}{(x+1)(x^2-x+1)} = \int\left(\frac{1}{x+1}+\frac{-x+2}{x^2-x+1}\right)\mathrm{d}x$

$$= \ln|x+1| - \int \frac{\frac{1}{2}\mathrm{d}(x^2-x+1) - \frac{3}{2}\mathrm{d}x}{x^2-x+1}$$

$$= \ln|x+1| - \frac{1}{2}\ln(x^2-x+1) + \frac{3}{2}\int \frac{\mathrm{d}x}{\left(x-\frac{1}{2}\right)^2+\left(\frac{\sqrt{3}}{2}\right)^2}$$

$$= \ln|x+1| - \frac{1}{2}\ln(x^2-x+1) + \frac{3}{2}\times\frac{2}{\sqrt{3}}\arctan\frac{2\left(x-\frac{1}{2}\right)}{\sqrt{3}} + C$$

$$= \ln|x+1| - \frac{1}{2}\ln(x^2-x+1) + \sqrt{3}\arctan\frac{2x-1}{\sqrt{3}} + C$$

(5) $\int \frac{x^2+1}{(x+1)^2(x-1)}\mathrm{d}x = \int\left[\frac{\frac{1}{2}}{x+1} - \frac{1}{(x+1)^2} + \frac{\frac{1}{2}}{x-1}\right]\mathrm{d}x$

$$= \frac{1}{2}\ln|x+1| + \frac{1}{x+1} + \frac{1}{2}\ln|x-1| + C$$

(6) $\int \frac{\mathrm{d}x}{(x^2+1)(x^2+x)} = \int\left[\frac{-\frac{1}{2}x-\frac{1}{2}}{x^2+1} + \frac{-\frac{1}{2}}{x+1} + \frac{1}{x}\right]\mathrm{d}x$

$$= -\frac{1}{4}\ln(x^2+1) - \frac{1}{2}\arctan x - \frac{1}{2}\ln|x+1| + \ln|x| + C$$

(7) 令 $x+1=\sqrt{2}\tan t$，$\mathrm{d}x=\sqrt{2}\sec^2 t\mathrm{d}t$，于是

$$\int \frac{\mathrm{d}x}{(x^2+2x+3)^2} = \int \frac{\mathrm{d}x}{[(x+1)^2+(\sqrt{2})^2]^2}$$

$$= \int \frac{\sqrt{2}\sec^2 t\mathrm{d}t}{4\sec^4 t} = \frac{\sqrt{2}}{4}\int \cos^2 t\mathrm{d}t$$

$$= \frac{\sqrt{2}}{4}\int \frac{1+\cos 2t}{2}\mathrm{d}t$$

$$= \frac{\sqrt{2}}{8}\left(t+\frac{1}{2}\sin 2t\right) + C$$

$$= \frac{\sqrt{2}}{8}\left(\arctan\frac{x+1}{\sqrt{2}} + \frac{\sqrt{2}(x+1)}{x^2+2x+3}\right) + C$$

$$\left(\tan t = \frac{x+1}{\sqrt{2}}, \sin t = \frac{x+1}{\sqrt{x^2+2x+3}}, \cos t = \frac{\sqrt{2}}{\sqrt{x^2+2x+3}}\right)$$

(8) $\frac{1}{2}\int\left(\frac{1}{x^2-1} - \frac{1}{x^2+1}\right)\mathrm{d}x = \frac{1}{4}\ln\left|\frac{x-1}{x+1}\right| - \frac{1}{2}\arctan x + C$

(9) $\tan\frac{x}{2}=u$，$x=\frac{2\mathrm{d}u}{1+u^2}$，于是

$$\int\frac{dx}{3+\cos x}=\int\frac{dx}{3+\dfrac{1-\tan^2\dfrac{x}{2}}{1+\tan^2\dfrac{x}{2}}}=\int\frac{1}{3+\dfrac{1-u^2}{1+u^2}}\frac{2du}{1+u^2}$$

$$=\int\frac{1}{2+u^2}du=\frac{1}{\sqrt{2}}\arctan\frac{u}{\sqrt{2}}+C=\frac{1}{\sqrt{2}}\arctan\left(\frac{1}{\sqrt{2}}\tan\frac{x}{2}\right)+C$$

(10) $\int\frac{dx}{1+\sin x+\cos x}=\ln\left|1+\tan\frac{x}{2}\right|+C$．（提示：利用万能公式，令 $\tan\frac{x}{2}=u$ 换元）

总习题五

1．(1) B (2) C (3) D (4) C (5) D

2.

(1) $2e^{\sqrt{x}}+C$

(2) $-\cos x+\frac{1}{3}\cos^3 x+C$

(3) $\frac{1}{2}x^2\ln x-\frac{1}{4}x^2+C$

(4) $F(\ln x)+C$

(5) $\frac{2}{\sqrt{1-4x^2}}$

3.

(1) $\int\frac{\sin x\cos x}{1+\sin^4 x}dx=\frac{1}{2}\int\frac{d\sin^2 x}{1+(\sin^2 x)^2}=\frac{1}{2}\arctan(\sin^2 x)+C$

(2) $\int(\sec^2 x-1)^2dx=\int(\sec^4 x-2\sec^2 x+1)dx$

$$=\int(\tan^2 x+1)\,d\tan x-2\tan x+x+C$$

$$=\frac{1}{3}\tan^3 x-\tan x+x+C$$

(3) $\int\frac{dx}{\sqrt{(1+x^2)^3}}=\int\frac{\sec^2 t\,dt}{\sec^3 t}=\int\cos t\,dt=\sin t+C=\frac{x}{\sqrt{1+x^2}}+C$

(4) $\int\frac{\sqrt{x^2-9}}{x}dx=\sqrt{x^2-9}-3\arccos\frac{3}{x}+C$

提示：令 $x=3\sec t$

(5) 令 $\arcsin x=t$，$x=\sin t$，$dx=\cos t\,dt$

$$\int(\arcsin x)^2dx=\int t^2\cos t\,dt=\int t^2\,d\sin t$$

$$=t^2\sin t+2t\cos t-2\sin t+C$$

$$=x(\arcsin x)^2+2\sqrt{1-x^2}\arcsin x-2x+C$$

(6) 解 $\int\frac{x+2}{(2x+1)(x^2+x+1)}dx$

$$=\int\left(\frac{2}{2x+1}-\frac{x}{x^2+x+1}\right)\mathrm{d}x$$

$$=\ln|2x+1|-\frac{1}{2}\ln(x^2+x+1)+\frac{1}{\sqrt{3}}\arctan\frac{2x+1}{\sqrt{3}}+C$$

4. 由已知 $\int f(x)\mathrm{d}x=\frac{\mathrm{e}^x}{x}+C$，则 $f(x)=\frac{\mathrm{e}^x(x-1)}{x^2}$

$$\int xf'(2x)\mathrm{d}x=\frac{1}{2}\int x\mathrm{d}f(2x)=\frac{1}{2}\left[xf(2x)-\int f(2x)\,\mathrm{d}x\right]$$

$$=\frac{\mathrm{e}^{2x}(2x-1)}{8x}-\frac{\mathrm{e}^{2x}}{8x}+C$$

5. $\int f(x)\mathrm{d}x=x-(1+\mathrm{e}^{-x})\ln(1+\mathrm{e}^x)+c$

第六章 定 积 分

习题 6-1

1. 可以

2. (1) $\int_{-1}^{1}4\mathrm{d}x=8$　　(2) $\int_0^1\sqrt{1-x^2}\mathrm{d}x=\frac{\pi}{4}$

(3) $\int_1^2 2x\mathrm{d}x=3$　　(4) $\int_0^{2\pi}\sin x\mathrm{d}x=0$

3. 不一定

4. 不存在（考查积分中值定理）

5. (1) $\int_0^1 x^2\mathrm{d}x>\int_0^1 x^3\mathrm{d}x$　　(2) $\int_1^2 x^2\mathrm{d}x<\int_1^2 x^3\mathrm{d}x$

(3) $\int_1^2\ln x\mathrm{d}x<\int_1^2(\ln x)^2\mathrm{d}x$　　(4) $\int_{-2}^{-1}\left(\frac{1}{2}\right)^x\mathrm{d}x<\int_{-2}^{-1}\left(\frac{1}{3}\right)^x\mathrm{d}x$

6. (1) $6\leqslant\int_1^4(x^2+1)\mathrm{d}x\leqslant 51$　　(2) $\pi\leqslant\int_{\frac{\pi}{4}}^{\frac{5\pi}{4}}(1+\sin^2x)\mathrm{d}x\leqslant 2\pi$

习题 6-2

1. 0，0

2. (1) $\frac{\sin x}{x}$　　(2) $-\sqrt{1+y^4}$

3. (1) 20　　(2) $\frac{271}{6}$　　(3) $\frac{\pi}{3}$　　(4) $\frac{\pi}{6}$

(5) $1-\mathrm{e}^{-1}$　　(6) $1-\frac{\pi}{4}$　　(7) 4　　(8) 0

4. $\frac{8}{3}$

习题 6-3

1. (1) $\frac{51}{512}$　　(2) $\frac{\pi}{2}$　　(3) $\frac{5}{3}-2\ln 2$　　(4) $\frac{1}{6}$

(5) $\frac{\pi}{6}-\frac{\sqrt{3}}{8}$　(6) $\frac{4}{15}$　(7) $\frac{1}{2}$　(8) $\sqrt{2}(\pi+2)$

(9) $1-\frac{1}{4}\pi$　(10) $\frac{1}{4}$　(11) $\frac{\pi}{6}$　(12) $(\sqrt{3}-1)\ a$

(13) $1-e^{-\frac{1}{2}}$　(14) $2(\sqrt{3}-1)$　(15) $\frac{2}{3}$　(16) $\frac{4}{3}$

(17) $2\sqrt{2}$　(18) 1　(19) 1　(20) 0

2. (1) 0　(2) $\frac{3\pi}{8}$　(3) $\frac{\pi^3}{324}$　(4) 0

3. $-\pi\ln\pi-\sin1$

4. $\ln2-\frac{1}{2}(e^{-4}-1)$

习题 6 - 4

(1) $\frac{1}{2}$　(2) ∞　(3) -1

(4) 3　(5) $\frac{\pi}{2}$　(6) 1

总习题六

1. (1) $\frac{1}{2}(b^2-a^2)$　(2) $e-1$

2. (1) 1　(2) $\frac{1}{4}\pi R^2$

3. 提示：定积分估值定理

4. (1) $\frac{2}{3}(8-3\sqrt{3})$　(2) $\frac{11}{6}$　(3) $\frac{\pi^2}{8}+1$

(4) $\frac{20}{3}$　(5) $2\sqrt{2}-2$

5. (1) $2x\sqrt{1+x^4}$　(2) $\frac{3x^2}{\sqrt{1+x^6}}-\frac{2x}{\sqrt{1+x^4}}$

6. $\cot t^2$

7. $-\frac{\cos x}{e^y}$

8. (1) $\ln2$　(2) $\frac{2}{3}$

9. (1) $\frac{2}{3}$　(2) 2

10. (1) $\frac{22}{3}$　(2) $2(\sqrt{3}-1)$　(3) $\sqrt{2}-\frac{2}{3}\sqrt{3}$

(4) $\sqrt{2}-2+\frac{\pi}{4}$　(5) $\frac{1}{2}\ln\frac{3}{2}$　(6) $2\sqrt{2}$

(7) $\frac{4}{5}$　(8) $4\ln2-\frac{15}{16}$　(9) $\frac{1}{5}(e^{\pi}-2)$

(10) $\frac{1}{3}\ln2$　(11) $\ln2-\frac{1}{3}\ln5$　(12) $7\ln2-6\ln(\sqrt[6]{2}+1)$

(13) 0　(14) $1-\sqrt{e}$　(15) $\frac{\pi}{6}-\frac{\sqrt{3}}{8}$

11. (1) $\int_0^1 \frac{x^n}{\sqrt{1-x^2}}dx=\begin{cases}\frac{n-1}{n}\cdot\frac{n-3}{n-2}\cdots\cdots\frac{3}{4}\cdot\frac{1}{2}\cdot\frac{\pi}{2},\ n\text{为偶数}\\ \frac{n-1}{n}\cdot\frac{n-3}{n-2}\cdots\cdots\frac{4}{5}\cdot\frac{2}{3},\quad n\text{为奇数}\end{cases}$

(2) $I_n=(-1)^n\left[\frac{\pi}{4}\left((1-\frac{1}{3}+\frac{1}{5}-\cdots+\frac{(-1)^{n-1}}{2n-1}\right)\right]$

12. (1) 证明：$\text{左}=\frac{1}{2}\int_0^a x^2f(x^2)d(x^2)\xlongequal{\text{令}x^2=t}\frac{1}{2}\int_0^{a^2}tf(t)dt=\frac{1}{2}\int_0^{a^2}xf(x)dx=\text{右}$.
所以，等式成立

(2) 证明：$\text{左}\xlongequal{\text{令}x=\frac{\pi}{2}-t}\int_{\frac{\pi}{2}}^0 f(\cos t)(-dt)=\int_0^{\frac{\pi}{2}}f(\cos t)dt=\int_0^{\frac{\pi}{2}}f(\cos x)dx$.
所以，等式成立

13. (1) 0　(2) 0　(3) $\frac{3}{2}\ln3-\ln2-1$　(4) $\frac{5}{16}\pi$

14. 0

15. (1) 1　(2) π　(3) $\frac{\pi}{2}$　(4) $\frac{\pi}{2}$

16. $I=\frac{\pi}{8}\ln2$

17. $\frac{1}{e}$

18. 最大值为 $f(2)=6$，最小值为 $f\left(\frac{1}{2}\right)=-\frac{3}{4}$

第七章　定积分的应用

习题 7-2

1. (1) $b-a$　(2) $\frac{3}{2}-\ln2$　(3) $2\pi+\frac{4}{3}$，$6\pi-\frac{4}{3}$

2. $\frac{16}{3}p^2$

3. (1) $\frac{8}{3}\pi$　(2) $8\pi a$　(3) $160\pi^2$　(4) $\frac{3\pi}{10}$

4. $\frac{4}{3}\sqrt{3}R^3$

*5. $\frac{1}{2}e-1$，　$\frac{\pi}{6}(5e^2-12e+3)$

习题 7－3

1. $10000+x^3-7x^2+100x$

2. 生产量为 200 单位时，最大利润为 $L(200)=39000$

3. 650 件

4. ①$R(Q)=a-\frac{ab}{Q+b}-cQ$　②$P=\frac{a}{Q}-\frac{ab}{Q(Q+b)}-c=\frac{a}{Q+b}-c$

总习题七

1. (1) $2\int_0^{\frac{\pi}{4}}\cos 2\theta \mathrm{d}\theta=1$　(2) $18\pi a^2$　(3) $e+\frac{1}{e}-2$

2. $\frac{3}{8}\pi a^2$

3. $8a$

4. $\frac{a}{2}\pi^2$

5. $\frac{4}{3}\pi r^4 g$

6. 600t